"十三五"国家重点图书出版规划项目

科学博物馆学丛书

吴国盛 主编

[瑞典]埃娃·戴维松 (Eva Davidsson)
[瑞典]安德斯·雅各布松 (Anders Jakobsson) 主编

郑旭东 王婷 译

解读科学中心与博物馆中的互动

走向社会文化视角

UNDERSTANDING INTERACTIONS AT
SCIENCE CENTERS AND MUSEUMS
APPROACHING SOCIOCULTURAL
PERSPECTIVES

北京师范大学出版集团
BEIJING NORMAL UNIVERSITY PUBLISHING GROUP
北京师范大学出版社

总　序

　　博物馆是现代性的见证者，也是生产者。它在展示现代社会诸事业之成就的同时，也为它们提供合法性辩护。因此，博物馆不是一种文化点缀，而是为时代精神树碑立传；不只是收藏和展示文物，也在塑造当下的文化风尚；不是一种肤浅的休闲娱乐场所，而是有着深刻的内涵。博物馆值得认真研究。

　　博物馆起源于现代欧洲，并随着现代性的扩张传到现代中国。博物馆林林总总，但数量最多、历史最久的那些博物馆大体可以分成艺术博物馆（Art Museum）、历史博物馆（History Museum）和科学博物馆（Science Museum）三大类别。本丛书的研究对象是科学博物馆。

　　广义的科学博物馆包括自然博物馆（Natural History Museum）、科学工业博物馆（Museum of Science and Industry）、科学中心（Science Center）三种类型，狭义的科学博物馆往往专指其中的第二类即科学工业博物馆。自然博物馆收藏展陈自然物品，特别是动物标本、植物标本和矿物标本；科学工业博物馆收藏展陈人工制品，特别是科学实验仪器、技术发明、工业设施；科学中心（在中国称"科技馆"）通常没有收藏，展出的是互动展品，观众通过动手操作以体验科学原理和技术过程。

　　三大类别的科学博物馆既是历时的又是共时的。"历时的"，是指历史上先后出现——自然博物馆出现在十七八世纪，科学工业博物馆出现在 19 世纪，科学中心出现在 20 世纪。"共时的"，是指后者并不取代前者，而是同时并存。它们各有所长、相互补充、相互借鉴、相互渗透。比如，今天的自然博物馆和科学工业博物馆都大量采纳科学中心的互动体验方法来布展，改变了传统上观众被动参与的模式。

　　中国的博物馆是西学东渐的结果。与其他类型的博物馆相比，中国的科技类博物馆起步最晚。中国科学技术馆于 1958 年开始筹建,直到 1988 年才完成一期工程。近十多年来,随着国家经济实力的增长,国内的科技馆事业进入了高速发展时期。截至 2018 年年底,已经或即将建成的建筑面积超过 3 万平方米的特大型科技馆共 19 家;所有省级行政中心都已经拥有自己的科技馆。由于政府财政资助,多数科技馆免费开放,也激活了公众的参观热情。

然而,与科技馆建设和发展的热潮相比,理论研究似乎严重不足。对什么是科技馆、应该如何发展科技馆等基本问题,我们缺乏足够的理论反思和学术研究。比如,我们尚未意识到,中国科学博物馆的发展跳过了科学工业博物馆这个环节,直接走向科学中心类型。缺乏科学工业博物馆这个环节,可能使我们忽视科学技术的历史维度和人文维度,单纯关注它的技术维度。再比如,如何最大程度地发挥"科学中心"的展教功能,我们缺乏学理支持,只有一些经验感悟;至于"科学中心"的局限性,则整体上缺少反思。基本的理论问题没有达成共识,甚至处在无意识状态,我们的发展就有盲目的危险。在大力建设科学博物馆的同时,开展科学博物馆学研究势在必行。

本丛书将系统翻译引进发达国家关于科学博物馆的研究性著作,对自然博物馆、科学工业博物馆、科学中心三种博物馆类型的历史由来、社会背景、哲学意义、组织结构、展教功能、管理运营等多个方面进行理论总结,以推进我国自己的科学博物馆学研究。欢迎业内同行和广大读者不吝赐教,帮助我们出好这套丛书。

吴国盛

2019 年 1 月于清华新斋

/目录

绪　论

埃娃·戴维松[①]，安德斯·雅各布松[②]

在科技中心和博物馆的相关研发领域，长期以来，人们都很想更多 1
地了解观众获得了什么体验，他们怎么看待这些展览，以及在参观期
间，他们学到了什么。因此，该领域的研究主题通常聚焦于观众的学习
成果，且大多采用前后对比的研究方法。这些都很好理解，因为研究者
想要赋予这些机构存在的正当性，增强其为未来活动筹集资金的能力。
但是，从这样的研究里究竟能得出什么样的结论？学习成果是如何与展
出中特定要素和特定活动产生关联的？近些年来，这样的讨论越来越
多。为了更近距离研究这些问题，更多的研究人员将注意力转移到了观
众彼此之间、观众与工作人员之间、观众与展品之间的互动等现象上，
从而探索互动的重要性。本书愿为这一探讨贡献绵薄之力：参观科技中
心或博物馆后，观众的学习如何产生？本书旨在深化对该主题的认识。
为了解决与学习相关的观众互动问题，通过什么方式可以制定、计划并
实施研究性学习？展览中的人工制品在这些情境中有何意义？

在这本书中，来自世界各地的研究人员采用社会文化的视角与理
论，对科技中心与博物馆中的各种互动进行了探索，这些互动既有不同

① Eva Davidsson, Aarhus University, Denmark；Malmö University, Sweden, 埃娃·戴维
松，奥胡斯大学，丹麦；马尔默大学，瑞典.
② Anders Jakobsson, Malmö University, Skövde University, Sweden, 安德斯·雅各布松，
马尔默大学，舍夫德大学，瑞典.

层面上的，也有不同情境中的。这意味着本书各章的焦点均与对科学中心及博物馆中互动的认识有关，而这最终是切合本书的标题的。本书由三个主要部分组成，第一部分确立了对展陈环境中的学习与互动所持的总体观点。其包含的几章探讨了研究及展品开发所持的理论和方法论取向、工作人员对观众学习所持有的态度、观众从展品中获得的体验及学习的收获等。第二部分的焦点集中在展品上，展品是专业发展和教师教育的重要资源。第三部分重点对学校参观进行了讨论，并探讨了展品如何使用才能够为学生的学习提供类似支架一样的帮助。

当为科技中心及博物馆中的学习与发展构建模型时，社会文化理论如何作为一个起点呢？在第一部分中，雅各布松（Jakobsson）和戴维松（Davidsson）在理论层面上对此进行了详尽探讨。作者讨论的问题包括：作为学习的先决条件和促进因素，互动很重要，他们的模型是如何为此做出理论解读的；这一模型如何作为工作人员在对新的展陈进行规划与评估时利用的手段；对于这一领域内未来研究中的方法论与分析焦点来说，社会文化视角具有何种启示。阿什（Ash）、隆巴纳（Lombana）和阿尔卡拉（Alcala）使用了共同体构建和对话协商的概念，并对实践进行了研究，旨在探索与观众互动时，博物馆工作人员是如何把自己的身份转换成教育工作者的。作者讨论了反思性实践以及新话语（支架）的引入是如何影响工作人员的自我定位及其对教育工作者这一角色的认识的。佩德雷蒂（Pedretti）通过一项案例研究探讨了成人观众从众所周知的"人体世界"展中获得的体验。她使用多种数据源对社会公众的反应进行了刻画，这些数据源来自媒介、讯息和张力等不同情境。最后，罗韦（Rowe）和克兹尔（Kisiel）对观众与水族馆里触摸箱中活的动物之间的互动进行了研究，而且把焦点特别集中在观众在与动物接触后会表现出哪些行为上。他们使用"中介行动"（mediated action）这一概念对情况汇报活动（debriefing activities）及这些活动是如何导致新互动产生的进行了探索。

在第二部分中，皮克拉斯（Piqueras）、维克曼（Wickman）和哈姆扎（Hamza）探索了在瑞典自然博物馆中实习教师对立体微缩模型关注的差异是如何影响学习走向的问题。他们使用实践认识论这一框架，在话语层面上，分析了投入一项活动之中的人们的学习状况。接下来，莱德曼（Lederman）、霍利迪（Holliday）和莱德曼（Lederman）追踪了参与科技中心的专业发展课程的教师，并研究了那些相互关联的展品究竟是如何影响教师互动及协作的。他们分析了在各种不同的学习情境中出现的与内容或教学法相关的讨论。在本部分的最后一章，格里芬（Griffin）探讨了博物馆中作为课堂实习教师所拥有的实践经验。她还进一步描述了教师是如何通过指导经验来建构自己的专业发展之路的，并分析了教师在构思自己的实地参观活动时采取的方法。

第三部分共有四章，关注的是学校组织的实地参观。通过对这四章进行比较，我们可以发现伦尼（Rennie）和麦克拉弗蒂（McClafferty）研究的是年幼的孩子会选择参与何种类型的活动以及他们在这些活动中相互之间是如何进行互动的。通过收集各种图画，进行访谈和录像等手段，他们对孩子们参与活动的层级及其花在互动展品上的时间进行了分类。拉姆（Rahm）探讨了在当地学校和科技中心联合举办的关于如何构建一座机器人城市的项目中学生的学习状况。她使用活动系统这一理论方法，重点强调了活动是以能够提供学习机会的各种工具为中介的，其目的在于研究学生的发展。接下来，德威特（DeWitt）通过探索数字媒体如何能够为学生学习的进步提供支持，探讨了在实地参观见习结束后，媒体继续提供中介措施的可能性。她认为：当有迹象表明学生处于最近发展区，而且教师能够充分利用这一点时，此时便是"教学上的最佳时机"。最后，塔尔（Tal）研究了如何对学校组织的参观见习进行设计以模仿家庭见习从而增进学生之间的互动。通过录音和访谈，她探讨了学生在参观见习期间学习方面的进步。

第一章

利用社会文化框架认识科技中心与
博物馆中互动的重要作用

安德斯·雅各布松[①]，埃娃·戴维松[②]

导　论

3　　　　探索并深化对科技中心和博物馆中互动作用的理解与认识，一个可能的途径是关注并讨论这些互动对学习与人类发展的启示。以此为焦点，一个明显的目标是充分发挥社会文化或文化—历史框架蕴含的巨大力量，以此为起点，着手发展一个理论模型，而发展这一理论模型的目的则在于对这些情境中的互动所具有的重要作用进行描述和解释。近些年来，在这一领域内，越来越多的研究使用这些方法所具有的潜力探索了非正式情境中的互动（如 Allen，2002；Ash，2004；Rahm，2004；Davidsson，2008）。在这些研究中，作者阐述和使用了那些很容易理解也能够被应用于展陈环境中的各种概念，在这里人工制品和互动，对于观众的学习而言发挥着决定性作用。在这一章，我们试图继续探索这些框架如何能够

①　Anders Jakobsson, Malmö University, Skövde University, Sweden，安德斯·雅各布松，马尔默大学，舍夫德大学，瑞典.
②　Eva Davidsson, Aarhus University, Denmark; Malmö University, Sweden，埃娃·戴维松，奥胡斯大学，丹麦；马尔默大学，瑞典.

被用于构建一种科技中心或博物馆场景下的学习模式。构建这样一种学习模式的想法与下面这几点愿望有关：（1）拓展对互动的重要性的理论认识，当观众接触到各种不同类型的展品时，互动是实现学习和人的发展的先决条件与促进因素；（2）与此同时，对于科技中心与博物馆中的工作人员来说，当他们想对与观众的学习结果相关的各种展览进行规划、实施与评估时，互动的理论模型就成为一种非常有用的工具；（3）更进一步地讲，这一模型可能还可以被作为出发点，来讨论与探索这一领域内未来的研究究竟应该把方法论焦点和分析焦点放在哪里。

我们可以这样说，与人的学习和发展的社会文化或文化—历史认识相关的所有这些理论框架，在某种程度上几乎都与维果茨基（Vygotsky）及其同事，在十月革命之后的几年时间里做出的工作相关或源于它们。他们的著述包含的内容非常广泛，对于认识人的心理与发展而言，其关键贡献在于，弥合了横亘在个体的人和外部世界之间的笛卡儿鸿沟（身/心二元论）[①]，在这条鸿沟的两侧分别是皮亚杰式学习观和行为主义学习观。因此，在他们的著作中（如 Vygotsky，1978，1986）很重要的一个议程就是发展一套理论，这套理论认为，只有分析与文化手段（人工制品和工具）使用相关的人的发展，同时，从个体和集体是如何使用和生产这些人工制品的视角出发分析社会进步，个体的心理才能够得到理解与认识。另外一个认识这一具有革命意义的思想所具有的重要作用的途径是利用沃茨奇（Wertsch，1991，1998，2002）对其做出的诠释。他认为人的心理与工具及人工制品之间的关系是具有根本性和不可约性（irreducible）的，以至于对人及其行动的任何描述都应该从"个体—行动"/"借助于中介手段的操作"这一角度来展开（Wertsch，1998，p. 24）。这意味着这一理论的实质，是把焦点集中在学习者是如何与可以获得的人工制品进行互动，以及这些人工制品是如何影响他们的行动与思维上

4

---

① 笛卡儿鸿沟，指将身体和心理分开，抑或是将灵魂与肉体分开。在笛卡儿的身心二元论中第一次把灵魂与肉体对应起来，他认为灵魂是独立的纯精神系，它和肉体是根本不同的两回事。参见《笛卡尔的错误》与《理性哲学家——笛卡尔》。——译者注

的。在科技中心与博物馆这一情境中，这意味着，要把关注的焦点集中在观众与展品，以及与在参观过程中遇到的其他观众及工作人员之间的互动上。从社会文化或文化—历史的理论框架出发，这些情境可以被称为借助于人工制品的中介（如 Vygotsky，1978；Wertsch，1991）或人类中介（Rogoff，1990；Lave ＆ Wenger，1991）。然而，在这一领域内，也有一些学者认为不管是借助于人工制品的中介还是借助于人类中介，都是学习与发展过程中不可分割的一部分。

在这一章，我们有意识地参考了不同的"学习的社会文化和文化—历史认识框架"，尽管事实上它们有同一个源头，而且在认识论和本体论的层面上通常还共享着相似的世界观。之所以这么做，主要是为了强调，有很多种方法可以帮助我们加深对科技中心和博物馆中互动的重要作用的认识，而不是为了突出这些框架之间的差异。除了维果茨基的大量著述、沃茨奇提出的中介行动这一概念以及罗戈夫（Rogoff）提出的人类中介，还有很多其他的思想和方法对于我们的讨论也具有潜在的建设性。比如，文化心理或文化—历史的观点（如 Cole，1996；Cole ＆ Engeström，1993）、社会语言学、社会符号学或多模态视角（Halliday，1975；Lemke，1998 ＆ 2004；Kress ＆ Van Leeuwen，2006）、对话视角（如 Bakhtin，1981；Linell，2001）、实用主义视角（如 Dewey，1981）、制度视角（Wenger，1998；Mäkitalo ＆ Säljö，2002）、活动理论框架（如 Leontiev，1978；Engeström，1999），以及其他一些思想和方法。遗憾的是，本章没有足够篇幅对所有这些观点进行彻底探讨。取而代之的是，我们把它们作为某些理论框架的样板，这些理论框架具有帮助我们拓展对这些议题的认识的潜力。在下一节，我们将通过探索人工制品的性质来探讨观众通过互动进行学习的理论方法。

人工制品的性质

从历史上看，由于博物馆的职能是收集和保存文化工具，人们可以利用它们开展研究，并把它们展示出来，教育社会公众，因此人工制品始终在展陈情境中扮演着关键角色。然而，鉴于在展陈情境中所处的这一独特地位，人工制品事实上被从它们的自然情境中剥离了出来，这样一来就有可能会导致观众难以充分理解和认识它们的含义及其在原初情境中的应用状况。出于这一原因，对人工制品的性质和历史演进进行深入的分析、探索和讨论亦非常必要。这需要我们探讨什么是人工制品，不同类型的人工制品有什么特征，它们在人的发展与学习过程中有何重要作用。

在对人工制品这一概念的界定上，有很多种不同的定义，它们都植根于不同的本体论与认识论观点。例如，诺尔曼（Norman，1993）就采取了一种认知的视角，他指出：

> 任何东西，只要它是由人为了提升思想或行动的目的而发明出来的，就可以算作人工制品，不管它是否有一个实体存在，是被构造出来的还是被制造出来的，抑或它是一个心理存在，是别人教出来的。（p. 5）

另外，他还着重强调了使用认知人工制品这一概念，并把它作为一种人类认知功能外化形式的重要性。这一观点是建立在认知心理学或认知科学基础之上的，它认为对人工制品的研究，既可以独立于物质世界进行，亦可以在这些人工制品被应用的情境中进行。相比之下，科尔（Cole，1996）则采取了一种文化—历史的观点，把人工制品界定为：

> 物质世界被纳入了以目标为导向的人类行动之中，通过这一历史进程，物质世界的某一方面业已发生了改变。这些改变被熔铸于人工制品的创造及使用过程中，凭借这些改变，人工制品既具有理念性（观念性），同时又具有物质性。（p.117）

按照科尔的观点，人工制品既具有理念性，又具有物质性，因为它们是在物质世界与人类进行互动的过程中被创造和开发出来的，而且它们还始终处于持续不断的发展变化之中。从这一角度看，人工制品和使用人工制品的人在一种辩证与互惠的关系中相互联系在了一起：人工制品影响着使用者的思想和行动，而使用者则能够通过增加新的发明或应用来促进人工制品的进一步发展。这意味着人与物质世界之间这种原初的互动关系，可以被视为可整合于人工制品之中的，而且具有为当前的使用者使用的潜力。萨廖（Säljö，2005）提出，当一个人工制品被建构出来时，构成人工制品的材料便通过把人类知识与经验整合到客体对象之中被从一种状态转换成了另一种状态。人工制品被有意地赋予了某些特征，诸如让刀锋变得更加锋利或让热水瓶保温以不让咖啡变冷。创作人工制品的人需要拥有关于如何建造人工制品以及如何提升工具质量的广泛知识。在另外一个方面，使用人工制品的人可能并不需要拥有这些知识，他们在使用人工制品时也能够对其进行利用，并因此而分享着集体经验。

这种对人及其人工制品之间关系的认识源于维果茨基（Vgotsky，1978），他认为思维和高阶心智功能的创造与发展，有赖于我们在与外部环境互动的过程中使用或能够获得的工具与符号。沃茨奇（Wertsch，1998，2002）也对心理与人工制品、工具和符号二者之间的辩证关系进行了强调，他指出人的行动总是与行动发生时所处的文化、制度及历史情境联系在一起的。他引用了维果茨基学派的观念，即人为了思考与行动而使用的文化工具与符号首先是社会性的，而不是生物性或个体性的。在这种观念中，维果茨基使用"符号"（signs）这个词来作为对各种语言、计数系统、记忆术、代数运算符、艺术作品、文字著述、策划、图表、地图等的共同描述。此外，沃茨奇（Wertsch，1991，2007）还把符号界定为心理工具（如语言、符号、公式等），这些心理工具被作为思维的手段，作为技术手段的工具（如计算机、图形计算器），和存在于我们周遭的各种人工制品（如图书、电脑游戏、科学概念或理论）一道，调整和影响着我们思维的内容与方式。

　　瓦托夫斯基（Wartofsky，1979）使用的则是一个与之不同的对人工制品的定义，这个定义把人工制品划分为三种不同的等级层次，并分别为它们贴上了一级、二级和三级的标签。在瓦托夫斯基看来，一级人工制品是诸如针、锤子、斧头之类的物质工具，另外还包括通常能够促使主体（agent）以特定方式采取行动的各种技术设备或其他物件。萨廖（Säljä，2005）认为这些类型的人工制品可以延伸人的躯体，因此可以增进我们采取行动的能力。沃茨奇（Wertsch，1991）对这种拓展进行了阐述，他认为心理并不仅限于在由皮肤包裹着的身躯之内活动（p. 33），而且他还对此做了更进一步的比喻，把这些人工制品比拟为盲人的手杖。另外，科尔（Cole，2003）对一级人工制品的描述，与把人工制品作为被先前的人类活动改变了的物质这一观念紧紧联系在了一起。瓦托夫斯基（Wartofsky，1979）用二级人工制品来指称对一级人工制品的表征，以及人在使用一级人工制品时行动的模式。萨廖（Säljä，2005）在对二级人工制品进行阐述的过程中，提到了一些诸如食谱、图表或其他表征系统之类的指令。它们是被刻意创造出来的，其目的在于统御我们的行动，就我们对一级人工制品的使用而言，二级人工制品具有反思的性质。瓦托夫斯基（Wartofsky，1979）还把价值观和信念也包括在了二级人工制品之中。他划分的人工制品的第三种类别是三级人工制品，指意像世界（imaginary worlds）。这些意像世界具有相对的独立性，因为它们有着自己的法则与规范，这些法则与规范并不必然地直接表现出实用性。萨廖（Säljä，2005）把三级人工制品描述为二级人工制品及其实践的扩展类型。它们涉及的是诸如对世界进行整理、理解和分析之类的议题，对此类议题的探索可以通过艺术或科学推理来进行，另外还有很多其他方法。就一级人工制品的开发来说，三级人工制品具有非常重要的作用，但三级人工制品和这些一级人工制品之间的关系却都是人为假定的。萨廖提出，从知识发展的视角看，二级人工制品和三级人工制品具有核心意义，因为它们依赖并推动着表征系统的发展，通过诸如图表、文本、图片或模式之类的文化工具为有关于周遭的信息提供媒介，而这反过来又有助于我们对经验的组织。

在这一节，我们仅仅是从各种不同的传统或视角出发探讨了人工制品这一概念的界定。尽管我们雄心勃勃，但事实上并没有能够找到一个放诸四海而皆准的定义，而只是从本领域浩如烟海的文献中举出了某些样例，并呼吁大家，要关注对于人的发展与学习而言，各种不同范式赋予这一概念的重要意义。到目前为止，我们得到的一个重要结论似乎是：如果不把人及其与人工制品之间的互动包括在内，就无法认识个体的发展；如果不关注人究竟是如何在这些互动中使用中介手段的，就无法理解学习，因为这样的研究具有过于严重的还原主义色彩。这一立场可以从萨廖（Säljä，2005）的论证中得到阐明。他认为，如果我们在认识人类的思维与学习时，仅仅是局限于把焦点放在个体内部发生了什么上，那就无法理解所有这些文化产品究竟是如何为我们所掌握并影响我们的思维与行动。

借助于人工制品的中介

就像前面已经讨论过的那样，似乎很难找到一个唯一的定义，或者对各种概念的使用达成共识，因为对于作为学习者的我们来说，存在着很多种各不相同的资源。有几个概念描述了这些资源，这些概念尽管有相似之处，但却也遵循着不同传统，在内涵上表现出了细微差别。比如，它们可以被描述为人工制品、工具、文化工具、符号、符号工具、心理工具，等等。规避这种混乱的一种方法是使用沃茨奇（Wertsch，1991，1998，2002，2007）提出的"包罗万象型"中介手段的概念，这一包罗万象型的概念，对学习过程中所有可能的，以及能够获取的资源进行了描述。然而，要注意的是，在这一概念中，他把人类中介也包括了进来。比如，当人们以各种不同方式进行讨论、合作或交流经验时，这种中介就会发生。按照科尔（Cole，2003）对人工制品这一概念的应用，它指的是物质世界的所有资源或方面，抑或源于人类以目的为导向的行动的文化与历史产物。在下文中，当指现有的各种中介资源时，我们倾向于把中介手段这一概念作为一个具有总体性质的概念来使用，按照科尔的定义，就是人工制品，而当人与人之间的行动处于焦点位置时，这种中介手段便被称为人类中介。

社会文化视角有一个关键假设，即人工制品和中介手段影响着人的思维与行动，各种物质工具和知性工具在具体而实际的情境中为人们传达着现实，并构成了社会实践不可分割的一部分。在这里，我们可以把人的行动理解为既是外部的，也是内部的，同时还是静默的，它不仅体现在各种陈述或言论中，而且还体现在个体或群体的一举一动中。沃茨奇(Wertsch，1998)这样来描述这种关系：

> 社会文化方法的任务是揭示人的行动与行动发生的文化、制度及历史情境这几个方面之间的关系。我认为，行动的具体内涵就是其表现出来的中介性质。(p. 24)

按照沃茨奇(Wertsch，1998)的观点，如果我们把焦点集中在"主体与工具"之间的这种关系上，那么就可以直接超越方法论上的个体主义的局限。个体主义在对人的思维或行动进行研究时，往往把其与这些思维或行为所拥有的中介手段相割裂。与这种个体主义的方法论不同，他认为人与其中介手段之间的关系是一种"不可约的张力"，从一个更为广阔与深远的视角看，行动正是在这种张力中才获得意义的。这种观点对于我们认识科学中心和博物馆中观众的学习过程可能具有非常重要的启示。如果我们认为学习只是一个发生在我们大脑之中的过程，或者仅仅只关注参观结束后人们能够在测验中再现哪些内容，那么就很难对学习究竟是如何在这些情境中展开的有所认识。与上面这种观点不同，沃茨奇提出的这个方法论建议，聚焦于观众和其现有中介手段二者之间的关系与互动，而且关注的是在这些情境中人们是如何以及以何种方式与彼此进行互动的。

有大量研究从不同的理论视角出发，试图对科技中心和博物馆情境中人工制品的使用进行探索。在这些研究中，有些聚焦于诸如触摸屏或语音导览之类的各种不同的技术应用，以及这些技术应用究竟以何种方式才能够促进中介作用的发挥，从而对因参观而产生的学习结果产生影响（如 Lindemann-Matthies & Kamer，2006；Novey & Hall，2007；Swanagan，2000）。这些研究获得的结果有力地表明：使用各种不同类型的技术设备，是有可能对观众的学习进行影响与强化的。还有一些研究是为了探索，展陈环境中各种不同的标识与符号究竟以何种方式进行应用，才能够为观众提供媒介，并影响他们的学习（如 Hohenstein & Tran，2007；Borun，2002）。例如，包含"开放性问题"的标识似乎可以促进活动的展开并加强观众与展品的互动。另外，特南鲍姆（Tenenbaum）、普里奥尔（Prior）、道林（Dowling）和弗罗斯特（Frost）还得出了这样的研究结论：那些在参观期间有活动小册子的家庭，往往会倾向于投入更多的围绕呈现主题而展开的讨论之中（Tenenbaum，Prior，Dowling，Frost，2010）。然而，另外一个对借助于人工制品的媒介进行探索的研究领域，关注的则是如何对展品进行设计，以及工作人员使用何种方式才能够为学习提供相应的支撑。例如，这可能会涉及展品开发的指导方针与基本框架，以及接待具有不同知识背景的观众的具体方式等（Davidsson & Jakobsson，2009；DeWitt & Osborne，2007；Allen & Gutwill，2004）。

所有这些研究和其他研究加在一起，向我们提供了有关观众与展品进行互动的非常有价值而且极为重要的知识。绝大多数研究，都有一个共同的特征，那就是通过采用前测和后测的研究设计，或把焦点集中在观众的行动与互动之上来对观众的学习进行探索，而没有考虑到包含在展览之中的人工制品。这意味着对科技中心和博物馆学习的研究，在很大程度上不是把焦点放在了学习结果上，就是把焦点放在了家庭成员、观众与工作人员或学校团体之间的对话上，而对观众学习结果的关注，则是通过对他们在参观前后表现出来的知识水平以及对与具体知识范畴相关的理解进行探索而完成的。另外，有一些研究致力于对个体观众或团体观众与展品进行互动的方式进行探索，比如，通过研究他们花在展品不同部分上的时间或动手操作活动的性质来对此问题进行研究。然而，这一领域内的绝大多数研究，很少把焦点集中在观众会话与嵌入型人工制品二者之间的关系上，也很少聚焦于这些人工制品是否、如何以及以何种方式能够有助于为观众在参观过程中的对话提供媒介。

调用人工制品的中介潜力

维果茨基(1978，1981)对低级心理功能和高级心理功能进行了区分，并认为高级心理功能的发挥就其构造原则来说是存在于个体之外的，它存在于人际关系与心理工具之中。比如，计数首先要借助于外部的各种不同的中介手段(如手指、石子、硬币)，而后才随着内化逐渐消失。按照维果茨基的观点，在内化过程中，那些较为低级、天生的心理功能被纳入较为高级的心理功能之中，并被较为高级的心理功能所取代。然而，沃茨奇(Wertsch，1998)和萨廖(Säljä，2005)却对内化(internalisation)这一术语的使用提出了质疑，并认为中介行动的绝大多数形式从来都不曾在内化这一层面上发生过。沃茨奇澄清了自己的这一立场，认为这并不是说在外部过程发生时不存在重要的内部维度，但他同时也强调内化这一隐喻过于宽泛，因为它暗示了某些并未经常发生的事情。哈钦斯(Hutchins，1995)描述了飞行员是如何使用各种错综复杂的系统来使飞机保持在一个恒定速度上的，并以此对中介行动何以不需要被内化进行了阐释。尽管对飞机速度进行记忆的过程产生于飞行员的活动中，但"对驾驶舱的记忆"却基本上并不是由飞行员的记忆构成的，而是由飞行员和飞机中的各种技术设备之间的关系构成的。为了避免对内化这一术语的内涵做过于宽泛的解释，沃茨奇(Wertsch，1998)提出了一种方法，他建议使用"调用"(appropriation)这个词来代替，它源于巴赫金(Bakhtin，1981)的著作。沃茨奇(Wertsch，1998)把这个词的含义翻译和解读为"构造属于自己的某些东西的过程"(p.53)。

然而，科祖林(Kozulin，2003)对具有中介性质的手段的调用和对内容或事实的调用进行了一个具有决定性的区分。他把对内容的学习界定为对经验事实的再生产，如学习罗马是意大利的首都，就属于此类。然而，使用作为表征系统的地图，这种能力的学习或调用则可以帮助学习者找到任何国家的任何首都。他通过这一点指出：中介手段需要被作为一个具有普遍性的工具来被调用，或者说，它是一种能够对个体在各种不同情境中的认知与学习功能进行组织的心理工具，而且可以被应用于各种不同的任务(2003，p. 26)。萨廖(Säljä，2005)也对这种观点进行了强调，认为学习就是能够使用一个人工制品的概念内涵，并把它与某一个具体社群中处于多方面环境里的各种事件与对象联系在一起。然而，这里所指的概念并不是像被调用那样的概念，而是指概念所具有的提供中介的可能性或潜力，因为概念知识包含了与各种不同的社会实践相关联的推理、思考和冲突。科祖林(Kozulin，1998)也指出，学习者既不是以现成的形式调用概念，也不是在自己经验的基础上独自进行建构。这意味着对学习的理解要从两个方面来进行，它是一个既具有内容依赖性，同时还具有情境依赖性的事件。巴赫金(Bakhtin，1981)以及沃茨奇和斯通斯(Wertsch，Stones，1985)都对掌握和调用进行了区分，这里的讨论仿效了他们的观点。按照他们的说法，掌握的特征是在特殊情境下"知道如何做"或者是在没有对行动进行反思的情况下采取行动。而调用的概念则不然，它描述了新知识、先前经验和中介行动之间的协调过程，而这反过来又意味着这样一种状态，即个体能够有意识地、刻意地在未来的中介行动中使用新调用的知识或能力。在日常语言中，这可以被表述为调用是对行动的建构而不是刻板地照葫芦画瓢。然而，沃茨奇(Wertsch，1998)突出强调了这样一个事实，那就是可能存在着个体没有调用而只有掌握的情形，在这种情形中，个体可能能够以某种方式使用人工制品，甚至是掌握它，但却没有能力对文化工具究竟是什么

解读科学中心与博物馆中的互动——走向社会文化视角

以及它是如何工作的形成充分的认识；换句话说，没有真正把它变成自己的东西。

拓展展览中人工制品的中介潜力

到目前为止，我们已经从社会文化或文化—历史的理论视角出发，讨论了人工制品及其对展览情境中学习的重要作用。但是，对于工作人员来说，有什么办法能够告诉他们究竟应该如何使用这些框架来增加并扩展这些情境中人工制品的中介潜力呢？就像我们已经讨论过的那样，人工制品作为支持人以目标为导向来行动的工具，通常并不是孤立存在的，在更为普遍的情况下，它们与特定的情境、场合、实践或话语联系在一起。因此，问题是：这些人工制品如何才能够重新获得其在展览中的意义，采取何种方法才有可能加强它们的中介潜力，从而促进观众对其的调用？就像已经提到过的那样，不可能把调用视为这样一个过程，即观众既可以从展品中调用全部的意义或所有可能的知识潜力，也可以不调用。人工制品为学习过程提供中介的方式更应该被理解为其中介潜力持续不断被调用的过程（Davidsson，2008）。因此，从这一角度来讲，展览中的各种资源仅仅构成了其中一个重要的来源，除此之外还有其他的来源，这些来源有助于个体进行持续不断的调用及终身学习，也有助于在未来的行动中加强行动各组成部分的整体性。人工制品，比如解释性模型或科学性概念等，借助于参观，可以变成强有力、富有整体性、积极主动的思维设备，随后，在观众于未来情境中解决日常问题时成为他自己的东西。我们认为，这与对一项展览的内容进行学习是完全不同的。

要避免展览的中介潜力不足这一问题，有种方法是揭示展览所包含的人工制品所处的文化—历史背景（Kozulin，2003）。这样做的目的是从历史和文化的视角，突出强调人工制品演进过程中的各种细节，重点突出它一开始试图要解决的人类问题，并对不同时代与人类思维及发展有关的发明创造所具有的重要作用进行讨论。为了做到这一点，有意识地把人工制品作为一个有目标导向的人类文化产品引入进来，并在展览中使其外显且可见是非常关键的。这样做的意义在于帮助观众认识到，作为一种具有普遍意义的问题解决工具与人类思维和行动的促进工具，人工制品所具有的潜在力量，并理解如何在各种不同的情境中对其进行普遍应用。然而，萨廖（Säljä，2005）认为调用作为一个过程可能会遇到一些阻碍或抵制。如果观众觉得不知道自己要找什么，不懂在何种情况下才能够使用人工制品，或者不明白用它们来解决什么问题，那么萨廖所说的这种情况就会发生。有的人工制品整合了成百上千种的发明和创造，但这些发明和创造并不能自动让新时代的使用者看得见、摸得着，这时候我们就可以认为对人工制品的调用过程遇到了阻碍。

对某一特殊的人工制品加以了解，对于克服这些障碍来说是非常重要的，认识到这一点很关键（Kozulin，2003）。了解和使用人工制品与克服这些障碍非常相关，就这一点来说，要想扩展观众的认识，一种方法是为人工制品多提供几种相互联系在一起的可能性，从而满足具有不同教育背景的观众们的需求。我们之所以这么说，是为了举例说明并讲清楚在各种不同的情境与场合中究竟应该以什么样的方式来使用人工制品。另外一个方面关注的则是工作人员对展览的目的或中介目标是否有所意识。这一领域内的一些研究（如 Davidsson & Jakobsson，2009；Davidsson & Särensen，2010）表明：像这样的目标往往都是隐性而非显性的，这显然会使工作人员难以对参观的结果进行评估。因此，为了对人的学习与发展进行观察，首先应该明确发展的目标究竟是什么，展品和嵌入型人工制品究竟是以何种方式为强化这些过程做出贡献的，认识到这一点非常关键。换句话说，这意味着在对新的展览进行规划与设计时，要明确有意向的中介目标究竟是什么。

例如，假设我们要举办一个有关温室效应和全球变暖的展览，在考虑从这些方面拓展人工制品的中介潜力时，该把什么内容纳入进来，把什么内容排除出去？这实际上存在着无限多的可能性。一种可能的办法就是，一开始就确定核心的人工制品和中介目标，这对于深化对这一议题的认识来说具有决定性的意义，是不可或缺的。像这样的人工制品有一个共同的特征，那就是它们构成了强有力的工具或思维的手段，可以被用于对现象的认识。它们还可以被描述为文化产品，这些文化产品构成了人类代际的思想、创新与行动的"结晶"。例如，这些人工制品包括了科学概念、解释模型、可视化模型、工具和理论等。在这个例子中，它们可能是与"地球辐射平衡"有关的科学知识与模型，"能量"的概念，"天然温室效应与人为影响之间的区别""碳循环""光合作用""化学元素""化石燃料的特点"和"气体燃料的特性"等。从社会的视角来看，核心的人工制品可能涉及"与不断升高的平均气温给社会带来的影响有关的知识或解释模型""政治、经济与全球变暖之间的联系""极端天气导致的后果"，以及"气候难民"等。在这些例子中，每一个都有非常强大的阐释力，可以帮助我们理解温室效应和全球变暖之间存在着因果关系这一重要特征，而这正是需要有意识引入的东西。要进一步拓展对全球变暖的认识，一种办法是对天然温室效应和人为影响之间的区别进行突出强调。在这一点上，可以通过引入历史上的各种不同解释模型的文化—历史背景来对其进行明确说明。例如，这可能涉及傅立叶（Fourier）以及斯蒂芬-玻尔兹曼（Stefan-Boltzmann）等人有关于地球热辐射的理论或描述，和阿列纽斯（Arrhenius）对温室气体以及它们是如何吸收能量的解释，后者是一个有关于地球辐射平衡的解释。它还可以包括其他一些历史上的解释模型，当然这些历史上的解释模型已被证明不足以对这些现象做出充分解释，或者是引入一些当代的、相互之间有冲突的解释模型，诸如宇宙射线或太阳风对全球变暖具有决定性影响之类的。

12

　　当然了，一个单独的展览无法把焦点集中在所有这些方面上，我们举的这个例子只是想粗略地勾勒，在对有关于这些议题的展览进行规划与设计时，需要在哪些可能的方向上做出努力。然而，主要的焦点必须聚焦于如何充分发挥展览中人工制品的中介潜力并对其进行探讨。我们可以通过有意识地引入嵌入型人工制品的文化—历史背景，并对其进行明确陈述，同时明确展览所要达到的学习目标来实现这一点。

人类中介

到目前为止，我们已经讨论了人工制品这一概念的不同界定、人工制品的性质及其与人类思维及行动之间的互惠与辩证关系。另外，我们还着重考察了社会文化观点，认为只有把人的心理与行动视为文化与历史过程导致的结果，才能够真正认识它。在一些出版物中，维果茨基（如 1978，1986，1997）及其同事们重点强调了这样一种观点：人工制品（工具和符号）在个体与外部世界之间发挥着中介作用，对诸如此类的人工制品进行管理与处理的能力是在社会化的环境中通过来自其他个体的导引而获得的。丹尼尔斯（Daniels，2008）进一步澄清了维果茨基学派的这一观念，他说：

> 有人提出，通过在这个世界上做事，他们［人们］才与那些人工制品蕴含于社会性活动中并在社会性活动中获得的意义建立起联系。人既塑造了这些意义，同时也被这些意义所塑造(p. 76)。

为了强调这一关系的重要性，维果茨基（1978）发明了"最近发展区"(Zone of Proximal Development，ZPD) 的概念，以对具有参与性质的人的发展这一过程进行解释。例如，这个概念关注的是儿童参与特定的社会性活动，并相互之间或与成人之间进行互动与协作的这样一种情境。在这些情境中，有些个体可能对社会的知性实践或实操实践以及对相关人工制品的使用，与其他人相比更熟悉一些，而这反过来又会为中介活动与学习创造出更多可能。另外一些众所周知的当代学者也把焦点集中在同样的强大情境上。比如，杜威（Dewey，1981）就指出：像这样的情境可以让我们与事物及习惯之间的联系更加丰富，这样一来知识和行动便获得了特殊的意义。从这一视角来看，学习与发展，首先是与人作为特殊社群的成员获得行为、行动和说话的能力这一过程联系在一起

解读科学中心与博物馆中的互动——走向社会文化视角

的。人们通过在特殊情境中使用词语、概念和行动的意义，可以完成融入一个社群或一次会话的社会化过程，而上面提到的这一点通过这一过程可以得到解释和说明。要理解这些沟通行为的意义，一种相关的方法是借助于巴赫金（Bakhtin，1981，1984）提出的对话性与社会语言的概念。这些概念源自下面这样一种观点，即人与人之间真正意义上的理解从本质上来讲都具有对话的性质，会话中一个个的只言片语构成了整个声音链条上的一个个环节，而这些话语又是与之前的言语联结在一起的。同时，它还暗示了这样一种观点：任何言语都只有置于对话中所有先前言语的意向里才能够得到理解。对于认识科学中心与博物馆中的学习来说，这三个框架共同构成了理解人如何在这些情境中表达、调节与交换想法和意见的工具。

13

然而，按照林纳尔（Linell，2001）的观点，在学习研究中，长期存在着一种仅仅只是从个体意义上的迁移与交换传播模型来看待对话的传统。他认为这种传统试图把言语及其意义仅仅视为说话人的交流意向，而倾听者的任务就是去发掘这些意向。他指出：

> 相比之下，对话主义则把会话描述为一种内在的社会与集体过程，在这一过程中，说话的人依赖倾听的人，倾听的人是会话的"共同作者"……说话的人同时也是倾听的人（倾听自己的言语），并在言语表达本身不断展开的过程中，致力于从事各种意义生成的活动。（Linell，2001，p. 24）

在这段简短的引文中，作者试图抓住人与人之间错综复杂的意义生成的互动过程的本质，认为这对于认识人类会话的本质具有决定性意义。另外，他还指出：在这些类型的对话中，参与者往往都是相互啮合在一起的；他们打断对方，对未说完的话进行补充，并试图形成可能或共同的解释，而这反过来又为思想、行动与知识的后续交换创造了平台。在科技中心或博物馆情境中，我们就可以找到这样的例子，如下面这样一种情形：一个家庭或其他团体的成员共同参与到一场有关于展品的会话之中。从一个与之相关的视角出发，罗戈夫（Rogoff，2008）认为，为了理解活动的意义与结果，有必要综合考虑三个相互联系且不可分割的方面。按照她的观点，也就是说：要从社群/制度、人际及人自身这三种视角出发，对活动及人的互动进行观察。在对人际这一层面进行讨论时，罗戈夫使用了有导引的参与这一概念(1990，2008)。它描述的是这样一种情形：在一个具有集体性质的社会文化活动中，个体及其社会伙伴在对他们的参与进行交流与协调时，相互之间呈现出来的是一种双向投入的关系。同时，它还提供了一种视角，我们可以通过这种视角研究人与人相互之间的投入以及安排的状况，并探索它们究竟是以什么方式对人的学习与发展产生影响的。

　　然而，问题是这些思想如何才能够帮助我们认识发生在科技中心与博物馆中的互动呢？在过去的十年里，人们对此的兴趣越来越浓厚，不但体现在对观众参观结束后究竟学到了什么进行的探索上，而且还体现在对观众在参观过程中事实上做了什么进行的探讨上。在博物馆中，规模与其他团体相较而言更大一些的家庭团组似乎已经成为这些研究方法关注的焦点对象。这意味着，在对数据进行收集的过程中，我们开始越来越多地用到观察的方法，并对家庭与其他团体的会话进行后续分析(如 Ellenbogen，Luke & Dierking，2004)。因此，大量的研究业已探索了发生在家庭之间的会话以及家长可能会如何影响孩子们的行动(如 Ash，2004b；Crowley & Jacobs，2002；Lehn，2006；Siegel，Esterly，Callanan，Wright & Navarro，2007)。例如，我们可以做出这样一个结论：观众往往倾向于把焦点集中在展览的内容上，他们会花多达 80% 的时间来对呈现的话题，包括一些概念或他们自己对内容的感知，进行讨论、协商与探索(Allen，2002；Griffin，Meehan & Jay，2003)。此外，当把家庭会话与同事会话或参加学校组织的实地参观见习的孩子们之间的会话进行比较时，人们可以发现：家庭会话通常时间更长，而且内容更加全面(Crowley，et al.，2001)。

另外，在对观众的会话进行分析时，人们主要的焦点往往都被放在一般意义上的观众会话身上。在研究过程中，对数据的收集通常不会密切关注对话是如何借助于展品的内容得以展开的。当然，有些研究在对观众的会话进行分析的过程中关注到了展品讨论的话题或内容的呈现方式。例如，阿什（Ash，2002）把观众的会话与展品的内容联系在一起进行考察，发现当展品包含了非常复杂的主题内容时，便会导致互动次数增加，讨论也会得到加强。莱因哈特和克努森（Leinhardt & Knutson，2004）通过研究在四种类型的博物馆中观众对话的内容何以不同，也探索了展览的内容与观众的对话之间的联系。而问题在于：当对我们的模型进行探讨时，通过何种方式才能够使用这些研究所获得的经验呢？

一个解读科技中心与博物馆中的互动的模型

到目前为止，本章的目的是讨论各种不同的理论视角或方法，以解读与科技中心和博物馆中的学习有关的人与人工制品之间的互动。然而，本章最重要的目标在于提出并勾画一个模型，这个模型可以帮助我们增进和深化一直以来的这个认识：与这些情境中的学习相关的互动确实很重要。就像已经提到过的那样，各种社会文化或文化历史框架的核心思想在于超越横亘在个体与世界之间的隔阂，而通常这种经典做法构成了绝大多数学习研究的一个重要特征。在这种新的视角下，一个重要的结论是：只有通过分析与各种不同情境中的文化手段相关的人的发展，才能够理解学习。如果我们使用沃茨奇（Wertsch，1991，1998，2002）的观点来重点强调人的心理与其人工制品之间的强大联系，那么就可以得出这样一个结论：这种联系具有根本性，而且不可分割，以至于我们不但应该谈"人的行动"，而且更需要坚持强调个体借助于中介手段的行动这一过程。当然，这一过程，包括了通过与其他人互动而发生的调整行为。然而，在引入该模型之前，我们想着重谈一谈有关学习的一些重要结论或原则，我们的模型就建立在这些结论或原则的基础上。

15   第一，通过人与其拥有的中介手段之间的相互依赖和辩证的关系，可以对科技中心与博物馆中的学习有所认识。

第二，通过与展览中各种嵌入型的人工制品、工具、符号等的互动，观众的学习与发展成为可能。

第三，当与展品、其他观众或工作人员进行互动时，观众对展览的理解，以及通过展览进行的学习可以在行动中明确表现出来。

这个模型还试图把来自其他一些研究的结论纳入进来，这些研究关注的是如何增进观众与展览及其他观众和工作人员之间的互动。这意味着应该从增进这些互动的所有可能途径这一角度，对其进行审视。

第四，通过明确展览所要达到的中介目标，观众的学习可能借助于人工制品的中介潜力的调用而得到增强。

第五，借助于有目的地引入嵌入型的人工制品，明确这些人工制品的文化—历史背景，并通过强调对这些人工制品进行了解的重要性，观众的学习可以得以促进。

第六，通过与其他观众及工作人员进行会话和对话，观众的学习便可能发生。如果展览的设计目的在于促进这些互动，那么观众的学习便会得到促进。

16   这个模型底部的几个圈是为了说明观众及其在参观过程中与其他人之间的互动。在这里，焦点是放在人的中介上的，如这几个圈可以代表几个家庭、一个班级或观众与工作人员之间的互动。这个模型顶端的几个方框对应的是展览和嵌入型的人工制品。在这一情境中，这些人工制品可能是指整个展览、一件单独的展品或展品的某几个部分。所谓"嵌入型"的人工制品，是指其中包含有科学概念、理论、解释模型、符号、工具等。模型中的双向箭头，一方面，描述的是人工制品是如何影响会话和观众的互动，并使其发生变化的；另一方面，它也描述了人影响人工制品的一般过程。然而，对于后一个过程来说，其在展览情境下是非常罕见的，因为它意味着人对人工制品的开发有影响。最后，模型中左侧的文本框包括了这个模型赖以建立起来的有关于学习的若干原则，右侧的文本框则展现了一些样例，以说明如何增强科技中心与博物馆中的互动。（图 1-1）

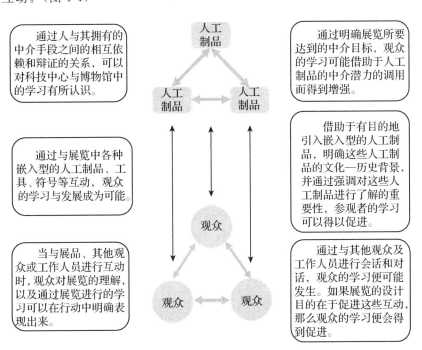

通过人与其拥有的中介手段之间的相互依赖和辩证的关系，可以对科技中心与博物馆中的学习有所认识。

通过与展览中各种嵌入型的人工制品、工具、符号等互动，观众的学习与发展成为可能。

当与展品、其他观众或工作人员进行互动时，观众对展览的理解，以及通过展览进行的学习可以在行动中明确表现出来。

通过明确展览所要达到的中介目标，观众的学习可能借助于人工制品的中介潜力的调用而得到增强。

借助于有目的地引入嵌入型的人工制品，明确这些人工制品的文化—历史背景，并通过强调对这些人工制品进行了解的重要性，参观者的学习可以得以促进。

通过与其他观众及工作人员进行会话和对话，观众的学习便可能发生。如果展览的设计目的在于促进这些互动，那么观众的学习便会得到促进。

图 1-1　科技中心与博物馆中的学习和发展模型

方法论结果与分析单元

正如在本章的导论部分提到的那样，我们之所以提出这个科技中心与博物馆中的学习和发展模型，是源于这样一种希望，即拓展人们对互动的重要作用的理论认识，因为在这些情境中，互动是学习与人的发展的先决条件和促进因素。我们认为，构成这一模型的理论框架对于如何理解和解释这些互动来说具有非常重要的启示。换句话说，为了在这些情境中开展研究，采用社会文化或社会—历史框架可以在方法论上给我们带来一些非常重要的结果与考量。因此，如果在研究人类学习时，把我们在这个模型中总结的第一、第二和第三点作为认识论的起点，那么它就会影响到我们对研究方法的选择。例如，如果我们把学习理解为一个过程，而且认为这个过程的出现，是由人与其所拥有的中介手段之间具有的辩证与相依关系导致的结果，那么就必须把研究的焦点集中在观众在真实场景下的互动上。也就是说，我们必须把焦点放在嵌入型的人工制品与展览在通常意义上究竟是否、如何及以何种方式发挥中介作用并对对话产生影响上，以及观众是否、如何及以何种方式在身体与知性的层面上与展览、展品中的分离特征及嵌入型的人工制品进行互动上。

这样一来，研究的焦点便被导向了一个不可分割的单元，这个不可分割的单元由观众(也可能是和工作人员)之间的人际互动、观众与展览之间的互动、展品中表现出来的一些分离的特征、嵌入型的人工制品以及这些组成部分相互之间的关系构成。在这里，我们可以认为这些组成部分之间的关系关注的焦点是展览的影响是否、如何及以何种方式在观众之间的对话中变得明确起来，它们是否、如何及以何种方式影响着观众之间的对话。就像已经提到过的那样，所有这些互动不但都具有各不相同的性质或表现出不同的特点，诸如言语、陈述、独白、对话、讨论等，而且还拥有无声的身体表现，诸如指指点点、聚精会神、阅读或打哈欠等。所有这些表现以及更多的其他表现对于解释互动的重要作用来说是非常重要的，因为它显然意味着，数据收集方法的使用最起码应该拥有把这些表现中的大多数都抓住的能力。

当然，能满足这些绝大部分需求的方法显然是录像。在录像的时候，可以通过在受访对象身上放置便携式话筒来把声音也采集下来，也可以不要声音。例如，这可能会涉及观察观众的互动或行为，看他们究竟在做什么，在不同的展品上花了多少时间(如 Chiozzi & Andreotti，2001；Korn & Jones，2000)，观察父母和孩子之间的会话(如 Siegel 等，2007)，或者把焦点放在观众在会话中表现出来的性别差异上(如

17

Crowley，Callanan，Terebaum & Allen，2001），等等。不过，拉姆（Rahm，2004）强调：在对观众的意义生成进行观察时，对互动的各种非言语形式进行探索也非常重要；他认为对观众知识发展的丰富描述既依赖于言语互动，同时也依赖于非言语互动。在有些研究中（如 Fors，2006；Quistgaard，2006），受访者被要求对自己的参观过程进行拍照或录影，以捕捉家庭的互动或观众究竟把注意力的重心放在一项展品的什么地方。此外，还有一些研究（Davidsson & Särensen，进行中）要求受访者戴上"附有麦克风和微型摄像机的眼镜"，以观察观众是如何把焦点置于不同内容之上的，以及他们是如何把注意力集中在展览的细节上的，或者看在多大程度上展览的内容有助于促进会话的发生。为了观察观众与计算机、触摸屏或其他技术设备之间的互动，有些研究（如 Lindemann-Matthies & Kamer，2006）把观众在触摸屏上的操作或其在计算机上的"点击"动作像记"日志"那样记录了下来，以解释观众是如何与展览进行互动的。因此，技术和媒体的发展（如智能手机）将为我们提供新的、具有创新性的方法，这些方法会有助于增进我们在未来对这些议题的进一步认识。

当然，对于主要的研究问题以及预期研究所要实现的目标来说，上面描述的所有这些研究方法都有其长处与不足。在本章，我们的目的并不是专门来研究这些方法，或对其进行更进一步的解析。但是，我们想再次强调对这些研究方法进行筛选的重要性，因为当观众相互之间进行互动或与展品进行互动时，只有选择恰当的研究方法才能够使其与真实且不可分割的研究情境相匹配，并避免在研究中出现人为或不自然的情形。

就研究过程中的分析这一部分而言，如何进行分析以及如何对收集到的材料进行解读，在社会文化或文化—历史领域内，不同的学者有着不同的观点。例如，丹尼斯（Daniels，2008）就明确了两条主要的进路：第一条进路坚持的是弱社会性互动的观点，在分析的过程中做出一些相互分割的推断；第二条进路坚持的是强社会性互动的观点，认为这些材料是一个完全不可分割的整体。在这里，弱社会性互动的观点的代表人物是沃茨奇（Wertsch，1994）。他指出：只有在个体行为塑造的过程中，或者是在对材料进行分析的过程中揭示出材料之间的区别，社会性因素的影响才能够被见证到。这样一来，在进行分析的过程中，情境和个体就被认为是各不相同，但却是内在联系在一起的。他对此观点做了进一步的澄清说明（Wertsch，1998），主张应该把中介行为（主体借助于中介手段的行动）作为分析的焦点。但他同时也指出，在主体和中介手段之间存在着不可约的张力，这种张力并不是说要把中介行动进行概念化处理，使其成为分析过程中一个无差别的整体。事实上，他认为在考察中介行为时，可以使用多种分析策略，因为在分析过程中，没有任何一种策略可以综合把握中介行为的所有要素。同时，他还强调"任何分析工作，当涉及中介行为的某些要素被孤立在外时，必须要注意在最后如何把这些孤立的片段拼接为一个整体"（Wertsch，1998，p. 27）。当我们对科技中心与博物馆中的互动进行分析时，这一观点意味着有可能会把描述的模型中的某些部分孤立出来，以把焦点置于某一个部分相对于其他部分来说具有的重要作用上。也就是说，在研究中，主要的焦点应该放在观众（和/或可能的工作人员）相互之间的人际互动上，放在他们与展品之间的互动上，放在展品中分离的特征上，放在嵌入型的人工制品上，或放在这一情境中不同部分相互之间的关系上。换句话说，模型中这些可分离的部分可能处于主要的焦点关注之下，但这并不意味着要把其他部分完全排除掉。

另一方面，还有另外一些学者，诸如罗戈夫（Rogoff，1990，1998）和施维德（Shweder，1990）等人，主张强社会性互动的观点，认为即使是在分析阶段也不可分割。在这种观点看来，分析过程所具有的个体层面和社会层面并不能在方法论的意义上得到区分，因为研究者难以确定究竟哪些应该被视为个体层面上的实体对象，而哪些又应该被视为外部情境。这意味着这样一种视角，即学习或人的发展过程可以被理解为是一种社会实践的转变过程，个体参与到这一过程之中，并调用着特殊的文化人工制品抑或独特的存在方式。按照这种强社会性互动的观点，这些过程

解读科学中心与博物馆中的互动——走向社会文化视角

纠缠在一起，且绵绵不绝，以至于根本没有可能哪怕是在研究工作的分析过程中对其进行区分，况且这样做也没有什么意义。但是，无论最终选择哪种观点，都必须认真思考，研究人员究竟坚持着一种什么样的有关于学习和知识的认识论和本体论预设，并把它与这些预设联系在一起。

结　论

本章的目的是从社会文化或文化—历史的视角出发，探讨跟科技中心与博物馆中的学习和人的发展有关的各种不同类型的互动的重要作用。就像在导论中提到的那样，这个目的源于这样一种兴趣，即随着在这一领域内理论性的讨论越来越多，我们希望能够弄明白，作为对这些环境进行参观后产生的结果，学习究竟是如何发生的。我们在提出的这个面向科技中心与博物馆中的学习和发展模型中，已经尝试着去明确揭示观众相互之间的互动、观众与展品之间的互动、展品中表现出来的分离的特征、嵌入型的人工制品，以及这些部分相互之间具有的双向关系与辩证关系的重要作用。作为这一讨论得出的一个结论，我们还提出：人的学习与发展最重要的一部分是发生在这一单元里的，对于如何在这些场景下对学习进行探索来说，这一单元具有决定性的意义。而我们对相关研究方法进行的综述表明：似乎有越来越多的人开始把研究兴趣和注意力转移到观众之间的相互作用，以及他们的行动、对话与讨论上来了，这是一个进步。我们认为社会文化或文化—历史理论的丰富内容将为我们深化与增进这方面的研究提供广阔的可能。

19

参考文献[①]

Allen，S.（2002）. Looking for learning in visitor talk：a methodological explo-

---

①　本书中所有参考文献均摘录自原书。

ration. In G. Leinhardt, K. Crowley & K. Knutson (Eds.), *Learning conversations in museums*, (pp. 259-303). Mahwah, NJ: Lawrence Erlbaum Associates Inc.

Allen, S. & Gutwill, J. (2004). Designing science museum exhibits with multiple interactive features: Five common pitfalls. *Curator*, 47 (2), 199-212.

Ash, D. (2004). Reflective scientific sense-making dialogues in two languages: The science in the dialogue and the dialogue in science. *Science Education*, 88(6), 855-884.

Ash, D. (2004b). How families use questions at dioramas: Ideas for exhibit design. *Curator*, 47(1), 84-100.

Bakhtin, M. (1981). *The dialogic imagination: Four essays*. Austin: University of Texas Press.

Bakhtin, M. (1984). *Problems of Dostoevsky's poetics*, Minneapolis: University of Minnesota Press.

Borun, M. (2002). Object-Based Learning and Family Groups. In S. G. Paris (Eds.), *Perspectives on Object-Centered Learning in Museums*, (pp. 245-260). Mahwah, NJ: Erlbaum.

Chiozzi, G. & Andreotti, L. (2001). Behavior vs. time: Understanding how visitors utilize the Milan natural history museum. *Curator*, 44(2), 153-165.

Cole, M. (1996). *Cultural psychology. A once and future discipline.* Harward: Harward University Press.

Cole, M. & Engeström, Y. (1993). A cultural-historical approach to distributed cognition, in G. Salomon (Eds.). *Distributed cognitions: Psychological and Educational Considerations*, (pp. 1-46). New York: Cambridge University Press.

Crowley, K., Callanan, M. A., Jipson, J. L., Galco, J., Topping, K. & Shrager, J. (2001). Shared scientific thinking in everyday parent-child activity. *Science Education*, 85, 712-732.

Crowley, K. Callanan, M, Terebaum, H. & Allen, E. (2001). Parents explain more often to boys and girls during shared scientific thinking. Psychological Science. 12 (3), 258-261.

Crowley, K. & Jacobs, M. (2002). Building islands of expertice in everyday family activity. In G. Leinhardt, K. Crowley & K. Knutson (Eds.), *Learning conversations in museums*, (pp. 333-356). New Jersey, US: Lawrence Erlbaum Associates.

Daniels, H. (2008). *Vygotsky and research*. New York: Routledge.

Davidsson, E. (2008). *Different images of science-A study of how science is constituted in exhibitions*. Phd thesis. Malmö, Sweden: Holmbergs.

Davidsson, E. & Jakobsson, A. (2009). Staff members' ideas about visitors'

　　　　　解读科学中心与博物馆中的互动——走向社会文化视角

learning at science and technology centres. *International Journal of Science Education*, 31 (1), 129-146.

Davidsson, E. & Sørensen. H. (2010). Sponsorship and exhibitions at Nordic science centers and museums. *Museum management and curatorship*. 25 (4), 345-360.

Dewey, J. (1981). The experimental theory of knowledge. In J. McDermot (Eds.). *The philosophy of John Dewey*, (pp. 136-177). Chicago: University of Chicago Press. (Orginal work 1910)

DeWitt, J. & Osborne, J. (2007). Supporting teachers on science-focused school trips: Towards an integrated framework of theory and practice. *International Journal of Science Education*, 29 (6), 685-710.

Ellenbogen, K., Luke, J. & Dierking, L. (2004). Family learning research in museums: An emerging disciplinary matrix? Science Education, 88 (S1), S48-S58.

Engeström, Y. (1999). Activity theory and individual and social transformation. In Y Engeström, R. Miettinen and R-L. Punamäki (Eds.). *Perspectivies on activity theory*. (pp. 19-38). Cambridge: Cambridge University Press.

Fors, V. (2006). *The missing link in learning in science centres*. Luleå, Sweden: Luleå University of Technology.

Griffin, J., Meehan, C. & Jay, D. (2003). *The other side of evaluating student learning in museums: Separating the how from what*. Paperpresented at the Museum Australia Conference, Perth.

Halliday, M. A. K. (2004). *An introduction to functional grammar*. London: Arnold. (Revised by Christian M. I. M. Matthiessen).

Hohenstein, J. & Tran, L. (2007). Use of questions in exhibit labels to generate explanatory conversation among science museum visitors. *International Journal of Science Education*, 29 (12), 1557-1580.

Hutschins, E. (1995). How a cockpit remember its speed. *Cognitive science*. 19, 265-288.

Kozulin, A. (1998). *Psychological tools, a sociocultural approach to education*. Massachusets, US: Harvard.

Kozulin, A. (2003). Psychological Tools and Mediated Learning. In A. Kozulin, B. Gindis, V. Ageyev & S. Miller. (Eds.). *Vygotsky's Educational Theory in Cultural Context*, (pp. 15-38). US: Cambridge University Press.

Korn, R. & Jones, J. (2000). Visitor behavior and experiences in the four permanent galleries at the Tech museum of innovation. *Curator*, 43 (3), 261-281.

Kress, G. & van Leeuwen, T. (2006). *Reading images: The grammar of visual design.* London Routledge.

Lave, J. & Wenger, E. (1991). *Situated learning: Legitimate peripheral participation.* Cambridge: Cambridge University Press.

Lehn, wom D. (2006). Embodying experience: A video-based examination of visitors' conduct and interaction in museums. *European Journal of Marketing.* 40 (11/12), 1340-1359.

Lemke, J. (2004). The literacies of science. In E. Wendy Saul (Eds.). *Crossing boarders in literacy and science instructions*, (pp. 33-47). VA: NSTA Press.

Leinhardt, G. , Knutson, K. (2004). *Listening in on museum conversations.* AltaMira Press, Lanham Leontiev, A. N. (1978). *Activity, consciousness and personality.* Engelwood Cliffs, NJ, US: Prentice-Hall.

Lindemann-Matthies, P. & Kamer, T. (2006). The influence of an interactive educational approach on visitors' learning in a Swiss zoo. *Science Education.* 90 (2), 296-315.

Linell, P. (2001). *Approaching dialogue.* Amsterdam: J. , Benjamins Pub.

Mäkitalo, Å & Säljö, R. (2002). Talk in institutional context and institutional context in talk: Categories as situated practices. *Text* 22 (1), 57-82.

Norman, D. A. (1993). *Things that make us smart: Defending human attributes in the age of the machine.* Reading: Addison-Wesley.

Novey, L. & Hall, T. (2007). The effect of audio tours on learning and social interaction: An evaluation at Carlsbad caverns national park. *Science Education*, 91 (2), 260-277.

Quistgaard, N. (2006). l. *g elever på et science center: Engageres de? - Påvirkes de?* [Upper secondary students at a science centre: Are they engaged? Are they influenced?] Ph. D. -dissertation. Denmark, University of Southern Denmark.

Rahm, J. (2004). Multiple modes of meaning-making in a science center. *Science Education*, 88 (2), 223-247.

Rogoff, B. (1990). *Apprenticeship in Thinking: Cognitive Development in Social Context*, New York, US: Oxford University Press.

Rogoff, B. (1998). Cognition as a collaborative process, in D. Kuhn and R. S. Siegler (Eds.). *Handbook of Child Psychology: Vol. 2, Cognition, Perception, and Language*, 5 thedn, 679-744, New York; Wiley.

Rogoff, B. (2008). Observing sociocultural activity on three plans; Participatory appropriation, guided participation and apprenticeship. In K. Hall, P Merphy and J. Soler (Eds.). *Pedagogy and practice; Culture and identities.* London: Sage Publications Ldt.

Siegel, D. R., Esterly, J., Callanan, M. A., Wright, R. & Navarro. (2007). 21
Conversations about science across activities in Mexican-decent families. International
Journal of *Science education*, 29 (12), 1447-1466.

Swanagan, J. S. (2000). Factors influencing zoo visitors' conservation attitudes
and behaviour. The *Journal of Environmental Education*, 31 (4), 26-31.

Shweder, R. A. (1990). Cultural psychology-what is it? In J., Stigler, R.
Shweder and G., Herdt (Eds.). *Cultural Psychology: Essays on Comparative Human development*, (pp. 1-43). New York: Cambridge University Press.

Säljö, R. (2005). *Lärande och kulturella verktyg: Om lärpocesser och det kollektiva minnet*. [Learning and cultural tools: About learning processes and the collective memory] Falun, Sweden: Nordstedts Akademiska Förlag.

Tenenbaum, H., Prior, J., Dowling, C. & Frost, R. (2010). Supporting parent-child conversations in a history museum. *British journal on educational psychology*. 80, 241-254.

Wartofsky, M. (1979). *Models. Representation and the scientific understanding*. The Netherlands, Dordrecht: Riedel.

Vygotsky, L. S. (1978). *Mind in society. The Development of Higher Psychological Processes*. M. Cole, V. John-Steiner, S. Scribner, and E. Souberman (Eds and trans), Cambridge, MA: Harward University Press.

Vygotsky, L. (1981). Instrumental method in psychology. In J. Wertsch (Eds.). *The concept of activity in Soviet psychology*, (pp. 134-143). New York, US: Shape.

Vygotsky, L. S. (1986). *Thought and language*, Cambridge, MA MIT Press. (Orginal, work 1934).

Vygotsky, L. S. (1997). *The collected work of L. S. Vygotsky*. Vol. 3: *Problems of the theory and history of psychology*, R. Rieber and Wollock (Eds.). New York: Plenum Press.

Wenger, E. (1998). *Communities of Practice: Learning, Meaning and Identity*. Cambridge: Cambridge University Press.

Wertsch, J. V. (1991). *Voices of the Mind: A Sociocultural Approach to Mediated Action*, Cambridge, MA: Harward University Press.

Wertsch, J. V. (1994). The primacy of mediated action in sociocultural studies. *Mind, Culture and Activity* 1, 4: 202-208.

Wertsch, J. V. (1998). *Mind as action*. New York, US: Oxford University Press.

Wertsch, J. V. (2002). *Voices of Collective Remembering*. New York: Cambridge University Press.

Wertsch，J. V. (2007). Mediation. In H. Daniels，M. Coles and J. Wertsch (Eds.). *The Cambridge companion to Vygotsky*. US：Canbridge Univesity Press.

Wertsch，J. V. & Stone. C. A. （1985）. The concept of internalization in Vygotsky's account of the genesis of higher mental functions. In J. Wertsch（Eds.）. *Culture，Communication and Cognition：Vygotskian Perspectivies*. New York：Cambridge University Press.

解读科学中心与博物馆中的互动——走向社会文化视角

第二章

博物馆教育工作者实践与身份的变化：
从机械式说教到在最近发展区内提供支架

多莉丝·阿什①，朱迪思·隆巴德②，露西娅·阿尔卡拉③

导　论

　　本章的主要目标是描述有关于以支架为焦点、以反思为导向的实践　23
社团的研究发现是如何转变了博物馆教育工作者作为教育从业人员的身
份的。第二个目标是描述这一理论、以这一理论为基础的多种方法论，
以及与这一研究相伴随的分层分析。我们使用的理论透镜是社会文化
的，它非常注重社团建设、对话协商、持续反思以及对实践的研究。

　　我们的研究体现了博物馆教育工作者不断变化的教学实践的融合，
诸如留意学习者做了什么并根据那些新的认识、新的话语（如价值）、集
体协商的实践以及重新定义了社团及其成员的新思维方式做出应对。我
们认为，这些正在变化的实践以及思维方式与讨论方式导致了博物馆教
育工作者身份的根本变化，使其从机械式的说教者变成了在最近发展区

①　Doris Ash, University of California, US, 多莉丝·阿什，加利福尼亚大学，美国.
②　Judith Lombana, Museum of Science and Industry, US, 朱迪思·隆巴德，科学工业博物
馆，美国.
③　Lucia Alcala, University of California, US, 露西娅·阿尔卡拉，加利福尼亚大学，美国.

内提供支架的博物馆教育工作者(Vygotsky，1987)。我们把这些变化置于一个新的实践社团（community of practice，CoP）之中（Lave & Wenger，1991)。在本章，我们呈现了社团职能以及社团中个体职能发生变化的各种不同标志。

像绝大多数同时代的人一样，我们在研究中付诸的努力也基于并体现了建构主义理论与方法论和本研究的相关性，并推进了这样一种认识，那就是儿童和成人的学习，只有在与他人互动的过程中才能展开个人化的探究并获得相应的体验，而不是在机械的讲授和说教时才最有效。但是，与很多同时代的人不同，我们把这些思想与维果茨基(Vygotsky，1987)(最近发展区和学习与教学的社会建构主义观点)和布鲁纳(Bruner)(支架、社会性学习)等人提出的强有力且以社会文化为基础的理论、实践社团(Lave & Wenger，1991；Wenger，1998)以及文化—历史活动理论(Engeström，1998，2001；Wells，1999)等结合在了一起。我们在本章中讨论了如何对这些理论洞见进行转化以推动博物馆教育工作者实践的转变。①

在这些报告的研究中，我们已发现把反思性实践植入一个处于变化之中的实践社团(Ash，et al.，2009)中已经推动了博物馆教育工作者
24　实践与身份的转变，帮助他们以新的方式来思考，使其认识到，以这样一种方式培养出来的教育工作者，会在科学博物馆这一场景下成为一个能够以更加有效的方式来应对各种不同观众的教师。桑迪就是一个很好的例子。她说自己对教师的研究是这样开始的：

　　　　有时候在现场很难想清楚应该做什么，当接下来对互动进行反

---

① 这里描述的工作是一项规模更大、为期 4 年的研究项目取得的成果之一（Ash & Lombana，待发表；Mai & Ash，待发表），该项目受国家科学基金会资助，其焦点集中在家庭成员和博物馆教育工作者在自己的教学实践中均可以使用的反思性支架策略上。博物馆教育工作者与来自大学的学者携手，在佛罗里达州坦帕市的科学与工业博物馆与前来参观的使用各种不同语言的家庭密切合作，共同开发了一个被称为 REFLECTS 的博物馆教育工作者专业发展模型。NSF ISE # 0515468

复思考时，你会发现每一次都对其有不同的认识；你可能会从一段视频中发现各种稀奇古怪的细节，或者是意识到自己忽略了某些事情，这样的情况司空见惯。你可以放开地进行反思，一遍又一遍地回看某些特别的片段，每一次你都会发现更多东西。

从这段话里面，我们可以发现一个对"反思性实践"的价值进行反思的博物馆教育工作者，同时我们也可以看到这种反思是如何告诉她如何对自己的工作进行思考的。我们认为，通过对实践进行反思（Schän，1987），可以让博物馆教育工作者全身心地投入更加富有思想性的讨论与反省中，这种讨论和反省可以发生在个体层面上，也可以发生在小组层面上，还可以通过大组规模的对话来完成，其焦点集中在观察到了什么，从被观察的学习者身上获得了什么，以及博物馆教育工作者对他们自己在互动中的作用有什么认识上。

尽管像桑迪这样的博物馆教育工作者（导引员、演示员、解说员等）在第一线代表着他们的单位，但这些人很少有这样的机会，通过以形式化的方式对其进行反思来对自己的实践进行重新界定。我们已经知道，通过视频的形式来对课堂中的教学实践进行反思是非常有效的（Fredericksen，et al.，1998；Sherin & Van Es，2003，2005）。但也有一些例外的情况（Ash & Lombana，待发表；DeGregoria Kelly，2009；Seig & Bupf，2008；Tran，2008；Tran & King，2007），要求博物馆教育工作者定期对他们自己的实践进行反思仍是非常少见的，尽管在博物馆这个圈子里对反思性实践的讨论已经越来越普遍。我们自己进行的研究表明：反思性实践尽管在帮助实践者更加清楚地"看到"自己在做什么上非常有效，但对于转变这些人的实践与身份来说，它本身仍然还是一个非常不充分的基石。在本章中，我们提出：反思性实践与持续的教师研究相结合，可以直接赋予博物馆教育工作者力量，使其能够建立起作为中介者的新身份，而不是继续做一个机械式说教的人。我们已经发现，会把焦点集中在"在最近发展区内工作"（Vygotsky，1987）的博物馆教育工作者能够与自己的实践建立起一种全新的关系，也能够与和他们一起合作的学习者建立起一种全新的关系。维果茨基的"最近发展区"界定了"学习者在问题解决的过程中，在有更加博学之人帮助的情况下，其现实的发展水平和潜在的发展水平二者之间的差距"（Brown，et al.，1993，p. 153）。所谓"在最近发展区内工作"就是指建立支架，本文描述的正是这些博物馆教育工作者现在孜孜以求的建立支架的过程。

像韦尔斯（Wells，1999）一样，我们也把重点放在借助于工具和符号（诸如展品、语言、教育工作者、标识，等等）的中介上，把最近发展区作为一个搭建支架并使其具体化的地方。支架就像一个临时性的支持系统（Wood，Bruner & Ross，1976），按照格拉诺特（Granott，2006）的说法，它能够让一个社会性群体的成员"表现出更高的水平，超越个体抑或全体成员在没有帮助的情况下能够达到的水平"（p. 144）。我们对建立支架的活动进行了界定，认为它包括以下四个特征：第一，有好几个人参与集体活动；第二，在典型的情况下，有一位成员提出或收到了某种形式的问题或解释（口头的或手势的）；第三，成员之间发生了相互交流，这些成员可以是混龄的或跨代的（如父母对孩子，或兄弟姐妹对兄弟姐妹）；第四，支持最终会减少或消失。

在建立支架的过程中，互动具有动态和对称的特征，这一点在过去十年间已经得到了极大的促进（Granott，2006；Fenrnandez，et al.，2001；Mascolo，2006）。互动是对称的，而不是层级的、线性的或自上而下的。互动是动态的，最近发展区在这里是随着新发展水平的实现而不断变化的，动态的互动把重点放在对学习的准备程度上，"在这里，上限并不是不可改变的，而是随着学习者在每一个连续水平上自主能力的不断增加而不断变化"（Brown，et al.，1993，p. 35）。韦尔斯说：

> 最近发展区蕴含着学习的潜力，这种潜力是在特殊情境中的参与者相互之间的互动创造出来的……最近发展区潜在地适用于所有参与者，而不是仅仅只是适用于那些技能较差或知识较少的人……

解读科学中心与博物馆中的互动——走向社会文化视角

在实践中，最近发展区的上限是未知和不确定的；它取决于互动的展开方式，以及参与者能够达到的发展阶段。（Wells，1998，p. 56）

要促使学习者之间互动的发生，需要对其当前的学习准备状态进行诊断，然后提供恰当的、机动灵活的应对措施作为支架。因此，我们把博物馆教育工作者获得的有关于留意（或诊断）（Sherin & van Es，2003）以及做出相应应对（Bakhtin，1981）的技能置于一个富有对称性和动态性的最近发展区这一情境中（也见 Ash & Lombana，待发表）。我们已经发现，当家庭以及与家庭在一起的博物馆教育工作者掌握的专长达到了一个新水平时，如果把焦点保持在一种不断变化的状态，那么就会使我们观察到最近发展区发生的持续不断的变化（Ash & Lombana，待发表；Mai & Ash，待发表）。把焦点集中在这一动态变化、双向互惠式的支架上，对博物馆教育工作者为学习者的互动提供中介支持的方式，以及他们如何对自己的实践进行研究具有重要影响。它业已影响了他们"看待"作为教师的自己以及"看待"家庭的方式。

对于博物馆教育工作者来说，仅仅从机械的说教者转向能够倾听、观察并据此做出战略应对的中介者并不是任务的全部。他们必须认识到：在与学习者进行互动的过程中，自己还有很多重要的经验教训需要汲取，学习者说的和做的很多事情都是事先没有预见到的，由于互动类型不同，对其做出的"最佳"应对策略也应该有所不同。比如，一个具有引领性质的问题在一种氛围中能够促进对话，而在另外一种氛围中则可能会妨碍合作。伴随着博物馆教育工作者在一个新的实践社团中获得了关于实践的全部技能，并确立了共同的责任（Cole，2009）①，那么他扮演的角色所关注的重点也发生了变化，从说教者变成倾听者，从自说自话变成悉心导引，从照本宣科的教师变成机动灵活的中介者。

尽管像从机械的说教者走向中介者这样的转变似乎有可能会削弱教

---

① 美国教育研究协会文化历史活动理论专门兴趣小组业务会议，2009 年 4 月 16 日。

育工作者的权力或权威，但我们发现事实并非如此，而是恰恰相反的。

26 我们已经看到，在我们进行的为期五年的研究项目中，把反思性实践与教师研究结合在一起重新赋予了博物馆教育工作者以权力，因为他们能够对自己的实践与观念，对他们与观众之间的关系，对所在单位自身进行探索。通过重新把注意力聚焦于学习者已经知道了什么和做了什么，教育工作者的能力得到了增强，他们能够进行经验观察，把观察联结在一起来发现其中的联系，并对影响互动的（他们自己的及观众的）概念或思想框架变得更加敏感（Ash，et al.，修改中）。

相关研究

现在有些研究考察的是教育工作者如何看待自己以及自己的工作（Tran，2008；Tran & King，2007），它们已经揭示了这些教育工作者是如何把他们的工作与对自己的感受联系在一起进行看待的（Ash & Lombana，待发表；Golding，2009；Seig & Bopf，2008）。例如，德兰的数据就表明"有些研究文献把博物馆中的教学描述为机械灌输、以讲授为导向，和这样的描述不同，博物馆中的科学教学需要创造性，具有复杂性，需要技巧"（Tran，2008，p. 176）。德兰指出，尽管她一开始和别人一样（Cox-Peterson，et al.，2003；Tal，Bamberger & Morag，2006），也认为博物馆教育中的教学主要是照本宣科、教师主导的教学，但随着对教育工作者进行更加深入的访谈（Tran，2006），她发现在互动和教育工作者所持的观点之中存在着高度的复杂性，而以前我们并没有对这种复杂性给予应有的重视。

这些研究确认了博物馆教育工作者从事的重要工作和他们对工作进行的投入以及在工作中所持的信念。在康纳派瑞博物馆（Conner Prairie Museum）进行的相关研究探索了历史博物馆中观念的变化，研究获得的结果（Seig & Bopf，2008）表明：博物馆教育工作者在所有层面上均表现出越来越强的自主性，而且对观众的倾听也更加积极主动，这使得包括博物馆专业人员在内的所有参与者在赋权上均有所增进。通过赋权及转变身份，人们的专业化水平会得到加强，这些研究对此进行了确认；诚如西格和布帕夫(Seig & Bubf, 2008)所言："对工作人员进行赋权使得博物馆能够适应观众的需求和兴趣。由此导致的结果是观众的满意度和学习均得到了显著提升"(p. 215)。

德格雷戈里·凯利(DeGregoria Kelly, 2009)在对动物园教育工作者进行的行动研究项目中发现"专业发展的目的之间，不一致的研究理念之间，专业发展的具体目标之间都存在着矛盾冲突，这些矛盾冲突的解决对于提升参与者参与行动研究的能力来说非常重要"(p. 30)。像这样依赖文化—历史活动理论的研究工作对于这一领域来说还是相对较新的。

我们自己在过去五年间进行的研究也是建立在文化—历史活动理论之上的(Engeström, 1999)，我们也同上面的研究有同样的看法，特别是在矛盾冲突的价值以及它如何能够导致对于博物馆教育工作者来说更加具有拓展性的学习这一问题上更是如此。在博物馆情境中，此类理论的力量部分地取决于：当相互倚赖且环环相扣的系统的某些特定方面发生变化时，我们通过何种方式来对其进行探索。例如，通过考察教育工作者变化的角色，我们开始留心权力以及其他因素究竟是如何变化的，它们是如何在总体上影响博物馆机构的其他构成部分的(Ash, et al., 准备中)。

然而，除了这些为数不多的研究之外，其余在正式场景下进行的研究很少以社会文化理论为基础，而且这些研究通常都没有把重点放在对实践进行的研究是如何导致了博物馆和其他非正式学习场景下的赋权、赋能以及身份转变的。这是有问题的，因为文化情境在教学与学习研究中总是非常重要的。实际上，对于那些初次面对新的场景或内容的各种各样的学习者来说，对场景的文化与历史模型、社会的规范与期望、权力与等级等进行反思是非常关键的，因为这有助于揭示究竟应该如何做才能够为新的学习者创造有效的博物馆环境。社会文化理论有很多种表

27

现形式，可以让我们满足所有这些目标。学与教的社会文化观点把焦点置于互动而不是个体之上。这种互动不仅包括与他人进行的互动，而且还包括与博物馆教育工作者、展品和标识物等进行的互动。

身份的改变意味着什么？

> "做什么？怎么做？谁去做？对于生活在后现代氛围中的每一个人来说，这些都是具有焦点性质的问题。我们每一个人都会在某种层面上对这些问题做出回答，要么是通过话语，要么是通过日复一日的社会行为。"（Giddens，1991，p. 70）

一个人是如何转变了自己的实践，并建立了作为博物馆教育工作者、反思性的实践者与研究者这一新身份的？吉登斯（Giddens，1991）对这一自我转变过程进行了描述，认为其涉及对一个人的实践及其所处社会环境的拷问。这种拷问在孤立无援的情况下是很难进行的，但我们发现在专门设计用来支持这种改变的具有社会性的环境中，它更有可能发生。对实践社团的研究已经告诉了我们一些具有根本性的方式，即按照定义，人们要想成为一个实践社团的一部分，需要改变自己的身份，并把自己视为一个更大整体的一部分。参与到一个实践社团中，意味着对实践的分享，意味着要形成一个集体身份并使用共同的话语交流模式，此外还有另外一些属性。社会文化的理论家们已经对这些过程进行了很好的考察（Lave & Wenger，1991；Chaiklin & Lave，1996；Rogoff，2003）。

对于同一个社团的成员而言，他们"说"同样的语言，进行着相似的实践，分享着身份的各个方面，诸如社会规范、交流模式以及期望，等等，这是司空见惯的事情。例如，棒球运动员穿着同样的运动服，说着"棒球的行话"，在一起活动，但接球手需要具备的技能并不和外场手完全一样。总而言之，相似的地方多于不一样的地方，但不一样的地方也非常重要。

同样地，实践社团的理论为双向实践的研究设置了一个非常有力的情境，在对待工作或游戏的问题上有着"同样的话语体系"；随着成员不断融入社团，社团内的专长/经验也不断增加，随着成员的变化，社团自身也处于不断的变化当中。在这样的社团中，我们可以说成员和社团是双向建构的关系（Rogoff，1998）。换句话说，各种活动和关系不仅能够改变一个人意义建构的方式，而且还可以改变其在社团中的存在方式。我们在本章中描述的研究就设定在这样一个社团之中，更具体地说，是设定在一个教学实践正处于变化之中的社团中（见 Kisiel，待发表）。卡斯特尔（Castells，1997）提出，身份的转变方式不仅能够带来个人的改变，而且在更为广泛的意义上，还可以带来机构的改变，从这一意义上来说，个人的改变是和机构的改变紧紧捆绑在一起的。这就是西格和布帕夫（Seig & Bupf，2008）在康纳派瑞博物馆进行的研究所获得的结论。

霍兰（Holland，et al.，1998）提出的有关于身份的观点，探索了社会文化视角如何与身份建立进行整合的问题，认为"身份是文化建构的……它们是社会与文化的产物，这些社会与文化产物是作为自我意义以积极主动的方式被内化的……身份是行动的动机所在"（p. 87）。因身份变化而导致的行动包括教学观念与方法的改变。霍兰等人认为维果茨基的发展性理论可以帮助我们发现人们是如何在一个实践社团中把自己组织起来的，"他们在互动（以对话的方式对展品进行解读）中把一系列文化人工制品、徽记、字符集合（每一个博物馆都拥有非常丰富的文化人工制品）的使用相互联系在一起，对于参与者自己的活动来说，他们的学习是作为组织层面上的手段而存在的"。

多样且杂糅的方法论

要对那些标识着反思性变化的关键元素进行记录，需要追踪不同时间与不同环境下的各种口头、书面、网络及其他书面形式的记录。最初的几年时间里，我们的研究主要集中在对预先选定的"支架场景"的探讨上，这些支架场景都是 1 至 3 分钟的片段，这些片段突出展现的是如何在行动中搭建支架（见 Mai & Ash，待发表）。这些搭建支架的场面是以活动理论为基础的（Engeström，1999），我们认为家庭/教育工作者的活动就是学习者（主体）使用各种中介手段（诸如语言、展品、标识之类的工具）来获得某种结果（客体）的过程。这些搭建支架的场面既是我们在研究中进行编码与分析的焦点；同时，对于教育工作者来说，这些场面也是其探索与讨论的对象，并成为其实践的基础。简言之，这些搭建支架的场面可以促进反思，促进由博物馆教育工作者领导的以及由来自大学的人员领导的研究。这些搭建支架的场面由以下四个部分构成：第一，互动或交流，它至少发生在两个人之间，涉及导引、引导性问题或评论和/或直接的教学，这些均对教育结果有积极或消极的影响；第二，导引是在一开始就出现的，而后便逐渐减少；第三，搭建支架的场面包括可识别的交流，它们至少发生在两个人之间，且至少会有一次。我们把交流界定为一次交谈或者是打手势的开始，而且这些交谈或者是打手势需要以交谈或打手势的形式做出回应；第四，在恰当的时候以消退来结束搭建支架的场面。

我们对数据的收集总体上来说是自然主义的（Moschovich & Brenner，2001），焦点集中在培训课程的四十个星期（每个星期六录制六个半小时的数字视频）上。收集的数据包括小组和大组的对话，反思日志与笔记（每周的），对同事及其他研究人员进行的半结构化访谈（包括事前、事中和事后），博物馆教育工作者的人类学笔记，对搭建支架的场景及整个参观过程进行再现的家庭/教育工作者（以数字视频形式记录下来）的互动，最后还有对所有上述这些数据的转写（transcription）。

我们使用 Visual Studio Code 这款视频分析软件来确定和收集这些场景以进行更进一步的微观分析。我们对搭建支架的场景进行选择的标准允许评分员在转写本上给出其不一致的程度，包括二至四个等级。我

解读科学中心与博物馆中的互动——走向社会文化视角

们有三对评分员集中分析了一个家庭的参观数据，并对其中有不一致意见的地方进行了讨论，然后确定其与另外两个家庭参观数据之间的可靠性。评分员之间的信度为 80%。除了这些数据之外，博物馆教育工作者和来自大学的研究人员还携手合作，一起选择了一些搭建支架的场景，以数字化、基于化身的(avatar-based)的形式把它们在"第二生命"(second life)中进行了实现，这样一来就可以在其他非正式学习机构中使用它们了。这项工作目前还在进行中。

在下面的分析中，我们把焦点集中于几位教育工作者身上，并最终把诺尔曼推出来作为典型案例进行研究。这个小组由十六位教育工作者构成，他们在语言、受教育水平(从高中到大学)、工作岗位、文化背景以及年龄(从 16 岁到 60 多岁)等各个方面均表现出了多样性的特征。

分析的不同层次与类型

为了表现研究过程与研究结论的复杂性，我们选择对反思性实践、同事访谈、整组对话的不同层次与类型进行展现。在典型的情况下，实践社团鼓励对参与者进行各种不同形式的组织与安排(对活动和目标进行归类)，非常注重意义构建所需的分布式专长以及多种多样的构建机会(Ash，2008；Brown，1992；Brown，et al.，1993)。

在本章一开始，我们曾经引用了桑迪的一段话，她说："你可以开放地进行反思，一遍又一遍地回看某些特别的片段，每一次你都会发现更多东西。"来自桑迪的这段原话强调了使用预先选定的、容易使用的、数字视频形式的支架搭建场景的重要性，这让我们能够随着认识的变化与深化，重复多次对其进行评议。就像使用此类数据的任何一位研究人员一样，这些教育工作者开始一次又一次地翻看这些样例，自己一个人看，以小组的形式看(4~5 人)，以大组的形式看(观看次数有时候超过了 20 次)，每次都会有新的领悟，会形成新的编码标准。这些教育工作者不但这些场景来改进自己的实践，而且还用它们来开展研究。这些基于化身的数据很快就要对外发布，对于那些将要使用这些数据的其他人来说，对其进行最佳利用是一个关键问题，而这些教育工作者研究的正是这个问题。从这一意义上来说，他们已经是作为反思性的实践者和研究者在行动了。

在整个培训过程中，博物馆教育工作者评论了使用支架作为自己变化实践的一项组织原则所具有的价值。小组与一位来自大学的研究人员就研究文献中阐述的支架的作用进行了讨论，讨论结束之后，当被问到其对支架的认识是如何变化时，有位小组成员特里在自己的一段反思中写下了下面这样一段话：

30
   这次讨论澄清了支架的意义。特别是让我们明白了这样一种观念，即支架是同时发生在好几个方向上的。我觉得，在这个项目中，当我们对知识基础进行整合时，我们正时不时地经历着支架搭建的时刻。

在这里，特里是这个由十六人组成的小组的代表。他说自己看到了小组通过共同经历（发生在一个实践社团内部的）搭建支架的时刻而实现了知识建构。他认为支架的搭建并不是单向的，而是"同时发生在好几个方向上的"。我们有理由相信这是非常到位的认识。为了让这一点更加明确，我们在下面的几个小节中将从几个层面上来对其进行分析，以使论证更加充实。

其他七位[①]博物馆教育工作者通过他们的反思表明了大家在认识上也在不断走向深入：第一，对搭建支架的认识在变化（杰罗姆）；第二，成功实现了对搭建支架的认识的变化（里基）；第三，错过了搭建支架的机会（霍诺尔、凯利）；第四，获得了搭建支架的机会（肯恩）；第五，对

---

① 原著为六位，此处为原著纰漏，参照后文内容，应该为七位博物馆教育工作者。——译者注

角色的变化进行反思(简);第六,在身份上实现了从照本宣科的讲解员向中介者的转变(诺曼)。我们用这些教育工作者自己表现出来的反思性特征来对我们的数据呈现进行组织。

第一,变化的实践:对搭建支架的认识

为了更加详尽地阐明一位博物馆教育工作者是如何开始认识支架搭建的,我们从杰罗姆做出的一个解释开始,这个解释是其以书面形式对"上个星期的课程是如何帮助你理解支架搭建的?"这一问题做出的回答。杰罗姆说:

> 它帮助我增进了对支架搭建的认识,因为:
>
> 1. 以前我认为,搭建支架(其用意)就是按照某种线索对你自己的全部互动关系进行调整, ₃₁
>
> 2. 但现在我认为搭建支架是在寻求建立共同的基础,
>
> 3. 然后以能够掌握的速度向前迈进。
>
> 4. 现在我发现支架的搭建是一项系统工程,它可以对某人知道的东西进行评估,
>
> 5. 帮助他们实现对力所能及之事的超越,
>
> 6. 然后在恰当的时候退出来。

在杰罗姆做出的解释中,我们发现有好几个重要的关键要素。我们在下面以一段简短的解释对这些要素进行了突出强调。被加粗的词语表明其对杰罗姆的解释来说特别重要。

> 1. 以前我认为,搭建支架(其用意)就是按照某种线索对你自己的全部互动关系进行**调整**,

杰罗姆透露,他一开始对支架搭建的认识主要是在全局这一层面上,而没有意识到它其实更多的是一种个人化的行动,这种个人化的行

动是基于特定线索的(一家人在他们自己的互动中说了什么和做了什么),而且发生在博物馆教育工作者的中介作用发挥之前。像这样有着细微差别的线索现在已经被这些教育工作者进行了形式化处理,成了一个体系,这个体系可以"觉察"到各种目前存在的以证据为基础的响应性教学观点,并对其做出匹配。

2. 但现在我认为搭建支架是在寻求建立**共同的基础**,

在这句话中,杰罗姆表明了自己的信念,即支架的搭建有赖于找到与学习者**"共同的基础"**,这个共同的基础通常被称为**"主体间性"**。所谓主体间性,是指参与者在自己的言语、书面或手势活动中对意义进行分享的程度与水平。罗戈夫等人(1993)认为主体间性是注意力和共享的预设二者共同关注的焦点。和我们一样,胡伊(Hui,2003)也认为对主体间性的处理涉及如何在最近发展区内进行动态变化的迂回。对于非正式环境下的教育工作者来说,主体间性非常关键,因为它可以让我们"觉察"到学习者能够给我们带来什么资源并促进其增值,还可以让我们把焦点集中在学习者的议程以及博物馆的课程上(Ash,et al.,准备中)。

3. 然后以能够掌握的速度向前**迈进**。

杰罗姆认为自己和学习者可以以能够学会的速度不断向前迈进。诸如这样的看法暗示着支架的搭建可以以小步子而且非连续性的方式进行,并且这一过程是可掌控的。这就好比搭建一个用来爬高的物理支架一样,而且支架的搭建也正是参照物理支架的搭建方式进行的。杰罗姆在其中扮演的角色就是一个在梯子上向上攀登的人。

4. 现在我发现支架的搭建是一项系统工程,它可以对某人知道的东西进行**评估**,

杰罗姆指出，为了建立支架，需要首先进行诊断，也就是说，要倾听来自学习者的诉求，并对他们面临的问题有所觉察。这是形成性评估的第一步，也是在最近发展区内搭建潜在支架的第一步。他正逐步明白这样一点，那就是教育工作者在行动之前需要先进行评估。

　　5. 帮助他们实现对**力所能及之事**的超越，

杰罗姆暗示了在什么才能够被推进到另外一个层次上存在着一个选择性的问题，要预先假定存在着各种不同的层次，而一个领域可以被选择出来，作为比其他领域更为高级的层次（有时候在这个问题上使用的是最近发展区这一术语）。

　　6. 然后在恰当的时候**退出来**。

杰罗姆引入了这样一种观点，即一旦学习者得到了帮助，那么支架就应该退出来，有时候也用消退这个术语来对此进行描述（Pea, et al.，2006）。

　　杰罗姆对为实践与活动提供支架的这种思考反映出其拥有了这样一种能力，那就是鼓励对话而不是仅仅止于简单机械的互动。要在最近发展区内觉察到问题和机会（评估）并据此做出反应（转到下一个层次上），而不是仅仅进行机械式说教，这样的活动具有双重性质。把重点放在这样的活动上，表明杰罗姆对在最近发展区内工作所体现出来的细微差别具有越来越高的敏感性，而这种能力的获得是通过反思性实践与研究实现的。

第二，在成功意味着什么上的观点的变化

　　里基与一家人进行了互动，在互动过程中她主动尝试了各种不同的支架搭建策略，在互动结束后进行的同事访谈中（Mackay & Gassey，2001），她描述了一种非常具有产出性的支架搭建的互动。她与一个年

轻的学生进行交谈，然后非常吃惊地发现在他身上发生了变化，他开始把同样的信息分享给了自己的母亲。里基认为她进行的这种评估是一种非常具有产出性的支架搭建事件。她通过下面这段话开始了自己的陈述：

> 我的目的是搭建支架并传授知识……

里基明白，搭建支架和呈现知识是齐头并进的，但她并没有把二者放在同等重要的位置上。她并没有参与到学习者所有的活动中，而是针对他们和自己的情况有选择性地参与了某些活动：

> ……[在这个视频样例中]这个小男孩在母亲和女儿的前面……我们花了十五分钟的时间来看计算机的屏幕……上面有各种不同着色的图像。我们把目光转向了一只尘螨……然后我[问他]尘螨吃什么？

里基提供了一个具有引导性质的问题，这个问题就其自身来看，可能也是机械式说教型的。然而，要是看一看发生在不久之前的对话，我们就会发现她已经和这个学生建立起了一种友好融洽的关系，这样一来，她提出的这个问题就变得更加具有会话性质了。

> 他回答说……我不知道，有东西漂浮在四周，或者，或者它可能喜欢吃皮肤或别的什么吧。

这个男孩的回答是正确的，这可以在接下来的这句话中得到证实和支持。

> 然后我说……是的，它们吃皮屑……这是好事，如果它们不吃皮屑的话，又没有其他动物吃，那么皮屑就会堆积地到处都是。

里基和这个男孩使用了各种语言来对重要的科学概念进行解释，即分解者需要吃这些东西，不然这些东西就会堆积如山。这一暗含的重要观点是对涉及的食物链和食物网进行理解与认识的重要一环。

>……十五分钟后[这次不是单独一个人，而是有母亲陪伴]……我们重新回到了计算机屏幕面前……把刚才看过的彩色图像再看一遍……当我们看到尘螨时，她[母亲]就问那是什么，然后他[儿子]就回答说是尘螨。她问道：你是怎么知道的？……[其实]他早就已经知道了！……

男孩刚刚和自己的母亲分开，就在这十五分钟的时间里了解了有关于尘螨的知识，而且还能够重复地讲给别人听，这让他的母亲感到非常惊奇，他的母亲表扬了他学科学的事。

>然后，[他说]你看到背景里的那些东西了吗？那是皮屑，那就是尘螨吃的东西，尘螨吃皮屑是一件好事……然后他的母亲问：你是怎么知道的？孩子指了指我，然后母亲夸赞孩子说：你真聪明！

他已经使用日常语言把有关于一个重要科学概念的知识传递给了他的母亲。通过转身把这个知识解释/教授给母亲，已经表明他自己理解了里基所说的话。后来，（在观看视频以对其进行回想时）里基同样感到满意，因为她不但能够提供内容，而且还成功地搭建起了支架。

>对付出的努力来说，我[认为这是一种]非常及时的汇报。这太好了！他能够很快领会并随后马上应用这些知识，这太酷了！[……]这是我遇到过的最具有回报性的事情之一。

第三，错失了机会

有时候搭建支架并不像预期的那样顺利。在这里，霍诺尔谈到了自己在一次具有反思性质的同事访谈（同事之间相互对自己的工作进行评议）中错失的机会。在霍诺尔与一个人进行了互动之后，杰克对她进行了访谈。

杰克：有没有什么事情你做得和以前不一样？在做事的过程中，你有没有尝试过采取一种不同的策略，或者在别的什么地方使用过另外的策略？在你力所能及的范围内，有没有对某些事情做出一些改变？

霍诺尔：……我尝试过对会话的某些部分进行延长。当我们谈到电子显微镜的时候，似乎有很多机会来继续搭建支架……不管是对语言的学习还是对[内容]的学习来说，都有大把的机会来继续为其搭建支架。

很明显，霍诺尔非常重视对会话进行保持和延长，但在一开始，她并不懂得如何去为这些互动搭建支架。

另外一位教育工作者凯利在与一家人的互动中也有与之相似的经历。她的同事肯恩对其进行了访谈。

肯恩：好吧。好了，我们来谈一谈策略[搭建支架]的事情吧，你使用了哪种策略？为什么要用它？

凯利：在钉床夹具这一部分，我尝试过提出一些具有引导性的问题，[而且]也取得了一定的成功，因为我得到了一些回答……我尝试着搭建支架，但小男孩精力太充沛了，根本不给我搭建支架的机会……要为他搭建支架，必须得是非常短小的支架，而且还要很多个支架才行。

　　　　　　　　解读科学中心与博物馆中的互动——走向社会文化视角

凯利意识到在这样的氛围（孩子精力充沛、四处乱动、不老实、消停不下来）中搭建支架非常困难，但她知道如何对此进行弥补。我们可以说，不管是霍诺尔还是凯利，她们在这种情境中都对自己的能力有着非常清醒的认识。我们相信，像这样对行动的反思，就是舍恩（Schän，1987）在对反思性的实践者进行描述时心里所想的东西。

第四，获得了机会

肯恩参加了一次针对岗位培训视频应用情况进行回想与反思的访谈，他在自己的这次同事访谈（杰罗姆访谈了他）中谈到了反思性实践。

> 肯恩：呃，我一直在进行着反思性的实践。我是说，从一开始，当看到人们来到钉床夹具那里的时候，我就知道自己必须首先要与他们进行具有开放性的对话，而不是先去顾展品，因为事有轻重缓急，要一件一件地来。

搭建支架的策略有很多种，"开放性对话"就是其中之一，这些教育工作者认为这种支架搭建的策略很关键，因为它可以帮助我们对觉察到的观众的言行做出恰当的"应对"。肯恩在这里讲的"开放性对话"指的是在排队等候时，与来参观的家庭建立起令人感到舒服的交流关系，倾听他们的声音，观察他们对什么感兴趣，等等。

> 肯恩：而且，我不知道怎么去为孩子和妈妈搭建支架，基本上都是在反思和尝试着去这么做，只能一直留意相关的线索。我的意思是说，尽管她没有说太多英语，但至少她在尝试……
>
> 杰罗姆：这是你能够确定的唯一一次搭建支架的时机吗？或者，你还注意到了其他的事情？
>
> 肯恩：呃，在参观钉床夹具和恐龙这两件展品时，都有些搭建支架的机会，我当时正在和孩子们谈，你知道的，关于它是如何工

作的问题，你也知道，如果他认为只有两个钉子在夹具上的话，它会有什么样的功效。

像里基一样，肯恩也使用了一个具有引导性质的问题来引出对话。同样地，这时他也已经与学生建立起了一种有效的融洽关系。

> 肯恩：他甚至说……如果，如果你把钉床夹具完全放在一个小点上，那真的会使人受伤。我当时问他，是啊，如果钉床夹具上面只有两个钉子的话，会怎么样？他说，你知道的，它真的会使人受伤。他甚至还在思考，你明白，这和你放在钉子上的区域面积大小有关，我当时想，这个孩子已经把这个问题弄明白了。

肯恩指的是钉床夹具质量的分布，而不是一个或两个钉子质量的分布。这个孩子通过对肯恩的追问做出的回应表明了自己已经理解了这个概念。在这里，我们又一次看到支架的搭建和内容知识的习得以前后相继的方式发生了。

第五，对角色变化的后设反思

下面引用的这段话来自简对一个同事提出的问题做出的回应，在这段话里，简讨论了自己在与一家人进行互动后的感受，这清楚地表明她对自己作为一位教育工作者肩负的责任有了新的认识。

> 我现在确定无疑地能够看到我们[十六位博物馆教育工作者]的角色在发生变化[现在的工作是搭建支架，这和以前可不一样]……像教师、专家、玩伴、同事，等等。而且所有这些角色都整合到了一起。但是，同时需要指出的是，如果你还保持着研究人员这一工作身份，那么这就像一个人头上戴了好几顶帽子一样，这样一来，你知道的，我们能够教他的也就是一点点。在参观"拔河"这件展品的时候，这家人里的姐姐扮演了老师的角色。在整个过程中年幼者

一定是一个玩伴。但同时，在参观其中一件展品的时候，这家人里的弟弟也成了老师……他也像模像样地讲给别人听，而且使用的是同样的语言。我当时想，哦！太棒了！

简在这里说的这段话意味着她自己已经发现各种搭建支架的不同方法（教师、专家、学习者、玩伴、同事）汇聚在一起构成了一个整体。她在自己与这家人互动的过程中看到了很多种可能的不同互动方式。

第六，身份的变化

诺曼原来认为自己的工作就是照本宣科，现在则认为自己是一位中介者，先要倾听，而后做出反应。下面，我们把焦点集中在对两段视频反思材料的分析上，诺曼在这两段视频（一段是培训之前的，另一段是培训之后的）中重点强调了其在与观众互动方面发生的变化，这种变化是其接受了以支架搭建为基础的培训后产生的结果，另外他还在这两段视频中对这些变化进行了反思。

对培训之前其发挥的促进作用的反思

在观看了自己与一位母亲及其年幼的儿子之间的互动之后，诺曼表达了对自己的不满意，他不满意的是自己为他们的互动提供导引的方式，接下来，他对自己过去的这种做法与现在采取的新的反思性实践进行了对比，他新采取的反思性实践这一做法来自其接受的反思性实践培训。他说：

> 在看这段视频的时候，实事求是地讲，我觉得它完全就是一段噩梦。在接受完[反思性的专业发展]培训之后，我认为这段视频里面反映的所有做法都是错误的。

诺曼在看完培训前录制的视频后，换了一种新的眼光看自己。他对自己很严格，对在接受以视频为基础的反思性实践以及教师研究培训之前自己采用的方式方法进行了反思。他说："一切都做错了。"他清楚地看到自己需要学习一些不同的技术方法：

> 我在培训之前录制的视频告诉我，在面对别人参观钉床夹具
> ［展品］时是把自己定位在照本宣科这一角色上的。在面对别人参观
> 恐龙这件展品时，这种定位必须要改变，因为照本宣科［在这里］起
> 不到什么效果。

36　　　在接受反思性实践和教师研究培训之前和之后，诺曼在与观众互动
时使用了不同的方法，他对此进行了反思。他提到的照本宣科这种方法
来自其接受的更为传统的教学，在这种教学中，互动是单向的，而且由
教师掌控，常常被用来递送预先确定了的信息。按照这种模式，不需要
关注受教的学习者之间的差异，特别不需要关注这些学习者自己带来的
很多资源。这样一种简单机械的教学方法常常无法反映在最近发展区内
发生的变化，需要特别指出的是，之所以如此，原因在于这些方法只是
在灌输知识，而没有意识到要去促进与学习者的对话。诺曼在接受反思
性培训并变成了一位教师研究人员之后，对自己采用的这种新的方法感
到非常满意。

　　　传统、简单、机械的教学方法很重要的一个特征就是坚持不懈地向
教学的参与人提出一些问题，或者是"诘问"他们，目的在于保持对展品
探索以及学习过程的总体把控。为了对诺曼在培训前后使用的引导性问
题进行比较，我们详尽分析了其在培训前拍摄的几段视频中的一个片
段。在这段两分钟时长的视频片段中，我们以五秒钟为一个单位，确定
了每一个单位时间内出现的问题、"微型讲座"、对互动的控制（在身体
上与参观家庭的接近程度等）、留给参观的一家人发表意见的时间等。
我们对每一个类别都进行了编码和计数。

　　　诺曼与一对母子展开了互动，这是她们第一次来博物馆参观恐龙这
件展品。在互动过程中，75％的时间是诺曼在说话，46％的时间是孩子
在说话，母亲说话的时间只有10％（在互动过程中，如果有两个以上的

人，有可能会出现两个人同时讲话的情形）。诺曼说的话有一个很显著的特征，那就是问问题、进行简短讲述、诘问等，这些针对的都是小男孩，指向的都是展品的某些具体方面，另外还有就是指引接下来要做什么。小男孩说的话主要是对诺曼提出的问题予以回应，以及谈了谈自己想去参观的其他一些展览。

在这些互动中，还包括另外一些方面，比如，诺曼与来参观的这家人在身体上的接近程度、说话的语气，以及在某些特定时刻明显表现出来的苦恼，这都反映在其面部表情上。在这个样本片段中，小男孩有几秒钟离开了展品，因为他似乎对旁边的展品更感兴趣。诺曼跟着小男孩，教他拿起恐龙的牙齿，返回到原来的展品前面，把牙齿放到恐龙的嘴里。当小男孩对这件展品心不在焉的时候，诺曼似乎很苦恼。看起来，他似乎需要对互动进行把控，并尽可能多地提供信息。不管什么时候，一发现小男孩分心，诺曼的脸上就会浮现出苦恼的表情。我们为本次分析而选择的这一时长两分钟的片段，在总体上代表了诺曼在接受反思性实践和教师研究培训之前，与这对母子及其他前来参观的家庭之间的互动情况。

接受过培训之后的互动情况

在反思性实践与教师研究培训结束后，诺曼与观众家庭之间的互动有了很大变化。他不再像原来那样简单机械地照本宣科，而是成为面向整个观众家庭的中介者与资源。在与观众家庭进行互动的过程中，他可以创造出对所有家庭成员都有意义的互动时刻，使他们可以对展品进行探索，而他也不用再尝试着去掌控互动过程的所有方面或者是观众家庭中的每一位成员。

在观看培训结束后拍摄的视频时，我们要求诺曼从他与一家人进行 37
互动的过程中挑出一些具有重要意义的关键时刻，这些时间节点使他能够成功地搭建起支架，并让前来参观的这家人获得了个性化定制的体验。他对此回应说：

在参观"拔河"这件展品时，这家人里的母亲意识到了哪一方总是会赢，因此我对此进行了扩展。这家人里的父亲离开了这件展品，走到了陈列化石的地方，我们就针对在这一堆陈列中发现的牙齿化石展开了会话。

在这里，我们可以发现，不再是诺曼一直提问，以看观众对展品了解不了解，而是代之以先看一看这位母亲从展品中发现了什么，而后"对此进行扩展"。诺曼抓住了那些帮助他与观众之间建立起信任关系的信号，而后以此为基础与他们展开互动，而不是动用作为教育者的权力来强行向观众灌输信息。

在这次参观期间，诺曼与这家人进行了多次富有意义的会话，其中之一是与这家人最大的女儿进行的，当时她正在操作一件经过放大了的"主机输出从机输入"(MOSI)展品。我们在这里可以看到，诺曼成了一种帮助女孩对展品进行探索的重要资源。请注意，诺曼是在为这家人参观过程中正在发生的事提供支持，而不再是进行简单机械的说教。互动过程中提出的问题来自这家人里的女儿，而不是诺曼。

阿卜杜拉(女儿)：你知道，昆虫的幼虫是……呃……瓢虫。我认为是。

诺曼：差不多。昆虫的幼虫就是你所说的刚刚破壳而出的任何幼小的昆虫。

阿卜杜拉：爸爸，你知道这是什么吗？

……一个回合。

父亲：它是……它是一个毛毛虫……茧里面有什么？

诺曼：嗯，嗯。

父亲：是啊。那就是茧里面的东西。

诺曼：我们还有一对很小的母子昆虫，就在那边。

解读科学中心与博物馆中的互动——走向社会文化视角

在这段培训后拍摄的参观的视频片段中(时长两分钟),50％的时间是诺曼在说话,而67％的时间是这位小姑娘在说话。如果仅仅从计数上来看,这可能和其在培训前与观众的互动情况没有什么太大差别。因此,我们开始考察这一片段中"说话"的类型。在几段视频里,诺曼和这位小姑娘都说了话,除了这段视频之外,在另外八段视频里,小姑娘问了九个问题,诺曼对这九个问题做出了解释并提供了信息。我们可以发现,是小姑娘在引领着这次互动,是她在负责操作展品(负责她自己的学习过程),诺曼只是为小姑娘的学习提供支持,并搭建支架。

这段视频中记录的互动和培训之前拍摄的视频中记录的互动,还有一个地方不同,那就是诺曼不再试图采取措施去把控观众与展品的互动,也不再谋求主导观众与展品在物理上的接近程度。在这段培训后拍摄的视频中,有一个片段显示:小姑娘从显微镜中看到了一些令人感觉不舒服的东西,然后就从展品面前离开了,而且离开了有几秒钟的时间。这时候,诺曼并没有像以前那样跟着她并把她叫回来,而是耐心地在展品旁边等候。大概过了十秒钟的时间,小姑娘被她的母亲叫了回来,而且是带着明显兴奋激动的心情回来的。她接着看显微镜,和之前一样,继续问问题,和诺曼讲话。

当被问到对自己在与第二个家庭进行互动时使用的应对策略有什么反思时,诺曼说:

> 我使用了"示范"策略、"幽默"策略和"夸赞"策略,我觉得这些办法对我来说是最有力的互动方式了。我相信自己非常成功,因为我在与这家人的父亲、母亲和大女儿进行互动时,能够为他们搭建起支架。在每一件展品面前,我都和他们展开了富有意义的会话。

我们在对大量(很多种形式的)数据进行筛选、编码和分析的过程中,发现诺曼(以及其他人)在培训前后与前来参观的家庭之间的互动发生了变化,这种变化表现出很多重要的特点,其中之一就是似乎自相矛盾。我们说它自相矛盾，是指在权力方面发生的变动。最初的时候，像诺曼这样的教育工作者认为自己需要通过教学、说教、讲座及对互动进行控制等，来牢牢把控和维护作为博物馆权威人士的权力。具有讽刺意味的是，他们使用了这些办法，导致的后果却是失去了对互动的掌控，而且还妨碍了学习的进程，因为观众会觉得自己好像是被逼着必须要说什么一样，而且连怎么说都被规定好了，这使他们感到受到了逼迫，或者说有一种被无视的感觉。而一旦教育工作者主动放弃了对互动进行把控的权力，就会发现自己更加能够对积极正面的学习结果产生影响，而不是影响能力减弱了。这的确令人感到有些自相矛盾。但事实的确如此。这种现象真的是让这一组里的教育工作者们感到莫名惊异。

讨 论

这些博物馆教育工作者自己在教学实践认识上的变化提醒我们，使用诸如维果茨基和恩格斯托姆（Engeström）提出的各种蕴含着丰富理论意义的框架之类的复杂的理论来作为我们工作的指南非常重要。像这样的理论可以让我们对诸如发生在现实生活中的转变做出预测，并从这些转变中发掘出更多东西。更进一步地讲，这些框架看起来在博物馆这一（非正式）情境中具有很好的适用性。最为重要的是，博物馆教育工作者看来不但理解了这些框架，而且很喜欢在自己的工作中应用这些框架。德格雷戈里·凯利（DeGregoria Kelly，2009）有着与我们相似的研究发现。

我们已经注意到了吉登斯（Giddens，1991）提出的自我转变过程，这一过程涉及对一个人的实践及其所处的社会环境的拷问，以及对人与社会环境二者之间关系的审视。我们已经提出，像这样的自我审视要想发生，需要具备一种具有支持性的环境，对于博物馆教育来说，这里所谓的支持性环境就是一个教学处于不断变化之中的实践社团。总体而言，我们听到的各种声音证实了吉登斯提出的观点，博物馆教

解读科学中心与博物馆中的互动——走向社会文化视角

育工作者们无论是在身份上还是在实践中均发生了或多或少的变化。此外，从这些数据中，我们还可以着手为未来的研究抽象出一些重要的设计原则。

在最近发展区内下功夫

桑迪和杰罗姆以及我们所举的例子中的每一位发言的人，都以自己 39
的方式描述了发生于社会性环境之中的自我拷问，像这样的自我拷问为现实实践与话语体系的改变提供了动力，创造了新的看待自己的方式，把自己视为一位教育工作者。特别需要指出的是，这种自我拷问为博物馆场景下与他人展开互动奠定了基础。桑迪一遍又一遍地反复观看展现支架搭建场面的数字化材料，从中发现自身的不足，并认为这非常有价值，而诺曼则从一位照本宣科的人变成了一位积极主动的中介者。从桑迪到诺曼，我们可以发现他们提供的这些具有反思性质的证词汇聚在一起，形成了一幅更大的画卷，这幅画卷展现了这些变化是如何被置于实践社团这一情境之中的，而实践社团的设计有一个专门的目的，那就是为集体层面上的拷问与审视提供支持。

例如，杰罗姆的反思就告诉了我们一些有关于最近发展区的概念与理论如何能够被应用于博物馆这一场景的方式。杰罗姆把在最近发展区内搭建支架作为焦点，他向我们描述了博物馆教育工作者如何才能以一种微妙的方式来看待自己扮演的角色，而不是试图使用“一刀切”的方法。杰罗姆在发现线索并做出策略上的应对这方面越来越娴熟，这表明在最近发展区内搭建支架对于各种各样的博物馆情境来说是一种具有教学意义的手段。这是一个对理论与实践相结合非常重要的证明。我们已经看到，有些人已经开始在基于课堂的研究中有意识地使用了最近发展区的概念与理论(Ash，2008；Tharp & Gallimore，1988)，但在博物馆情境中这种做法还不是非常多见。

里基对究竟是什么构成了成功的支架搭建这一问题也有了不同认识，这表明她已经对如何搭建支架有了更为成熟的思考，这让她能够改变自己的看法，重新认识在与前来参观的家庭进行互动时究竟什么样的互动才算成功这个问题。就像在上一年拍摄的视频中看到的那样，里基在以前的工作中坚持的是："我把事情告诉他们，这样就算做好了。"而在接受了反思性实践与教育研究培训之后，她说："如果他们能够相互之间传递信息，那么我就算把事情做好了。"在与前来参观的家庭进行互动的过程中，在如何看待自己这个问题上，里基的看法发生了彻底的改变。

霍诺尔和凯利两个人都对自己在与观众互动过程中错失的各种机会进行了到位的探索，发现这些错失的机会不但对于成功的互动很重要，而且对于反思来说也很重要。他们都对自己之前的教学企图重新进行了评估，发现这些企图都不靠谱。对于他们来说，知道自己错失了机会，意味着找到了致力于支架搭建的潜在空间。如果不细致入微，可能发现不了这些错失的机会。从诸如此类的活动中吸取教训，是实践中行为转变的第一步。

另一方面，肯恩对自己的支架搭建充满了信心，他对自己成功的原因做出了解释，其中一个原因是他在如何让前来参观的家庭感觉舒服这一问题上使用了社交导览（social navigation）的技巧，另外一个原因是在搭建支架的过程中注入了非常复杂的内容。肯恩对观众家庭的活动存在的问题进行了诊断，并在此基础上做出了恰如其分的应对。他对此进行了清楚明白地描述，那就是要"在最近发展区内下功夫"。

我们把这些之前的节录拿出来分享，并不是为了区分成功和失败，而是为了表明博物馆教育工作者是如何变得善于对最近发展区进行诊断（用博物馆教育工作者的行话来说就是"发现线索"）并以某一种或者几种策略或角色予以应对的。他们在诊断过程中表现出来的信心不但表明把支架的搭建作为一个居于中心地位的焦点问题是非常有效的，而且还意味着实践者在自我身份的转变上也变得更为娴熟。

简开始以一种更加整体的方式来看待自己扮演的角色。她发现可以有很多种不同的方式与前来参观的家庭展开互动，她认识到，在自己为他们搭建支架的过程中，有很多种不同的方式可以使搭建的支架与前来参观的家庭之间建立起匹配。能够以这种方式来回头看自己的整体状况，标志着她已经变成了一位处于高阶发展水平的实践者，不但能够发现这些家庭在互动过程中存在的问题，而且能够看到自己针对这些问题做出的应对措施可能产生的后果。这就是舍恩（Schän，1987）所谓的在实践中反思，他认为这是很不容易做到的一件事。简做到了自我拷问，这帮助她实现了自我身份的转变，成为一位有能力的博物馆教育工作者。在她的评论中，我们可以看到她的信心（和失意）。

当诺曼从照本宣科的人变成中介者时，我们从他身上看到的那些显著变化非常具体详尽地体现了这些角色的变化是如何呼唤着我们采取新的特殊方式来对学习活动进行组织，并对自己作为一名教师的身份进行思考的。所有这些变化都可以在诺曼及其他的博物馆教育工作者对互动进行架构的方式（谁拥有权力/能够把控），看待自己扮演的角色及看待领导力的方式（通常涉及对内容的控制），以及与前来参观的家庭进行交流的方式中看到（也见 Ash, et al.，修改中）。

总而言之，我们可以发现，这些博物馆教育工作者通过在自己的教学实践中引入反思性实践，包括对学习者的言行进行诊断并使用支架策略做出应对等，改变了与前来参观的家庭在学习过程中进行互动的基本架构（Ash & Lombana，待发表）。在一开始的时候，他们在自己的博物馆教学中使用的都是一种非常传统的等级式的架构。自己是博物馆里照本宣科的主持人，把控着知识，而且想把这些知识灌输给前来参观的人，采取的方式是掌握参观的时机以及在参观过程中进行谈话。而通过把搭建支架作为一种导引框架，更为具体地说，通过对学习者当前所处的知识水平进行判断或评估，他们便开始懂得什么地方需要自己提供建议，什么地方不需要。实践发生了变化，但人还是那一批人。这就是"在最近发展区内下功夫"的做法，在其他另外一些专业发展文献中对此也有所描述（Ash & Levitt，2003）。

分享权力

在非正式学习环境下，权力是一种非常微妙的力量。可能是因为人都有自己的自由意志，因此他们总是想在各种教学与学习情境中居于主导地位。就像我们已经从这些研究博物馆教育工作者的人那里获得的关于反思性实践的证词中看到的那样，情况并不总是如此。这些教育工作者认为自己从一开始就拥有并掌控着权力。

教育工作者有一种灌输内容的强烈的紧迫感，好像只有这样才能让人们在离开的时候学到一点"正确"的东西；在这种情况下，与学习者展开个性化的交流并倾听他们的声音就变得不那么重要了。然而，如果我们想在实践第一线为学习者的学习搭建相应的支架，那么就不能继续对学习者视而不见。这也意味着教育工作者要和学习者共同分享教育与学习的舞台。从诺曼的个人反思中，我们可以发现陈旧的、简单机械的教学模式对他来说已经不再适用了；一个人照本宣科让他疲于奔命，因为他总是想着要去抓住观众的注意力，这就是他看了自己之前拍摄的视频后的感受。

从这些数据资料中我们可以发现，总体而言，随着时间的推移，博物馆教育工作者开始从横向的角度而不是纵向的角度出发来组织自己与观众之间的互动，也就是说，他们与前来参观的家庭以及其他人分享了自己的权力。看起来，在最近发展区内搭建支架让他们在发挥自身作用上具有了更大的灵活性，这是他们在过去作为专家权威从来没有体会过的。与前来参观的家庭拉近距离，对他们进行鼓励，倾听他们的声音，要他们做出自己的贡献，期望他们成为有时候能够领头的人，这一系列做法让博物馆教育工作者对前来参观的家庭先前具备的知识与技能有了了解，而他们带来的这些先前的知识与技能对于博物馆这一场景来说，也是一种重要的学习资源。对权力的分享，还让教育工作者能够更加精准地对在最近发展区内的什么地方搭建支架进行诊断。这样的诊断及相应的应对策略有助于博物馆教育工作者辅助前来参观的家庭达到新的认识水平。

博物馆教育工作者在与前来参观的人进行互动的过程中，还增强了自己实践的本领（他们有了自己的"策略百宝箱"）。他们使用多种多样的方式与前来参观的家庭进行交流，这让他们在为这些家庭创设场景化与定制型的"学习时刻"上变得更加成功。其中的一个证据就是教育工作者知道如何对前来参观的家庭成员的行动与会话进行评估，知道什么时候对讨论进行补充，什么时候悄悄地退到一旁，而且是以一种非常尊重别人的方式，而不是强行向他们灌输知识，展示权威。简言之，他们分享了权力。

矛盾冲突的作用

与恩格斯托姆（Engesträm，1999）和霍兰等人（Holland，et al.，1998）一样，我们也发现在"对身份进行审视"的过程中存在着冲突和矛盾。我们还发现，这些矛盾和冲突为思维方式的转变提供了极大的可能性。例如，当诺曼看到自己在前来参观的家庭面前是如此喋喋不休地照本宣科时，他第一反应是非常震惊和沮丧的。然而，这种震惊对于他来说却有着非常积极正面的影响，因为它让诺曼能够对自己在博物馆中的角色进行重新审查。正是因为这样，他才成为自己所在的博物馆中最受重视的教育工作者之一，因其在教学方面的卓越表现，他至少获得了两个新的奖项。

按照恩格斯托姆（Engesträm，1999）的看法，冲突根本就不一定预示着失败；随着新的想法与感受以集体且具有反思性的方式浮出水面且解决了某些难题，冲突就可以成为转变的空间。冲突可以成为协商的空间，在这里我们能够打破陈规或跳出"正常做事的方式"，进行即兴发挥（Holland，et al.，1998），进行可能的"身份的修正"（Giddens，1991）。在由博物馆教育工作者构成的实践社团中，充满了矛盾冲突且具有拓展性质的学习，这一话题在其他地方得到了更为广泛的探讨（Ash，et al.，准备中）。

从博物馆教育工作者的反思中，我们发现他们感受到了自己在博物馆这一机构内部所处的权力位置上发生的变化，这种变化不管是对于他们个人的身份还是专业的身份来说都具有转型的价值。我们发现，早前他们在对权力的认识上存在着矛盾的地方。也就是说，传统意义上观众认为博物馆教育工作者就代表着博物馆，但在一般情况下，博物馆教育工作者在博物馆的运转或管理实践上并没有发言权。事实上，我们在专业发展上付出的努力已经消弭了权力架构中这些看似互相矛盾的地方。博物馆教育工作者得到了赋权，重新思考自己扮演着什么样的角色，那些自己需要接待的前来参观的家庭又扮演着什么样的角色。最后，我们发现在最近发展区内下功夫切实推动了 16 位博物馆教育工作者的身份转变，使他们从高高在上照本宣科的人变成了非常具有互动性而且能够明察秋毫的教师。

参考文献

Ash, D. , Crain, R. , Brandt, C. , Loomis, M. , Wheaton, M. & Bennett, C. (2008). Talk，tools and tensions：Observing biological talk over time. *International Journal of Science Education*，29(12)，1581-1602.

Ash，D. & Levitt，K. (2003). Working in the zone of proximal development：Formative assessment as professional development. *Journal of Science Teacher Education* (1)，23-48.

Ash D. & Lombana，J. (in press). Methodologies for reflective practice and museum educator research：The role of 'noticing' and responding. To appear in Ash，D. , Rahm，J. & Melber，L. (Eds.)，*Putting theory into practice：Methodologies for informal learning research*. Rotterdam：Sense Publishers.

Ash，D, Lombana，J. & Sherman-Gardiner J. (in preparation). Blue shirt，purple shirt：The role of conflict and contradiction in expansive learning. To be submitted to *Mind，Culture and Activity*.

Ash，D. B. , Tellez，K. , Crain，R. L. (2008). Talking in two languages about living things. In Bruna，K. & Gomez，K. (Eds.)，*The work of language in multicultural classrooms：Talking science，writing science*，(pp. 269-688). Routledge.

Astor-Jack，T. , McCallie，E. & Balcerzak，P. (2010). Academic and informal science education practitioner views about professional development in science education. *Science Education*，91(4)，604-628.

Bakhtin，M. M. 1981. The Dialogic Imagination：Four Essays. (Michael Holquist，Eds. , C. Emerson and M. Holquist.)*International Review of Sociology*，13(3)：607-628.

Bevan, B. , Xanthoudaki, M. (2008). Professional Development for Museum Educators: Unpinning the Underpinnings. *Journal of Museum Education*. 33 (2), 107-119.

Brown, A. L. (1992). Design Experiments: Theoretical and Methodological Challenges in Creating Complex Interventions in Classroom Settings. *The Journal of the Learning Sciences*. 2(2), 141-178.

Brown, A. L. , Ash, D. Rutherford, M. , Nakagawa, K. , Gordon, A. &. Campione, J. (1993). Distributed Expertise in the classroom. In G. Salomon (Eds.), *Distributed Cognitions*, New York: Cambridge University Press.

Bruner, J. (1990). *Acts of meaning*. Cambridge, MA: Harvard University Press.

Chaiklin, S. &. Lave, J. (1996). Understanding Practice: *Perspectives on Activity and Context*. New York: Cambridge University Press.

Cox-Petersen, A. M. , Marsh, D. , Kisiel, J. &. Melber, L. M. (2003). 43 Investigation of guided school tours, student learning, and science reform recommendations at a museum of natural history. *Journal of Research in Science Teaching*, 40(2): 200-218.

Castells, M. (1997). The Power of Identity. *The Information Age: Economy, Society, And Culture*. Volume 2, Blackwell Publishing.

Cunningham, M. K. (2004). *The interpreters training manual for museums*. Washington, DC: American Association of Museums.

DeGregoria, K. L. (2009). Action Research As Professional Development for Zoo Educators. *Visitor Studies* 12(1), 30-46.

Engeström, Y. (1999). Innovative learning in work teams: Analyzing cycles of knowledge creation in practice. In Y. Engeström, R. Miettinen &. R. L. Punamaki (Eds.), *Perspectives on activity theory* (pp. 1-18). Cambridge: Cambridge University Press.

Engeström, Y. (2001). Expansive Learning at Work: toward an activity theoretical reconceptualization. *Journal of Education and Work*, 14, No. 1.

Frederiksen, J. R. , Sipusic, M. , Sherin, M. &. Wolfe, E. (1998). Video portfolio assessment: Creating a framework for viewing the functions of teaching. *Educational Assessment* 5(4), 225-297.

Giddens, A. (1991). *Modernity and Self-Identity. Self and Society in the Late Modern Age*. Cambridge: Polity Publisher.

Golding, V. (2009). *Learning at the museum frontiers: Identity, race and power*. Burlington, VT: Ashgate Publishing.

Granott, N. (2005). Scaffolding dynamically toward change: Previous and new perspectives. *New Ideas in Psychology*, 23(3), 140-151.

Holland, D., W. Lachicotte, D. Skinner, and C. Cain. 1998. *Identity and agency in cultural worlds*. Cambridge, MA: Harvard University Press.

Hui, D. (2003). "Managing Intersubjectivity in the Context of an Informal Learning Environment". Paper presented at the Annual Meeting of the American Educational Research Association (Chicago, IL, April 21-25, 2003).

Kisiel, J. (in press). Reframing collaborations with informal science institutions. To appear in Ash, D., Rahm, J., & Melber, L. (Eds.), *Putting theory into practice: Methodologies for informal learning research*. Rotterdam: Sense Publishers.

Lave, J. & Wenger, E. (1991). *Situated learning: Legitimate peripheral participation*. New York: Cambridge University Press.

Mackay, A. & Gassey, S. M. (2000). *Stimulated recall methodology in second language research*. Mahway, NJ: Lawrence Erlbaum Assoc. Pub.

Mai, T. & Ash, D. (in press) Tracing our methodological steps: Making meaning of families' hybrid "figuring out" practices at science museum exhibits, To appear in Ash, D., Rahm, J. & Melber, L. (Eds.), *Putting theory into practice: Methodologies for informal learning research*. Rotterdam: Sense Publishers.

Moschovich, J. & Brenner, M. (2000). Using a naturalistic lens on mathematics and science cognition and learning. In A. E. Kelly & R. Lesh (Eds.). *Research design in mathematics and science education*, (pp. 517-545). Mahwah, NJ: Lawrence Erlbaum Associated.

Mascolo, M. F. (2005). Change processes in development: The concept of coactive scaffolding. *New Ideas in Psychology*, 23, 185-196.

Pea, R., Lindgren, R., & Rosen, J. (2006). Computer-supported collaborative video analysis. *Proceedings of the 7th International Conference on Learning Sciences*, (pp. 516-521). International Society of the Learning Sciences.

Rogoff, B. (1995). Observing sociocultural activity on three planes: Participatory appropriation, guided participation, and apprenticeship. In J. V. Wertsch, P. del Rio & A. Alvarez (Eds.), *Sociocultural studies of mind* (pp. 139-164). Cambridge: Cambridge University Press.

Rogoff, B., Mistry, J. Göncü, A., & Mosier, C. (1993). Guided participation in cultural activity by toddlers and caregivers. *Monographs of the Society for Research in Child Development*, 58 (Serial No. 236).

44 Rogoff, B., Paradise, R., Mejia-Arauz, R., Correa-Chavez, M., Angelillo, C. (2003). Firsthand learning through intent participation. *Annual Review of Psychology*, 54, 175-203.

Rogoff，B.，(1998). Cognition as a collaborative process，In Damon，W. (Series Editor) & D. Kuhn & R. S. Siegler (Volume Eds.) *Handbook of child psychology*: *Cognition*，*perception and language*. (Vol. 2) (pp. 679-744). New York：Wiley.

Schön，Donald A. (1987). Educating the reflective practitioner：*Toward a new design for teaching and learning in the professions*. Jossey-Bass higher education series. San Francisco，CA，US：Jossey-Bass.

Seig，M. T. & Bubp，K. (2008). The Culture of Empowerment：Driving and Sustaining Change at Conner Prairie. *Curator the Museum Journal*，51/2.

Sherin，M. G. (2002). When teaching becomes learning. *Cognition and Instruction* 20(2)，119-150.

Sherin，M. G. & Van Es，E. A. (2003). "Using video to support teachers' ability to interpret classroom interactions".

Tal，T. (in press). Action research as a means to learn to teach in out-of-school settings. To appear in Ash，D.，Rahm，J.，& Melber，L. (Eds.)，*Putting theory into practice*：*Methodologies for informal learning research*. Rotterdam：Sense Publishers.

Tal，T. & Morag，O. (2007)，School visits to natural history museums：Teaching or enriching? *Journal of Research in Science Teaching*，44：747-769.

Tran，L. (2006). Teaching science in museums：The pedagogy and goals of museum educators. *Science Education*. 91(2)，278-297.

Tran，L. (2008). The Work of Science Museum Educators. *Museum Management and Curatorship*，23(2)，135 -153.

Tran，L. & King，H. (2007). The Professionalization of Museum Educators：The Case in Science Museums. *Museum Management and Curatorship*，2，131-149.

Van Es，E. & Sherin，M. G. (2002). Learning to notice：Scaffolding new teachers' interpretations of classroom interactions. *Journal of Technology and Teacher Education*，10(4)，571-596.

Vygotsky，L. S. (1934/1987). Thinking and speech. In R. W. Rieber & A. S. Carton (Eds.)，*The collected works of L. S. Vygotsky*，Vol. 1：Problems of general psychology. New York：Plenum.

Wells，G. (1999). *Dialogic Inquiry*：*Toward a sociocultural practice and theory of education*. Cambridge：Cambridge University Press.

Wenger，E.，(1998). *Communities of Practice*：*Learning*，*Meaning*，*and Identity*. Cambridge：Cambridge University Press.

Wood，D.，Bruner，J. S. & Ross，G. (1976). The role of tutoring in problem solving. *Journal of Child Psychiatry and Psychology*，17，89-100.

第三章

媒介即讯息：拆解观众对身体世界的认识，倾听他们的心声

埃尔米尼娅·佩德雷蒂①

导　论

45　　2009 年秋至 2010 年冬，"人体世界与心的故事"②在安大略科学中心（加拿大）向公众开放。"人体世界"是冈瑟·冯·哈根斯（Gunther von Hagens）的创意，它以在细节上洞悉一切且坚定不移的方式展现了人的身体。通过塑化过程，人的身体得以保存与展现，包括肌肉、器官、身体组织、骨骼，等等，均一览无余。这样做的目的是为了让前来参观的人对人体的构成和功能有所了解。可以理解的是，观众的反应不一，有好有坏，有人惊叹不已，有人非常着迷，还有人觉得恶心。展览中使用的声音充满了激情，语调激烈。有人觉得这样的展览有失体面，是对人体的不尊重，有些恐怖，不适合小孩子来看（参见 Barilan，2006；Burns，2007；Fisher，2005）。还有一些人则惊叹于人体之美，对能够

---

① Erminia Pedretti, University of Toronto, Canada，埃尔米尼娅·佩德雷蒂，多伦多大学，加拿大．

② 原文为"The Body Words and the Story of the Heart"，此处译为"人体世界与心的故事"，是加拿大安大略科学中心一个展区的主题名称。——译者注

展现出如此的细节感到惊奇（参见 Vom Lehn，2006；Walter，2004）。有些宗教团体、保守的说客以及对此心怀关切的市民针对这个展览表达了反对意见，同时也有另外一些人认为它有创新，很精彩，而且内容翔实。但不管是惊叹还是厌恶，大家都情绪高涨。

在开始的时候，"人体世界"展览引起了很多争议。但除了这些争议之外，很少有人对其进行严肃的学术研究（特别是教育研究）（参见 Vom Lehn，2006；Leiberich，Loew，Tritt，Lahmann & Nickel，2006；Moore & Brown，2007；Walter，2004）。此外，很多文献都是以评论或短文形式发表的，关注的是关于保健学和解剖学、医学及健康社会学等方面的问题。鉴于围绕这一展览而引起的争议与争论，笔者开展了一项研究，以探讨前来参观的人对"人体世界与心的故事"究竟会有哪些反应，笔者把此项研究工作放在非正式学习、媒体以及科学教育等领域内进行。在本章中，笔者专门对一些理论假设进行了讨论，这些理论假设影响着观众如何做出反应，如何展开互动，如何对经验进行意义建构，各种不同媒介（主要是塑化物）与讯息之间如何相互作用，同时它们还影响着各种不同类型的公众在情绪体验方面的张力。马歇尔·麦克卢汉（Marshal McLuhan，1964）曾经对媒介与讯息之间的关系进行过描述，笔者吸收和借鉴了他的观点，把它作为向观众的意义建构提供中介支持并理解其意义建构过程的一种可能途径。那么，在这个展览的情境中，媒介与讯息之间的相互作用究竟是如何展开的呢？观众给自己获得的体验赋予了怎样的意义？他们在意义构建的过程中获得了哪些讯息？在参观过程中，他们体验到了何种情绪上的张力？

46

情境的设定

在多伦多的这场题为"人体世界与心的故事"的展览中展出了两百多个标本，吸引了超过五十万人前来参观。"心的故事"这一部分，重点是让前来参观的人对心血管系统有所了解，比如心血管系统是干什么的，它是如何发挥作用的，如何对其进行养护等，并对与健康有关的议题有所认识（如肥胖、高血压、心脏病、中风，等等）。安大略科学中心导引图（2009）是这样描述这项展览的：

> 从解剖学、心脏病学、心理学和文化等视角出发，来看一看心脏是如何滋养、调节与维持生命的。展览揭示了心血管系统这一错综复杂的世界，它使用了两百个以上的人体标本，包括塑化的全身标本、各种器官标本以及各种半透明体切片标本等。

当你走进展览厅时会发现，展览厅安静、昏暗，让人的心里充满了虔诚与敬畏。这里既没有欢声笑语，也没有高谈阔论；人们说话的时候都是悄悄耳语，绝大多数人都是三五成群结成一个小团体。微弱的心跳声作为背景声持续不断地传来。这些标本（来自那些向冯·哈根斯的研究所捐赠自己遗体的人）或塑化物（被保存下来的人的遗体）被一一展出，有的被放在玻璃罩里，有的则没有。塑化涉及使用人工合成的液体来替代体液。这样就可以让人体能够被保存下来，并在不同的地方进行展示，从而揭示器官、血管、神经、肌肉等各组成部分在人体中的空间关系（Von Hagens，2002）。

"人体世界与心的故事"消弭了科学与艺术二者之间的界限。塑化的人体以各种不同的姿势陈列着，有的在滑雪，有的在滑冰，有的在打曲棍球，有的在跳舞，有的在跳高，等等，不一而足。这些姿势非常引人注目，而且揭示了人体的脆弱性与复杂性。观众可以绕着标本参观，从各种不同的角度对其进行观察。展品都是静态的，而且没有互动性。我们还可以看到一些大面板，质地柔软而且是红色的，上面有哲学家、诗人、作家等画的画或写的诗，它们是上述塑化物的背景幕布。这些面板为一丝不挂的人体提供了一个非常有意思的并置，揭示了爱的真谛，以及心的主题：

解读科学中心与博物馆中的互动——走向社会文化视角

我们来到这个世上，没有任何事是可以不用心去做的。（约翰·拉斯金，John Ruskin，1819—1900，英国作家、诗人、社会评论家。）

你一定要尝试，你怎么能够忽视人们永恒的遗产——爱。（维克多·雨果，Victor Hugo，1802—1885，法国诗人、作家、政治家。）

只有当另一颗心接受吟唱，才会使得用心歌唱的心灵完美。那些期盼歌唱的人们一定心有所属！（柏拉图，Plato，前424—前347，哲学家。）

有一个单独的展区被黑色窗帘遮盖着，展示的是生育/胎儿。有一个标志，警告观众在进入之前先停下来了解一下展览的内容，然后再决定要不要进去。在这个展区里，人们可以看到处于各个不同发育阶段的胎儿，按照发育的时间依次排开。展览中还有一个经过塑化处理的怀孕八个月的孕妇。很多观众都选择不看这个展区。

媒介与讯息：作为实物与意义的人体世界

马歇尔·麦克卢汉在《理解媒介》一书中通过对媒介与讯息进行考察，提供了一条在"人体世界"这一情境中，为观众的意义建构提供中介支撑，并对其意义建构过程进行认识的有用途径（McLuhan，1964）。麦克卢汉认为媒介是把自己镶嵌在讯息之中的，它创造了一种与讯息共生的关系（McLuhan，1964）。在"人体世界"中，的确如此，媒介与讯息彼此深深纠缠在一起，而且笔者认为对于观众来说也是这样。

不同的媒介具有不同的特征，这些特征影响着人与媒介的互动方式，以及人对媒介的理解方式（McLuhan，1964）。诸如印刷文本、计算机图形或音频均传递着各种各样的讯息，并会引发人各种不同的反应。在尝试理解前来参观的人是如何进行意义建构或做出反应的这一过程中，正确认识媒介，特别是认识媒介的复杂性非常关键。在"人体世界"中，媒介就是那些塑化物，它们都是真正的（被保存下来的）人体，就其本身而论，它们和任何前来参观的人都有着显而易见的联系。同时，这些人体还是"观众凝视"的"实物对象"（Walter，2004），对前来参观的人来说，它们既超然独立，又与人有着密切联系。"观众凝视"与媒介/实物（塑化物）之间的关系引出了一些问题，这些问题关注的是如何对实物进行解读，实物对象如何"言语"，叙述发挥着什么作用，以及文化语境扮演着什么角色等（Heumann Gurian，1999）。

麦克卢汉说："任何媒介对个人和社会的任何影响，都是由于新的尺度产生的；我们的任何一种延伸，或者说任何一种新的技术，都要在外面的事务中引入一种新的尺度。"（McLuhan，1964，p. 7）对于尸体保存来说，"人体世界"代表了新的可能，它应用了具有突破性的技术手段。就像沃尔特（Walter，2004，pp. 466-467）所说的那样：

> "人体世界"很重要，这有很多原因。首先，展品不需要被放置于装在玻璃器皿的溶液中，与之相应的是用玻璃罩对其进行保护；由完整的人体做成的塑化物，被安放在与前来参观的人生活居住的地方一模一样的空间中。其次，各种器官之间的空间关系，以及它们在人体中所处的具体位置，现在都可以通过真正的而且多种多样的人体被展现出来，而这在过去只能通过与真人一般大小的模型来呈现。

然而，这些具有创新意义的技术手段会对个人和社会产生新的影响，它会在社会和个人的层面上造成争议，导致不和谐，使人们重新审视道德与伦理规范。对这些影响的考察要从张力的角度进行。

康恩在他的著作《博物馆还需要实物吗？》中提出："在过去一百年的岁月里，不管是在何种类型的博物馆里，实物所占的地方均呈现出急剧缩水的景象（Conn，2010，p. 11）。"那些曾经被认为是科学中心与科学博物馆标志的东西，如"奥妙科学""实物展示"以及"奇观房"等，均已不见了踪影(Pedretti，2002)。然而，"人体世界"却为我们带来了一次有意思的回归，让我们重新回到实物展示或收藏的道路上。在对"人体世界"进行描述的过程中，沃尔特(Walter，2004，p. 468)这样写道："即⁴⁸使从博物馆的角度来看，展览也是非常传统的：前来参观的人只能看着静态实物，既不能摸也不能操作，这里也没有新颖别致的计算机化的图形图像或分阶段进行的互动活动。"那么，究竟如何使用和展示这些实物呢？前来参观的人们是如何与塑化物/实物进行互动的？他们与塑化物/实物之间的关系又究竟是什么样的呢？

方法论及分析

本项研究遵循的是质性传统。笔者采用了案例研究的方法(Cresswell，1998；Stake，1994)，以更好地理解一个案例的特殊之处(在这里，展览"人体世界与心的故事"便是案例)。笔者从多重数据来源出发，基于媒介、讯息及二者之间的张力这一语境，对前来参观的社会公众做出的反应进行了阐述。数据来源包括：(1)观众的书面评论，有超过两千名观众在两本留言簿上留下了评论[在这里，我们要指出的是一些学者的工作为我们对这些评论进行分析提供了指南(参见 Livingstone，Pedretti & Soren，2005；Macdonald，2005；Pedretti & Soren，2003)]；(2)磁带录制的访谈(有五十四位观众接受了访谈)；(3)现场记录(对观众相互之间的互动与会话进行了描述)；(4)对展览、媒体报道及各种小册子等进行的内容分析[在这里，我们参考了克里彭多夫(Krippendorf，1998)的工作，他把内容分析描述为一种"对讯息的符号意义进行探究的方法"(p. 22)]。讯息并不总是只有一种含义；同样，意义也并不总是能够在观众中得到分享。因此，我们需要使用多重数据来源对数据进行三角验证。

数据分析采用的是持续比较法(Cresswell，1998)，同时在对数据进行分析的过程中，还对个人提出的问题从主题方面进行了分析，这些问题横跨了对参与者的访谈以及和他们的对话。另外，笔者还借鉴了艾伦（Allen，1998；2002）的研究，特别是其提出的学习讨论（learning talk）的观点，当观众相互交谈和互动时，这种学习讨论就会出现，同时笔者还借鉴了社会文化理论在博物馆研究中的作用。艾伦（Allen，1998）通过以下几个方面非常细致地描述了社会文化理论是如何影响科学博物馆的境况与研究的：(1)重点强调的是学习的"过程"，而不仅仅只是学习的结果；(2)把焦点置于承认学习是一种"意义建构"的研究议程上，而不是把焦点放在对行为的关注上；(3)承认博物馆是一个"对话的场所"，包括隐性的对话，在隐性的对话中，展品与实物也在向我们诉说着什么；(4)鼓励研究人员和实践工作者真正携手合作，"一起追求共同的议程"；(5)承认叙事的力量，认为这可以帮助我们探索各种叙述究竟是如何影响观众的兴趣与动机的。在本项研究中，很多访谈与现场记录捕捉到了一次多人展开的会话。当我们试图从一种更宏大的社会文化语境出发来理解观众的意义建构时，这样的对话就非常重要。不管是对个体的谈话还是对小组的谈话进行分析，目的都是为了进一步丰富我们对观众经验的认识。我们对留言卡进行了阅读和归类，把它们分成"有用"和"无用"两类（无用的留言卡上基本都是没有什么意义的语言，比如几个颠三倒四的词，留给同学的虚张声势的话，具有亵渎性质的语言，以及无法分辨的文本等）（对大量临走时的留言进行分析与编码的更为详尽的描述请参见 Pedretti & Soren，2003）。有用的留言被编码成了各种新

49　的主题。借助于社会文化框架的帮助（Davidsson & Jakobsson，2007；Schauble，Leinhardt & Martin，1998），笔者把焦点集中在观众的体验上，并通过它来解读观众的意义建构过程。

观众对"人体世界"的反应

数据显示，98％的受访者对展览的反应是积极正面的。这并不令人

感到惊讶，因为这是"人体世界"第二次到多伦多来展出了（它在媒体上引起的轰动效应此时已大为平息）。另外，受访者都是主动前来参观的，这是他们自己的选择。①

我们通过由媒介、讯息与张力三者构成的架构来对调查结果及分析进行呈现。这样做表明媒介与讯息之间存在着千丝万缕的紧密联系，特别是在诸如"人体世界"这样的展览中更是如此。对意义建构进行的解读横跨了文本（如板报和文学摘录），人工制品（媒介，如人体的塑化物）与对话（观众团体内部的对话，以及与现场专家的对话等）。尽管媒介和讯息以线性顺序进行呈现，但事实上它们是相互纠缠、相互渗透在一起的。它们并不意味着要被具体化，同时也不是互相排斥的。实际上，当观众在展览中不断前行时，媒介与讯息之间实际上构成了一种相互塑造的关系。

媒　介

对人体的颂扬与赞美

和沃尔特（Walter，2004）的研究结论差不多，在本项研究中，人体受到了观众的大力追捧。很显然，这些塑化物或人体对观众产生了一种非常深刻而且强烈的影响。观众报告说，他们对自己的身体有了更加深刻的理解与认识，他们也常常表现出惊叹不已的样子。展览所具有的高度实体性与逼真性让观众敬畏、着迷，而且还激发了他们的审美鉴赏：

> 在整个参观过程中，我一直充满了惊奇和敬畏。我从心底被震撼了。它太令人称奇了……["人体世界"]让人走进自己的身体，并更好地鉴赏自己的身体究竟是什么样……我们甚至很少看到自己的身体，当我们什么都不穿的时候，通常都被教导说不要那样站太

---

① 为了加强本项研究，研究团队已经在对那些选择不来参观"人体世界"的人们以及本展览的工作人员进行了访谈。这些访谈将会在接下来发表的研究成果中被用到。

久，盯太久，洗了澡就要出来，披上浴巾，然后如果你要是想真正看一看自己身体时，其实看的是皮肤……（对一对男女的访谈，他们年龄介于 20 至 29 岁，从事的都是销售工作，还均曾入读过艺术学校。）

太迷人了，令人惊叹不已！人体无时无刻不在给我带来惊喜。（观众临走时的留言，第二册。）

它让我眼里充满了泪水。这是对人体神奇而且富有诗意的展现。（观众临走时的留言，第二册。）

尽管展示的实物基本上都是实体，但却唤起了大多数观众对生命的赞赏。"人体世界"让那些看不见的东西变得清晰可见；把人体的美与复杂向观众铺陈开来。大多数观众认为实物（人体）非常美，是需要去颂扬和赞美的。

个人的叙事/叙述

按照康恩（Conn，2010）的观点，博物馆收藏实物，目的是为了进行叙事，讲述我们的过去、现在以及可能的未来，同时唤起人们的思考。有意思的是，在"人体世界"中，没有任何面板或文本对之前曾是活生生的人而现今变成了塑化物的人体展品进行解释说明，那里没有述说或其他线索告诉我们这些被塑化了的人体曾经是什么样的人（除了性别之外）。就像沃尔特（Walter，2004）提出的那样，这里没有生前的身份。从各种可能的角度来分析，这样做都是有目的的，那就是为了让前来参观的人能够以超然独立的方式来看待这些展品，同时也因为法律对遗体捐献隐私有明确的保护规定。尽管这些实物（塑化物）没有针对其个人的任何述说，但却引起了观众强烈的兴趣，使他们以个人叙事的方式对这些展品做出回应。

研究小组对观众进行了访谈（通常是成对地进行），很多述说便展开了，有情感方面的，有个人方面的，还有的人很伤感。这些述说通常体现的都是像沃姆·莱恩（Vom Lehn，2006）所讲的"疾痛的叙事"。所谓疾痛的叙事，反映的都是人有关于病痛和疾病的经验，常常是通过在诸如医疗实践这样的自然主义场景中进行的访谈来完成的（Charmaz & Paterniti，1998；Vom Lehn，2006）。"人体世界"就是一个自然主义社会场景的例子，在这里个人有关于病痛或疾病的述说，是随着观众对经过塑化处理的人体进行考察，并对自己的生活、家庭和朋友进行思考而出现的。典型的述说包括：

就吸烟这件事情来说，当你刚好走进来的时候，它就开始谈论心脏的问题……我们是两个人一起进来的……这对我们来说有用……我吸烟的历史已经有14～15年了。这是一段很长时间的吸烟史，我过去曾经尝试过戒掉，但这次是真的在认真考虑这个问题。看完了一遍之后，我又走回了那个地方，我想知道自己的肺部看起来和那些完全变黑了的肺部有多么地接近，我身体里面的那些动脉血管还能够把血液泵到每一个指尖上吗？……同时我也在看我的父亲，你也看到了他，当时我正站在那边，你走到了我们的跟前，他是一位器官移植病人，所以我坚持要到肾脏那里看一看，"哇，这就是你已经摘除然后又换上了新的那个器官！"谢天谢地，那个肾脏救了我父亲的命。（对一对男女的访谈，他们年龄介于20至29岁，从事的都是销售工作，还均曾入读过艺术学校。）

机修工：我父亲四年前做了心脏手术，他现在还带着当初手术时放置的支架，然后我猜想他们肯定划开了动脉，他们只有这样才能够做"心脏直视"。这个展品让我能够清清楚楚地看到医生在我父亲身上做了什么，以及他们是如何做到的。

护士：还有他们用了什么东西。

机修工：还有可以实地地看到它，他们还有一幅支架的照片。

护士：还有肺部也是，因为他父亲吸烟，所以当我们看到吸烟者的肺部时就把二者联系在了一起。

（对一对男女的访谈。男，机修工，30～39 岁；女，护士，30～39 岁。）

51　　尽管绝大多数这些叙事都出现在对一对一对的观众进行的访谈中，但也有一些个人的述说是出现在观众临走时在留言簿上留下的文字里的：

我祖母有一个心脏起搏器。这次看到了它并明白了它是如何工作的，这让我真的理解了祖母究竟是怎样熬过来的。（观众临走时的留言，第二册。）

真是难以置信！我十岁的时候曾经做过一次心脏手术。现在差不多三十年过去了，我才知道在自己身上发生了什么，我才知道自己这条命多亏了科学以及人类对知识的渴求。非常感谢，这让我意识到了人类对知识的渴求以及你们为此付诸的努力。（观众临走时的留言，第二册。）

作为实物，这些塑化物非常具有震撼力而且“逼真”（Burns，2007；Walter，2004），因此它们能够以非常深刻的方式向观众述说某种东西。媒介是高度个人化的（而且同时还是独立超然的），因此各种各样的故事才能够喷薄而出，它们出现在会话中，甚至出现在留言里。鉴于这一点，在这一节，笔者把焦点主要集中在那些个人的述说上，但需要注意的是，这种媒介（塑化物）也以不同的秩序传递着各种各样的故事，告诉我们借助于技术方面的创新能够做些什么。这一点我们会在后面做进一步的讨论。

转置与普适性

当对“人体世界”的普适性进行讨论时，即就其不分种族、信仰或肤色这一特点进行讨论时，很明显的一点是我们都属于拥有肉身的人，因此也就自然而然地与这些经过塑化处理的人体有了联系。“人体世界”揭

示了我们共同拥有的人性(Walter，2004)。这是一个新出现的非常具有
震撼力的主题，就像沃姆·莱恩(Vom Lehn，2006，pp.242-243)所写
的那样："前来参观'人体世界'的人们是如何建构关于这些展品的意义
的呢？当我们看到他们站在自己的身体以及他人的身体的立场上来看待
这些展品的时候，就能够理解这个问题了。这些观众们发现，一项展品
的某一特定方面把他们转置到了自己的身体(或者与他们非常亲近的人
的身体)上，然后他们再根据发现的展品特征通过言语或书面的形式来
谈论自己或他人的身体。"很多人通过言语或书面的形式谈论自己的身
体，把塑化人体的特征转置到了自己的肉身生命以及肉身存在上(就像
上面讨论的那样，这种转置同时也是与个人叙事的讲述联系在一起的)。

> 我跟姊妹说，当我们走过这些展品，查看每件展品里面都有些
> 什么以及我们围观展品的这群人中每个人的身体里又都有些什么的
> 时候，我们所有人都有这些身体的器官与部件。它是我们自身的一
> 部分，尽管我们看不到。(对一位女士的访谈，行政管理人员，40～
> 49 岁。)

> 非常精彩的展览。现在我知道自己胰腺的样子了。希望它不要
> 像展品里面展示的那样痛苦。(观众临走时的留言，第二册。)

> 我儿子有脑震荡，看了这个展览，你就能够真正明白大脑是怎
> 么工作的了，你就能够说出脑震荡究竟是怎么回事。我自己的膝关
> 节有关节炎……这些展品总是能够让你在自己与它们之间建立起很
> 好的相互联系。(对一位男士的访谈，消防员/急救人员，40～
> 49 岁。)

> 我们正准备要孩子，这里有些地方真的值得好好看看，看看到
> 底是怎么回事……就比如像现在，我们在心理上倾向于多看与怀孕
> 有关的某些内容，看看怀孕到底是怎么回事。这是一件很酷的事。
> (对一对男女的访谈，男士是失业的机械师，30～39 岁，女士是护
> 士，30～39 岁。)

52

现在，我能看到自己伤在了哪儿。（观众临走时的留言，第二册。）

请看下面摘录的一段两个年幼孩子的话（一个男孩，一个女孩，均8岁左右），当时他们正透过玻璃罩观看吸烟者的肺、采煤工人的肺以及正常人的肺。

年幼男孩：那［指着吸烟者的肺］就是你妈妈的肺。

年幼女孩：才不是呢。她已经戒烟了。

年幼男孩：你确定？

年幼女孩：［无视他的疑问，言辞激烈地回答］不管怎么样，她的肺也没有这么糟糕。她的很正常。

在这里，我们就开始看到观众相互之间以及他们与媒介之间是如何互动以实现意义建构的了，而且还是以一种非常个人化的方式进行的。在后面的这个例子里，年幼女孩的反应非常激烈，说自己妈妈的肺"很正常"。就像沃姆·莱恩（Vom Lehn，2006，p. 235）所写的那样："在互动的过程中，他们（观众）看什么以及把看的东西与自己建立起相关是受这些展品的呈现情境支配与影响的。"这些互动行为可能源于下面一些因素：对展品某一方面的独有特征（如熏黑了的肺、胎儿等）的检验；观众的经验；他们之前掌握的有关于身体的医疗知识或者是外行知识，如疾病等；或者是其同伴做出的某些行为。他们会指向某一独有特征，回想过去发生的某件事情，借鉴亲戚朋友的经历；所有这些都有助于观众把塑化人体表现的东西转置到个人的身体状况、生活方式或习惯上去。

讯　息

健　康

"人体世界"传递的显性讯息之一就是促进健康。在兰特曼（Lantermann，2001)进行的一项研究中，对大规模观众调查进行的分析表明：53％的观众看起来会更加注意自己的身体健康。毫不奇怪，我们的数据分析（主要是访谈和留言卡）支持了这一研究结论。在我们的研究中，超过半数的观众积极参与了有关于如何照顾好自己身体的讨论，他们通常都决定要戒烟，要慢跑，或者是在饮食上加以注意。

哇，我的身体不是用来折腾的，不能根据想当然来对待自己的身体。做了很多不该做的事，过去亏欠自己的身体很多，现在补都补不回来。（对一对夫妇的访谈，他们20～29岁，均从事销售工作，而且都曾经入读过艺术学校。）

当我们看到这个三百磅的家伙时，女儿对我说："妈妈，我们要用健身器材锻炼了，而且一周要超过两次才行。"（对一对母女的访谈，母亲是护士，50～59岁，女儿是营养师，20～30岁。）

健康是我的第一要务，要停止吸烟，也不能再喝酒了，而且还要多锻炼！（观众临走时的留言，第二册。）

我和约翰会考虑戒烟……这次是认真的。（观众临走时的留言，第二册。）

很喜欢它["身体世界"]，令人叹为观止。让你想去好好保护自己的身体。（观众临走时的留言，第二册。）

我会尝试着去把烟戒掉！！我也是。我也是。我也是。是的，我要戒烟。（一系列观众临走时的留言。每一个人都是接着前一个人留言的，第一册。）

当然，人们的这些目的是不是真的达到了呢？这个问题并不是本研究能够决定的，也不能通过本研究对其进行推断。我们能说的是，"人体世界"看起来似乎激发了人们对健康问题的关注，让他们愿意为了健康而改变自己的个人习惯。

教育：教学与学习

创作者们或"人体世界"传递的另外一种显在讯息，便是告诉社会公众一些关于人体的知识，这是通过媒介自身以及与解剖学有关的交流活动进行的（通过面板上的文字、各种谈话以及与现场专家展开的对话等）。人体的构造都被做得清晰可见，展览的布置像是对人体的缅怀与纪念一样，没有接受过医学训练的人在这里也能够以各种不同的方式来看这些人体（Walter，2004）。在访谈过程中，绝大多数观众都谈到了这一展览背后承载的教育职能：

> 这个展览的首要目的就是要让社会公众对自然样式下的人体有所认识，好像他们［社会公众］以前从来都没有见到过这样的人体。（对一位男士及其朋友的访谈，该男士 20～29 岁。）

> 太令人惊叹了！这是一种不容错过的教育经历。（观众玛丽和迈克尔临走时的留言，第一册。）

> 作为运动治疗师，看到能够活动的肌肉和关节，这真的是太好了！这是非常了不起的学习手段。（观众珍、朱莉和凯瑟琳临走时的留言，第二册。）

> 这个展览真是不可思议！作为一名护理专业的学生，我对所有的解剖结构都有了了解，亲眼看到了它们在我的病人身上发挥的作用，快来看看吧！（安娜，观众临走时的留言，第二册。）

> 我喜欢它，因为我从中学到了比在学校里更多的东西。而且我真的知道了自己的身体里面究竟都包含着些什么。（观众临走时的留言，第二册。）

54　　围绕着观众在博物馆里究竟学到了些什么这一议题还存在着不少问题与挑战（Allen，2002；Falk & Dierking，2000；Pedretti，2006）。我们如何对观众在博物馆场景下学到的东西进行测量？所谓学习，又意味着什么？这些实物究竟是怎么激发学习的？学习在时序方面又是什么样子的？要想确定观众究竟学到了什么还存在着很多问题，鉴于这一点，研究小组并没有向观众询问这方面的问题。取而代之的做法是，我们对观众通过他们的谈话，以及与同伴、文本等之间进行的互动，对媒介做出的反应及对媒介进行的反思，充满了兴趣，事实上正是这些反应与反思支持并塑造了他们的意义建构。非常有意思的是，在对访谈数据以及数以千计的留言进行分析时，我们发现观众们的确谈到了"学习"——与人体的解剖结构、疾病、健康等话题有关。康纳（Connor，2007，pp. 860-861）写道："我们或许可以做出这样一个结论，即观看这些塑化物是一件充满了乐趣的事情，甚至还是一件鼓舞人心的事情，一句话，这是一件蔚为壮观的事情，这个时候，我们就有可能说学习真的是发生了。"很多人喜欢康纳的说法，但我认为只有观众才能够感知并确信自己是不是在学习。就目前而言，从短期的视角来看，这就已经足够了。

隐　秘

多数的观众都表达了对人体的美与复杂所持的欣赏态度（更多细节请参看前文"对人体的颂扬与赞美"）。这些留言常常夹杂着一些崇敬和敬畏的情绪，常与造物主或上帝的观念联系在一起。沃尔特（Walter，2004，p. 481）这样写道："换句话说，来参观'人体世界'的观众们发现了自己内心深处不为人知的隐秘王国。"展示人体的媒介全面展现了人体的复杂性与脆弱性，这让某些人产生了一些具有形而上学性质的疑问，即对我们的存在、我们的起源的追问：

如果有人曾经怀疑过上帝的存在，那么这个[展览]会改变他的想法。（观众临走时的留言，第一册。）

人的身体真的是非常神奇。肯定有上帝存在。（观众临走时的留言，第二册。）

非常感谢向我们展现上帝最令人叹为观止且美丽无匹的创造！（观众临走时的留言，第一册。）

在看过如此令人叹为观止的展陈后，还有谁会怀疑造物主的存在呢？（观众临走时的留言，第二册。）

有一部分受访者明确认为这些塑化物就是人，并且疑惑这些人的灵魂究竟去了哪里（也见 Walter，2004）。这些观众对生与死的反思更加深刻了，并且他们把灵魂归在那些"真"人身上：

我对这种活灵活现的人体展示是如此着迷与好奇。这将成为一段永远难以忘怀的经历。让我们继续珍惜自己的生命与身体吧，因为生命是如此短暂！我非常尊敬那些把遗体捐献给这一教育展览的人，正是因为他们，我们才能看到这些展品。祝愿这些人们的灵魂不灭且能够安息。感谢你们的捐献。（观众临走时的留言，第一册。）

我认为……他们引用这些话的目的……是为了不让[人]成为行尸走肉……而是要赋予人以灵魂。这就是我认为的他们引用这些话的目的。而且我觉得整个展览的环境都多少有些暗淡，也没有什么闪光灯。整个环境的氛围感觉起来就像殡仪馆一样。[这里]黑咕隆咚的，我觉得引用这些话是为了让人心里能够平静下来。这里的东西都是非常庄严肃穆的……他们打破常规的目的就是为了把灵魂附着在这些人身上。（对一位男士的访谈，该男士 20~29 岁。）

我们可以说冯·哈根斯在做的是一个世俗的化身，让前来参观的人不是尊崇上帝，而是尊崇人（Walter，2004）。对于某些观众来说，很明显的是，在参观这些人体时产生的迷恋与好奇开始逐渐变成了迷惘与敬畏："神性是由身体迄今为止一直都被诅咒的内心激发出来的。"（Walter，2004，p. 479）在这里，不但艺术与科学之间的界限模糊了，而且生与死之间的界限也模糊了。按照沃尔特（Walter，2004）的说法，"人体世界"的目的就是为了展现人类的光辉与荣耀。

张　力

博物馆里存在着各种各样的争议，这并不是什么新鲜事，如所有权的问题、拨给文物多少经费，等等，这些争议一直困扰着博物馆（Gurian，1999，Macdonald，1998；Pedretti，2002）。实际上，在展览自身的内容方面也存在着争议；比如"真理的问题"（A Question of Truth）、"暗色水域：石油泄漏简介"和"艾诺拉·盖号轰炸机（Enola Gay）"，等等，不一而足。像这样的一些展览通常都把焦点放在一些非常复杂的议题上（诸如原油泄漏或再生技术等），这些议题都还没有明确的解决之道（Bradburne，1998；Mintz，1995；Pedretti，2002）。从这些议题自身的本质来讲，它们都掺杂着情感与政治的因素，因此要求观众以一种不同类型的方式在理智上对其做出回应。但在"人体世界与心的故事"中，存在的却是另外一种截然不同的争议。在这个展览中隐含的一些基本讯息（如照顾好自己的心脏）都相当的简单而且直截了当——几乎没有人会反对（尽管相信这一讯息并不必然意味着要采取切实的行动，比如避免患上心血管疾病）。这个展览几乎没有产生什么认识论方面的争论。真正处于争议旋涡中心的是媒介（人体塑化物）。正是这些媒介引起了一系列不同意见的出现，有人觉得它令人反胃，有人则觉得它很好。有些人针对这些媒介提出了一系列本体论、形而上学以及伦理学等方面的议题，这些议题都与这些人在个人、文化、社会或宗教等方面所持的信念或信仰有着密切联系。在这一节，笔者将对其中的两种张力进行讨论，这两种张力在很多观众身上都有所体现，一种张力是感受不一致，这是主要的，另外一种张力则是如何呈现［再现］的问题。

感受不一致

有的观众在参观展览的过程中同时产生了两种不同的情感体验，一种是觉得有意思，另外一种则是觉得反胃。有个人这样写道："这很有趣，但同时也令人不舒服，感觉怪怪的。"（观众临走时的留言，第一册。）另外一位和家人一起来参观的女士则这样写道："我七岁的女儿觉得它太酷了。我九岁的儿子则认为它很糟糕，令人毛骨悚然。而我的感

56

受则是印象深刻。这些模型是如何保持平衡的？那个胎儿的展品让我觉得很难过。总的来说，这是一个很不错的展览。"（观众临走时的留言，第二册。）其他一些留言则包括：

> 我觉得它令人不安，但同时又觉得它很棒。（观众临走时的留言，第二册。）

> 一开始看到一个人的身体被暴露出来觉得不自在，不过接下来便感受到了个中真味。（观众临走时的留言，第二册。）

> 非常令人着迷，但同时也让人感到不安。我觉得最后的那对永恒的拥抱在现实生活中根本就不可能遇到。（观众临走时的留言，第二册。）

> 非常酷，然而同时也有些令人不安！（观众临走时的留言，第一册。）

> 令人毛骨悚然，绝对的，但同时也令人叹为观止！（观众临走时的留言，第一册。）

毫不奇怪，绝大多数不一致的感受都集中在媒介身上——对这些塑化物一方面觉得好奇，另一方面又觉得反感。在这些留言中，对讯息的感受与对媒介的感受不一致的情况则相对比较少见。（如"令人反胃，但同时也具有教育意义"，观众临走时的留言，第一册。）通常情况下，之所以产生不一致的感受，源于在媒介、讯息与观众之间存在着一种强大的相互关系，另外也与展品唤起观众强烈情感反应的能力有关。观众对塑化物的态度可以说是欲拒还迎，既在心里有一种排斥的情绪，同时又充满了好奇，既想看一看里面究竟有什么，想看一看他们"内在的自我"究竟是什么样，同时又觉得这个展览有些地方可能"不对劲"。观众这种相互矛盾的感受是"争议型"展览的显著标志之一（Mintz，1995；Pedretti，2002）。正如前面提到的那样，"人体世界"引起了很大争议，人们对应不应该把捐献的人体用来做公开展示各执己见。在下面这一部分，我们会对这个问题做更多讨论。

呈现[再现]的方式

我们要强调的第二种张力就是如何对人体进行呈现[再现]的问题。回想一下，很多人体塑化物都栩栩如生——有滑冰的，有滑雪的，有跑步跨栏的，有跳舞的，等等。按照沃尔特（Walter，2004，p. 469）的说法，"前来参观的人要么是非常喜欢这些看起来栩栩如生的姿势造型，觉得它们太有创意了，要么就是被这些造型吓到了。与此同时，这些展品还变得越来越有异国情调，因为技术手段在不断进步，为新的创作提供了可能，冯·哈根斯的团队非常具有创造性，他们梦想着让这些造型变得更精彩绝伦。"观众们的这一系列反应在本研究中同样也有所体现：

> 我很喜欢把这些人体按照运动的姿势进行排列，这样就可以让我们能够看到器官与肌肉的组成。这真是一种非常有意思的科学经历（观众临走时的留言，第二册。）

> 真是令人难以置信，这些展品不但富有知识性，而且还富有审美价值，它们通过各种视觉手段或通过引用一些名人名言把解剖学、艺术与人的因素结合在了一起。非常感谢你们的工作，感谢你们的这些展示。（观众临走时的留言，第二册。）

> 这些展品对人体的再现，教科书是做不到的。令人叹为观止的艺术！（观众临走时的留言，第一册。）57

也有一些相对不那么积极与正面的评论：

> 这个展览非常有意思，但也存在着一些问题……曲棍球、溜冰鞋摆放的位置……绝对是错误的。人不是拿来作秀的，他们是需要被尊重的。这种做法虽然漂亮，但很不好。（观众临走时的留言，第二册。）

在最后那个展品［拥抱］中，两个人并排着在一起，当看到他们在一个如此亲密的位置上和一个陌生的人拥抱在一起，而且直到永远，你能想象得到他们究竟在想些什么吗？（观众临走时的留言，第二册。）

我们再次看到了媒介或实物拥有的巨大力量，再次看到了它们与观众之间的关系是多么的复杂。霍伊内曼·古瑞安（Heumann Gurian，1999）认为，只有拥有艺术家的敏感才能够创作出这样的形象（或姿势）；这是一种艺术性的再现。然而，观众怎么看这些展品取决于他/她自己的知识背景，及其接受的美学、伦理或文化价值观与信念。对于某些人来说，这些姿势非常美妙，但对于另外一些人而言，则会觉得令人不安和不自然。

这些"再现"不可避免地会带来这样一些问题，那就是在博物馆里展览什么东西才是可能的？才是恰当的？麦克唐纳（Macdonald，1998，p.19）认为，博物馆展陈就是"那些能够让社会公众对科学知识进行界定的东西，就是能够用科学与技术在文化层面上对种族、国家、进步和现代性等进行权威阐述的东西"。"人体世界"的确向我们阐述了进步与现代性（正是塑化处理这一技术创新让对人体的保存成为可能），但同时也提出了一些伦理方面的问题。回想一下麦克卢汉（McLuhan，1964）说过的话吧。他认为任何媒介对个人和社会的任何影响，都是由于新的尺度产生的；我们的任何一种延伸（"人体世界"就代表了我们自己在生与死方面的终极延伸），或者说任何一种新的技术（塑化处理过程），都要在外面的事物中引入一种新的尺度。尽管有些事情我们可以做得到，但是不是说就应该去做呢？我们是不是应该把这些遗体/实物展示出来，供公共参观消费呢（同时还会产生大量利润回报）？不可避免的是，有人就会问："人体世界"是不是把死亡也商品化了？

对于一少部分人来说，媒介以及与之相伴的表征，的确被证明是非常有问题的。他们认为这是对人体的不尊重，在对待死亡的问题上不严肃。对于这些观众来说，塑化物突破了界限，这在以前是他们从来没有遇到过的事情，让人觉得不舒服。观众的反应有以下这些：

> 我觉得它不错，但我并不认为就应该使用真人。如果他们要接受塑化处理，为什么不一开始就用塑料来代替呢？（观众临走时的留言，第二册。）

> 我的姐妹们现在争论不休，"我该去？不该去？"她们不想来看。我妈妈告诉我"那非常恶心，为什么会有人去看呢？"专门跑到一个地方去看尸体？她觉得不能理解。（对一位女士和一位男士进行的访谈，该女士 30～39 岁，职业为危急医疗护理；该男士 30～39 岁，工作是驱逐扰民的野生动物（wildlife removal）。）

> 我兄弟不会到这里来。绝对不会。他就是接受不了。我觉得他 ‍58
> 不喜欢自己的脑子里一天到晚地充满着骨骼、静脉和内脏这些玩意。（对一位女士和一位男士的访谈，女士 20～29 岁，男士 20～29 岁，均从事销售行业。）

此前，笔者曾引用了一位机修工的话，他觉得这个展览的"氛围"就像是殡仪馆。就像康纳（Connor，2007）问到的那样，我们怎么就变成了 21 世纪的"尸体搬运工"了呢？我们是打破了有关于死亡的各种禁忌吗？还是仅仅只是耍花样，在哗众取宠？要不就是为了赚钱？然而，最后我们不能否认的是：全世界数以百万计的人"跋山涉水，蜂拥而至，就是为了一睹保持着定格姿势的尸体的风采"，"这事情的背后肯定不那么简单"（Connor，2007，p. 860）。人们显然是对表面背后的东西感兴趣。就像汉隆（Hanlon，2003，p. 52）所说的那样："以美学而且环保无味（不含甲醛）的方式来呈现这些已经死亡的人体的美丽之处，这让我们把死亡从医院的尸柜里解放了出来，并且以物化的方式使其作为了人一生命运的一部分。"

启示与结论

本章的目的是要从讯息、媒介、实物与意义等角度出发，来探索观众究竟是如何解读"人体世界"的。在这一过程中，我们究竟对媒介、讯息及参观"人体世界"的人之间的关系有了多少认识？这对科学中心与博物馆来说又有什么启示？

第一，值得注意的是：从很多方面来看，"人体世界"是对一种传统的回归，即通过各种现象或内容，如"奥妙科学"或"奇观房"等来展现科学，这种传统曾经是科学中心与科学博物馆的标志（Pedretti，2002）。尽管在技术上有创新，而且"从媒介的角度看存在很大争议"，但这个展览还是展现了很多传统解剖展览才有的要素（Walter，2004，p. 467）。从本质上讲，这是一个"实物型"展览，而且在很大程度上还有教育方面的目的（Wellington，1998）；这个展览，就是让社会公众对人体有所认识。同时，这些实物的确也发挥着媒介的作用，吸引着人们的目光，甚至在某种程度上还很煽情。这些塑化物就是媒介（或实物），在很多方面都发挥了作用，观众也对它们做出了不同的反应。回忆一下麦克卢汉的著作，我们就不得不问：像这样一种技术创新（比如塑化处理技术），像这样一种物化处理方式，对个人和社会究竟产生了什么样的影响呢？我们的确需要认真思考使用媒介和/或实物究竟要达到什么样的目的？应该如何使用，为什么要使用（为了教学？为了教育？为了震撼人心？为了让人感兴趣？还是为了哗众取宠？）？另外还有一个终极问题，那就是这些媒介和/或实物与观众之间究竟是一种什么样的关系？在当代的科学中心里，是不是还有"实物"的一席之地？如果有，什么样的实物才是恰当的？谁来决定它恰不恰当？这些实物会产生哪些可能的影响？

第二，媒介或实物身上有这样一种能力，那就是能够与观众之间建立起一种具有反思性质的关系（Vom Lehn，2006，p. 237）。当人们参观这些塑化物时，他们通常会开始思考自己的身体、健康与生活方式。他们会吸收和借鉴先前已经掌握的知识，而且还可能会想起家人或朋友的健康问题或他们采取的医疗步骤。绝大多数的人都会把展览里面的真实人体与展览之外的真实人体建立起联系。这里讲的其实是讯息、媒介（参见 McLuhan，1964）与观众三者之间的一种共生关系。要产生一种具有反思性质的共生关系，需要非常强大的能力，这种能力的存在揭示了讯息与媒介二者之间的整体性。在另外一些地方，笔者还提出过反思与反身性发挥着核心的作用（Pedretti，2004）。在参观像"人体世界"这样的展览时，反身性（以及相互不一致）能够为观众创造出非常强有力的学习机会。

第三，媒介的选择（不管其意图是明示还是暗示）会向观众提出一些本体论与形而上学方面的问题（如可以参见 Macdonald，1998；Pedretti，McLaughlin，Macdonald & Gitari，2001）。在"人体世界"中，这方面的问题主要涉及我们的存在，既包括身体上的存在，也包括精神上的存在。按照沃姆·莱恩（Vom Lehn，2003，p. 227）的说法："现在有一个不大但却一直在发展的研究语料库，这个语料库已经把注意力放在了身体行为的存在预设上，试图破解身体是如何存在于这个世界的。"这些都是需要在公开论坛上探讨和解决的难题，而观众在科学中心里对此做出的本体论反应也多少有些不同寻常。但是，它提出了一些有意思的问题，涉及有争议的展览的本质究竟是什么，实物、主体（观众）和我们于世界中的存在三者之间究竟是一种什么关系，博物馆如何才能够为观众获得经验做好准备并提供支架，而且还是从文化、社会、伦理和美学规范相互结合的角度出发。

第四，叙述对于观众获得经验来说具有举足轻重的重要地位。在一般情况下，我们可以认为，观众的叙述可以让主题变得更加个人化，并唤起他们的情绪，激起他们的对话与辩论，促进他们反思，这有助于展现他们究竟获得了什么样的经验（Pedretti，2003；2004）。就像艾伦（Allen，2002）所说的那样，对于对观众的经验进行解读来说，叙事是一种非常强大的动力。观众们叙述的出现源于讯息、媒介与观众本身三者之间的相互作用；（由讯息、媒介或观众）产生的这些叙述所属的类型，对于理解观众的意义建构来说非常关键。例如，有关于病痛的叙述——在"人体世界"中很多叙述都是关于病痛的——是不是属于勇敢抗击病痛的？是不是属于后悔莫及的？与此同时，实物也能够告诉我们一些事情，因此还应该把注意力放在这些叙事究竟是如何建构的、如何传递的，以及接手的人是谁等问题上。另外还有，科学中心究竟应该如何来对待这些不同的叙事？更进一步的还有，这些不同的叙述（它们由观众产生，或通过展陈被传递出来）是如何影响观众的？

总而言之，我们希望这项研究能够揭示观众是如何对意义进行建构的，特别是在展览已经获得了社会公众关注这样一种情境下。具体而言，本项研究是围绕媒介与讯息进行的，这些媒介与讯息是协同发挥作用的，它们共同提供了一种潜在有用的启发式框架，有助于我们理解和认识观众的经验。事实上，在"人体世界"这个展览中，媒介就是讯息，观众的反应源自文化、经验、观念、人工制品、文本、与他人的社会性互动等多重因素错综复杂的交织。

60　　　致谢：特别感谢我的研究生米歇尔·杜贝克（Michelle Dubek）和苏珊·贾格尔（Susan Jagger）在本项目中提供的帮助；他们收集数据，帮助我对数据进行解读。另外，我还要感谢社会科学与人文研究委员会，感谢他们为本研究提供的资助（Grant ♯482799）。

参考文献

Allen，S.（1998）. Sociocultural theory in museums：Insights and suggestions. *Journal of Museum Education*，22(2&3)，8-9.

Allen，S.（2002）. Looking for learning in visitor talk：A methodological exploration. In G. Leinhardt，K. Crowley & K. Knutson（Eds.），*Learning conversations in museums*（pp. 259-303）. Mahwah，JN：Lawrence Erlbaum Associates.

Barilan，Y. M.（2006）. Body Worlds and the ethics of using human remains：A preliminary discussion. *Bioethics*，20(5)，233-247.

Bradburne, J. M. (1998). Dinosaurs and white elephants: The science centre in the 21st century. *Museum Management and Curatorship*, 17(2), 119-137.

Burns, L. (2007). Gunther von Hagens' Body Worlds: Selling Beautiful Education. *The American Journal of Bioethics a Job*, 7(4), 12-23.

Conn, S. (2010). *Do museums still need objects?* Philadelphia: University of Pennsylvania Press.

Connor, J. T. H. (2007). Exhibit Essay Review: "Faux Reality" show? The Body Worlds phenomenon and its reinvention of anatomical *Bulletin of History and Medicine*. 81, 848-865.

Charmaz, K. & Paterniti, D. A. (1998). *Health, Illness, and Healing: Society, Social Context, and Self: an Anthology.* Los Angeles: Roxbury Publishing Company.

Cresswell, J. W. (1998). *Qualitative Inquiry and Research Design: Choosing Among Five Traditions*, Sage, housand Oaks, CA.

Davidsson, E. & Jakobsson, A. (2007). Different images of science at Nordic science centres. *International Journal of Science Education*, 29(10), 1229-1244.

Falk, J. & Dierking, L. (2000). *Learning from museums. Visitor experiences and the making of meaning.* New York: Altamira Press.

Fischer, U. 2005. When death goes on display. In G. von Hagens (Eds.) *Body Worlds: The anatomical exhibition of real human bodies.* Heidelberg, GER: Institute for Plastination.

Heumann Gurian, E. (2004). What is the object of this exercise? A meandering exploration of the many meanings of objects in museums. In G. Anderson (Eds.) *Reinventing the Museum, Historical and contemporary perspectives on the paradigm shift*, (pp. 269-283). New York: Altimara Press.

Hanlon, V. (2003). *Body Worlds.* ECMAJ 169, 52.

Krippendorff, K. (1998). *Content analyses: An introduction to its methodology.* Beverly Hills: Sage.

Leiberich, P., Loew, T., Tritt, K., Lahmann, C. & Nickel, M. (2006). *Body Worlds exhibition-Visitor attitudes and emotions.* Annals of Anatomy, 188. 567-573.

Livingstone, P., Pedretti, E. & Soren, B. (2001). Visitor comments and the socio-cultural context of science: Public perceptions and the exhibition, A Question of Truth. *Museum Management and Curatorship*, 19(4), 355-369.

Macdonald, S. (1998). *The politics of display: Museums, science, culture.* New York: Routledge.

Macdonald, S. (2005). Accessing audiences: visiting visitor books. *Museum and Society*, 3(3), 119-136.

61   McLuhan, M. (1964). *Understanding media: The extensions of man.* New York: McGraw Hill.

Mintz, A. (1995). *Communicating controversy: Science museums and issues education.* Washington, DC: Association of Science-Technology Centers.

Moore, C., Brown, C. (2006). Experiencing Body Worlds: Voyeurism, education or enlightenment? *Journal of Med Humanity*, 28, 231-254.

Pearce, S. (1996). *Exploring science in museums.* London: Athlone Press.

Pedretti, E. (2002). T. Kuhn meets T. Rex: Critical conversations and new directions in science centres and museums. *Studies in Science Education*, 37, 1-42.

Pedretti, E. (2004). Perspectives on learning through research on critical issues-based science centre exhibitions. *Science Education*, 88(1), S34-S47.

Pedretti, E., McLaughlin, H., Macdonald, R. & Gitari, W. (2001). Visitor perspectives on the nature and practice of science: Challenging beliefs through A Question of Truth. *Canadian Journal of Science, Technology and Mathematics Education*, 1(4), 399-418.

Pedretti, E. & Soren, B. (2003). A question of truth: A cacophony of visitor voices. *Journal of Museum Education*, 28(3), 17-20.

Schauble, L., Leinhardt, G. & Martin. L. (1997). A framework for organizing a cumulative research agenda in informal learning contexts. *Journal of Museum Education*, 22, 3-8.

Stake, R. E. (2005). Qualitative Case Studies. *Handbook of Qualitative Research*, (pp. 435-454). Thousand Oaks, CA: Sage.

Vom Lehn, D. (2006). The body as interactive display: Examining bodies in a public exhibition. *Sociology of Health & Illness*, 28(2), 223-251.

Von Hagens, G. (2002). Anatomy and plastination. In Von Hagens, G. and Whalley, A. (Eds.) *Discover the mysteries under your skin. Gunther von Hagens' Body Worlds. The Anatomical Exhibition of Real Human Bodies. Catalogue of the Exhibition.* Heidelberg: Institute fur Plastination.

Walter, (2004). Body Worlds: Clinical detachment and anatomical awe. *Sociology of Health and Illness.* 26(4), 464-488.

Wellington, J. J. (1998). Interactive science centres and science education. *Croner's Heads of Science Bulletin*, 16, Surrey: Croner Publications Ltd.

第四章

水族馆触摸箱前的家庭深度参与：
对互动活动与学习潜力的探索

肖恩·罗韦[①]，詹姆斯·克兹尔[②]

导　论

可以获得触摸动物的体验，即观众接触、抚摸活的动物或者是给活 63
的动物喂食，是各种面向社会公众开放的、非正式的科学场所，如水族
馆、动物园、科学中心以及其他类似单位共有的一个特征。面向社会公
众开放的水族馆，不管规模大小，几乎都配有触摸箱，而且把触摸箱作
为实现其教育功能不可或缺的一部分。他们投入了大量人力物力来运行
和维持这些极为流行的展览或项目。水族馆之所以有这种投入，是源于
这样一种信念，那就是通过与动物进行接触或互动获得的体验是独一无
二的，它可以增进人们对动物的关爱以及对动物习性的关心，从而唤醒
其保护动物的意识。有研究已经表明，对于学习科学来说，这些展览可
以提供一种非常丰富的环境（Ash，2003；Ash，et al.，2008），但观众在具
有互动性的展览中究竟是如何与活的动物进行互动的呢？相关研究仍很

---

①　Shawn Rowe, Oregon State University, US, 肖恩·罗韦，俄勒冈州立大学，美国.

②　James Kisiel, California State University, US, 詹姆斯·克兹尔，加利福尼亚州立大学，
美国.

有限。与此形成鲜明对比的是，在美国，现在对在具有互动性的科学展览中发生的学习与互动进行的研究日益增多（如 Allen，2004；Borun，Chambers & Cleghorn，1996；Gutwill & Allen，2010），同时也有越来越多的努力被付诸证明人们在动物园和水族馆中获得的体验具有整体价值（如 Falk，et al.，2007；Fraser & Sickler，2009）。（图 4-1）

图 4-1　触摸箱前的观众

（注：这些触摸箱里盛有太平洋沿岸的各种无脊椎动物）

　　我们努力的方向之一，就是要明确前来参观水族馆的家庭在参观触摸箱时，在互动方面究竟有哪些常见的套路。这项工作是建立在非常丰富的数据基础之上的，我们进行了四十一次观察并对其进行了记录（通过视频和音频），另外还进行了一些简单的小组访谈，本章对此进行了描述。① 我们的分析表明：存在着几种截然不同而且有时候还会周而复始出现的套路，这些套路混合在一起，构成了观众的一系列行动与会话。我们特别把焦点集中在那些最具有普遍性的套路上，这些套路涉及如何与动物进行接触，以及在与动物接触后表现出来的一系列行为，我们把其称为"情况汇报"（debrief）。就像下面将会描述的那样，这种情况汇报经常出现。综合各种数据，我们对这种情况汇报是如何导致了另外一些活动出现的进行了考察，并追问了这样一个问题，即这种情况汇报

64

① 本项目(项目号 R/IEd–10)受"俄勒冈海洋研究计划"［项目编号：NA06OAR4170010］部分资助。"俄勒冈海洋研究计划"来源于美国商务部国家海洋与大气管理局的"国家海洋研究学院计划"。另外，本项目还受到了俄勒冈州议会的拨款资助。本文反映了作者的观点，但并不代表资助方的观点。

解读科学中心与博物馆中的互动——走向社会文化视角

是否会导致观众家庭的互动活动有所不同，它是不是有可能会让观众的家庭互动变得相对不是那么强烈。在本章，我们详尽描述了"接触—汇报"这种互动活动的几个变量，并把焦点置于汇报在促进更多种不同类型的其他互动活动上发挥的作用上。接下来，我们讨论的则是：对于在这些场景下促进诸如此类的套路的展开，进而促进特定类型的学习的发生来说，情况汇报可能意味着什么。

研究的基本架构

我们使用社会文化或文化历史方法作为分析的基本架构（Vygotsky，1987；Luria，1982；Wertsch，1985），以对真实场景下的学习进行探索；现在诸如此类的研究方法越来越常见，因为与非正式或自主学习相关的各种研究声势越来越大（Phipps，2010）。就像本书中很多作者在他们的文章中表明的那样，这一社会文化方法关注的核心问题是探索语言、活动、实物，甚至是活的动物究竟是如何成为行为组织、沟通交流乃至最为终极的心智思维工具的（Rowe & Wertsch，2002；Rowe & Bachman，2011）。例如，我们可以把观众在触摸箱前进行的接触活动视为一种中介，这种中介能够为一家人在展品前获得的体验提供支持。这些接触活动的基本套路具有普遍性，这些活动在触摸箱前的绝大多数互动活动中都能够看得见，和其他一些互动活动的基本套路一样，它也可以被作为一种文化工具（或中介手段）进行分析，这种文化工具不但架构了人们相互之间的沟通与交流，而且还架构了他们其后的思维活动。

从社会文化的视角来看，学习与发展的发生是人深度参与到具有社会意义的各种互动活动中导致的结果。各种物理或心理工具为这些具有社会意义的互动活动提供了支持，这些物理或心理工具包括各种实物（在本案例中还包括活的动物）及符号（主要是语言，但并不仅限于语言）等。在本项目中，我们把观众家庭在触摸箱前展开的各种互动活动视为"中介行动"的样例(Wertsch，1998)。中介行动是一种特殊的社会文化方法，其目的在于践行维果茨基学派所持的学习研究观念，即所有的思维都是由各种符号系统径直提供中介支持的。它承认社会文化方法的任务就是"彰显人的行动与这种行动所处的文化、制度和历史情境之间的关系"(Wertsch，1998，p. 24)。中介行动与其说是一种学习理论，毋宁说是一种分析框架。从本质上讲，在中介行动这一分析框架内，可以综合应用多种数据收集的方法以及解释性的理论，传统的学习研究是基于个体的心理的叙述，而该分析框架试图超越传统的学科限制。就像沃茨奇(Wertsch，1998)所讲的那样，采用中介行动的研究方法，既可以帮助我们避免个体主义描述存在的各种陷阱，同时又有助于我们避免对学习进行社会决定论的描述。通过把分析的焦点从个体心理或社会组织与环境

65 转向个体与群体在特殊的真实情境中对特定交流与思维工具的使用，中介行动这一研究方法把焦点既置于作为学习者与行动者的个体之上，同时又置于塑造了他们这些行动的社会、文化与历史情境之上(Wertsch，1998)。在这一过程中，它有助于阐明个体心智机能与塑造了这种心智机能的文化、制度和历史情境之间的联系。

从中介行动这一观点来看，一个家庭在触摸箱前展开的互动涉及多重参与主体(家庭成员或团队成员、工作人员等)。这些参与主体使用的是各种不同的沟通与思维工具(诸如触摸的方式、使用的语言与手势、述说的方式抑或各种助记装置等)，实现的是不同的目的(诸如玩乐、学习或保护动物)，所处的是不同环境，具体来说包括组织环境(水族馆或博物馆)、制度环境(家庭、教育)、文化环境(闲暇时间)和历史环境(21世纪初)等。对本研究来说，这种对学习进行探索的方式认为学习发生在各种不同的参与主体、工具与环境中，因此我们需要探索的问题是：这些语言和互动方面的套路是如何为深度参与提供中介支持的。使用这些套路的既有博物馆的讲解员，也有各种印刷形式的材料(包括标识与标记)，还有观众自己。这些观众与触摸箱之间的深层互动要么是一个人独自进行的(其间也会有与博物馆讲解员的交谈，或者是去阅读某一个标识或标

记），要么就是作为一个小规模团队中的一分子和其他人一起进行的。此外，为了最大程度地发挥我们对其所处的情境进行理解的能力，本研究的所有数据都是在真实情境下获得的，这一点在下面会有所描述。

数据收集与分析

本次研究所依据的数据语料库来自美国西海岸四家面向社会公众开放的水族馆，这些数据语料库是进行分析的基础。这四家水族馆在入馆费用（免费还是收费）、使命、规模大小、工作人员配置以及参观对象等方面均表现出了不同特征。这四家水族馆配备的触摸箱展品在尺寸大小、基本结构、动物类型（脊椎动物或无脊椎动物）以及是否有相关的讲解员/工作人员为参观提供中介支持等方面也各不相同。总之，这四家水族馆配备的触摸箱在美国西海岸地区的水族馆中具有普遍的代表性，可以作为研究的样本。

本项研究针对的是家庭群组，因为他们在前来参观触摸箱这些展品的观众中占有很大比例。参与者均是从跨代群组中选择的，即参与者所属的家庭群组在前来参观触摸箱展品时至少要有一位成年人和一个孩子。与触摸箱进行的互动往往都发生在非常拥挤或嘈杂的空间环境中，为了抓住互动的丰富细节，我们为参与本研究的家庭群组成员（四家水族馆共有四十一个家庭群组参与）配备了两个无线领夹式麦克风（其信号可以被输入数码摄像机中）以及一个数字音频录音机。参加者参观触摸箱的整个过程都会被以音频与视频的方式录制下来。尽管并不是所有参加者都配备有麦克风，特别是在两人以上的群组中更是如此，但我们给他们配备的多重设备还是可以有效地把群组内所有家庭成员之间的对话以及家庭成员与博物馆讲解员之间的对话捕捉到。①

---

① 本文作者要感谢斯蒂芬妮·巴罗恩（Stephanie Barone），塔玛拉·加尔万（Tamara Galvan），凯蒂·吉莱斯皮（Katie Gillespie），艾米·戈查尔克-斯坦（Amy Gotshalk-Stine），查尔斯·科普查克（Charles Kopczak），迈克尔·刘（Michael Liu）以及梅兰妮·瓦尔塔贝迪扬（Melanie Vartabedian）在数据收集、转录与分析方面所做的工作。

我们对这些数据集在不同层面上进行了分析，对视频数据的分析是按照一个迭代式的编码程序进行的，这套编码程序包括了好几"层"的分析。我们在本研究中使用的分析程序和阿什（Ash，2003；Ash，et al.，2008）与罗韦（Rowe，2011）等人曾经使用的分析程序差不多，先是对数据进行初步转录，这种未经过加工的转录展现了视频中录制下来的活动的整个过程。我们使用 Transana 对转录的数据进行处理，这是一款"开源的转录与分析软件，可以对音频和视频数据进行转录与分析"。每一个视频都被切分成几段，这种切分基本上是按照视频中录制的活动的变化与发展来进行的。如果有必要，我们还会为切分出来的每一段视频进行更为详尽的转录处理。我们使用时间编码把这些转录出来的东西与切分的视频片段进行联结，并且直接用编码对转录出来的结果进行标记。

编码这项工作本身也是按照一种迭代式过程进行的，在这个过程中要先做出来一个编码本，而构成这个编码本的编码来自对这些视频本身的观看与编码（Goldman，et al.，2007；Lincoln & Guba，1985）。编码本最终包括了五十八个编码，这五十八个编码都有相应的说明与范例。三位研究人员负责对所有数据进行编码，他们会定期会面，对编码进行明确，对编码本进行扩充，并就如何对编码进行解读达成基本的一致意见。在第一轮分析中，我们应用编码对切分出来的视频进行分析，并把家庭而不是个体作为基本的分析单元。从本质上来讲，这意味着对行动与交谈进行的编码不是与家庭的个别成员联系在一起的，因此对一段特定视频的标记，只有"有"或"无"两种结果。

触摸箱前的动物接触

观众家庭群组在与触摸箱进行接触的过程中，深度参与了一系列活动，在我们的研究样本中，这些活动持续的时间为五分钟到二十多分钟。通常的活动包括指指点点、扫视浏览、展示示范、大声朗读、与工作人员互动、搜寻信息等，当然还包括触摸。超过四分之三的活动编码

解读科学中心与博物馆中的互动——走向社会文化视角

含有交谈，这意味着触摸箱这一场景为家庭成员之间的讨论提供了一种非常丰富的体验。因此，触摸箱可以被视为一种"家庭友好型"的展品，它可以让多个用户参与触摸，而且它提供的互动不但非常复杂还非常有趣，可以吸引各种各样的学习者，并促进群组展开讨论（Borun & Dritsas，1997）。我们对这些片段进行的第一轮宏观层面上的分析，揭示了存在于所有四家水族馆中的几种常见的交谈类型。它们包括：引导别人的活动（如鼓励别人去触摸，不厌其烦地提供指导）；指这指那（"看那个大的！"）；询问名字（"那个紫色的叫什么？"）；反复讲述（"他们说，那些东西吃海带。"），等等。当然，还有一种类型，那就是提问与回答。很多交谈从本质上讲都是描述性的——家庭群组中的成员只不过是在向所在群组（甚至其他家庭群组）的其他成员描述他们看到或感受到的东西而已。提问通常是一种对体验进行分享（"你感觉到那个了吗？"）或者是对参与进行明确抑或是对秩序进行维持（"你能碰那个了吗？"）的手段。与科学内容相关的提问也可以被观察到，这种类型的提问通常与动物的行为或生理，以及如何对其进行识别（如如何命名）有关。这些展品前展开的交谈，还有一种非常重要的类型，那就是一再重复地讲。比如在每一个触摸箱前，工作人员或讲解员都要不厌其烦地讲怎么保护动物物种，然后三番五次地提醒观众如何去小心地触摸动物，在有些情况下，如果动物不能被触摸的话，还要提醒他们不要去触摸。

迄今为止，数目最多的一种活动就是触摸了。在我们的第一轮分析中，有八个编码是关于触摸的，涉及触摸这一行动的各个方面，从准备去触摸（如俯着身体伸出手臂，等着游动的鲨鱼游到能够得着的地方），到摸到了之后的欢呼（"我摸到它啦！哇，太好了！"）。这些编码在分析中占据着主导地位。我们在上面曾经简单描述过的，科学实践中出现的所有这些交谈、观察与深度参与，都是发生在这样一种场景之中的，即与活的动物进行接触，看别人与活的动物进行接触，或者是鼓动别人去接触这些动物。在每一段视频中，都有家庭中的某位成员接触到一只或一只以上的动物，甚至在有些情况下，每一分钟的视频里都有接触发生。

67

这并不令人感到奇怪，因为这种情形在事先就被界定为只要有人触摸就可以（尽管在四家水族馆中，只有一家明确指出触摸的必须是触摸箱）。

就像前面已经提到的那样，在工作人员与前来参观的家庭进行的交谈中，很多都是把焦点放在如何触摸上面的；同样地，来自家庭成员的反馈也是如此。罗戈夫（Rogoff, et al., 2003）曾经提出过"通过有目的的参与来学习"，作为"通过有目的的参与来学习"的一部分，前来参观的家庭也花费了很多精力在孩子身上，他们年龄太小，要是没有得到相应的帮助，就没有办法与动物进行接触，也就不能就接触展开讨论。大人常常是抱着还在学步的孩子靠在触摸箱的边缘，这样他们就能够看到箱子里面的动物了。一般来说，大人会教孩子把手放到水里，让他们自己控制自己的动作，这样一来就能够使其"感觉"到动物、石头或者是水。[阿什等人也曾经在他们的研究中描述过非常年幼的孩子与之类似的深度参与活动。（Ash, et al., 2008）]向孩子提出的问题都是关于体验的，如有一位妈妈用吊带在胸前托着孩子，以使其能够摸得着海胆。当看到孩子的眼睛盯着她手部的动作看时，这位妈妈问孩子："你觉得它怎么样，怀亚特？"在另外一个例子中，一位爸爸抱着孩子，让孩子把一只手放在触摸箱上，爸爸用一只手触摸着动物，然后说："看看这个，有一条鱼在这里呢，你能看到吗？你能看到吗？哦，它软软的。"孩子看着爸爸的手在动，但并没有自己动手去摸触摸箱。

因此，触摸成为家庭深度参与的主要活动。与此同时，需要注意的是，并不是每一位参加者都会有与动物进行接触的活动。在一种"合法的边缘性参与"中（Lave & Wenger, 1991），有些家庭成员是指导别人去与动物进行接触的，看别人与动物进行接触，观察别人在与动物进行接触时会发生什么事情，甚至与他们就与动物进行接触的感觉，以及这些动物被触摸时是如何做出反应的等问题展开讨论，但他们自己却并没有与任何动物进行过接触。在有些例子中，大人自己也表现出对触摸动物没兴趣，但却鼓励孩子这么做。有一个例子，一位妈妈鼓励自己的女儿去触摸动物，并问她摸到了什么，但当女儿说她摸到了一条鱼时，妈妈却只是紧张地笑笑，把自己的手放回了上衣的口袋中，并在里面放了有两分钟的时间。在另外一些例子里，当大人鼓励孩子去接触动物时，孩子拒绝这么做，但却指挥大人或其他孩子去触摸动物并向他们报告触摸的结果。有一个非常特殊的例子，一位年幼的女儿在触摸箱旁边坐了八分钟，在这八分钟的时间里，她只是看着别人摸，听工作人员和父母一问一答，然后建议她妈妈应该去摸哪个动物。这表明她自己其实知道应该怎么摸，应该摸多长时间。接下来，这位女孩还让她妈妈更详尽地描述与动物进行接触究竟是一种什么样的感受。

触摸之外的活动

尽管触摸可能是最司空见惯的活动，但对于促进深层参与来说，在触摸发生之后，接着有没有出现讨论或更进一步的活动甚至可能比触摸自身更重要。这种更进一步的深度参与并不是无条件发生的；它需要一个触发器，我们把这个触发器叫作"情况汇报"，即与触摸有关的提问、评论或描述。这种情况汇报并非在所有的案例中都会发生；它并不是互动活动中"必不可少"的一个组成部分。有些家庭群组在整个活动的过程中只有很少的情况汇报行为发生，另外一些群组则把情况汇报作为一种对整个活动进行组织的互动套路来使用。当然，情况汇报自身并没有什么特别神奇的地方。比如，在接下来这对母（AF）女（CF）的例子中，一系列情况汇报行为的发生导致的结果只是另外一个触摸活动的出现：

> AF：你要摸什么？
>
> CF：呃。
>
> AF：你可以摸摸它的小触须。
>
> CF：呃，哼哼。
>
> AF：哦，它要缩进去了。摸它们，快摸摸那个小家伙。你觉得怎么样？它非常温顺吧！你觉得怎么样？是不是很酷？

68

CF：哇，是的。

AF：它是不是有点黏糊糊的？

CF：是，它是有点黏糊糊的。

AF：那边那个怎么样？非常温顺。它是不是慢吞吞的？

CF：我不知道。（HMSC V1）

在这里，情况汇报作为一种活动，其作用在于推动观众的深度参与不断向前发展。在这个案例中，就是让观众去接触新的动物，开展新的动物接触活动。但是，在其他一些案例中，情况汇报的作用则是为进一步的互动活动的展开提供舞台，而这是动物接触本身做不到的。还有，情况汇报还为其他一些互动活动类型的出现打开了大门，这些类型的互动在没有情况汇报之前很难出现。图 4-2 对情况汇报这种活动的基本架构进行了描述说明。

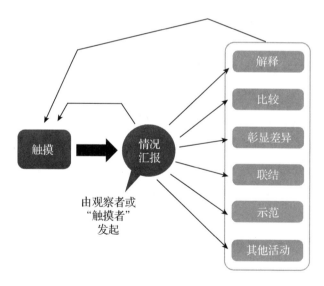

图 4-2　动物接触—情况汇报这一互动套路的基本架构

就像这张图指示的那样，开展情况汇报或对体验进行分享（提出问题，对经历进行描述），在为会话以及其他活动提供指引方面可能扮演着非常重要的作用。在很多案例中，情况汇报通常都会导致其他一些活动的发生，而这些活动反过来又会让家庭群组中的其他观众与动物之间的深度互动(包括更多的动物接触活动在内)变得更加深入。

情况汇报结束后展开的活动

例如，在下面这段父(AM)女(CF)之间的交流中，情况汇报立即导致了对为什么动物会有这样一种质感的解释：

> CF：你可以摸摸它。
>
> AM：好的，它看起来并不介意别人摸它。
>
> CF：它觉得非常有趣！
>
> AM：呃。这是鱼吗？让我试试。
>
> CF：是的，爸爸。你试试吧。感觉怪怪的呢。
>
> AM：真的很滑，这样它才能在水里轻松地游来游去。
>
> CF：那是因为它有鳞。(HMSC V9)

在很多情况下，情况汇报会导致某种类型的比较发生("那个挺柔软的，但这个就不是了")。一个群组中的其他成员可能会把别人汇报的触摸情况与自己的触摸情况进行比较，看看别人汇报的情况是不是和自己通过触摸了解到的情况一致。上面我们提到的那对母(AF)女(CF)，在女孩的弟弟(CM)和他们的爸爸(AM)开始就男孩触摸海胆的情况进行汇报时，正在照相(女孩的妈妈想拍一张女孩与动物进行接触的照片)：

> CM：那个小家伙摸起来真的有些粗糙。
>
> AM：是的，是有些粗糙。它好像在抓什么东西。
>
> AF：妮娜，继续摸它。亲爱的，我正想给你拍照呢。哦，太酷了！
>
> AM：可以看到它是如何抓食物的。有东西游过来，它就会抓住，然后放进嘴里。看到它中间的嘴巴了吗？
>
> CF：我能看看它的嘴巴吗，爸爸？

AM：你能看到这个的嘴巴。

CF：哦，是的……我发现了另外一个的嘴巴，它在那边的一个什么地方呢。（HMSC V9）

下面这个例子发生在一个盛有鳐和鲨的触摸箱附近，这家人有两个男孩(CM1 和 CM2)以及爸爸(AM)和妈妈(AF)，他们正在探索一只动物的不同质感(一只生活在红树林的鳐)：

CM1：我们能摸摸它吗？

AM：可以啊。［走过去摸鳐］

CM1：它不会吃了我们吧？［开玩笑］

AM：不会的。哦，这家伙个头真大。

AF：哦，我的天哪，它好大！

70   AM：它的翼尖真的很柔软呢，但翼中就不是了。

CM1：［试图触摸大个头的鳐，但没有成功］伙计，它游下去得太远了。

CM2：它游下去得太远了。

CM1：［妈妈被鳐吓了一跳，它好像在对她的触摸做出反应］哈哈，它咬到你了吗？

AF：没有，它感觉起来好像怪怪的。

CM1：［想走过去摸一下鳐］哦，它感觉怪怪的。我觉得它一点都不滑溜。

AF：是的，它不滑溜。

AM：道恩……翼尖，翼尖倒挺滑溜的。

AF：是的，翼尖挺滑溜，但往里实在是……它好大呀！

CM2：它好大。

AM：它在和大家玩呢，不是吗？

AF：是，它可能很喜欢这样。

CM2：哦，我摸到它啦！

AF：你摸着它了吗？

CM2：摸着了，我摸着了它的顶部。

AF：它底部挺滑的[听不清①]。

CM2：它下面有些粗糙，但如果你摸摸它的尾巴的话……

AM：试试用你的手背沿着它的底部抚摸。

CM2：哦，天哪！它太黏滑了。

AM：道恩，底部甚至更滑溜一些。（AOPV5）

在这段对话里，我们可以看到情况汇报是如何导致了一场针对比较的讨论的。在这个案例中，观众对生活在红树林的鳐这种动物身上不同部位的质感进行了对比（上面与翼尖）。这个比较的过程从爸爸开始，而且贯穿于整个参观活动之中；每一次成功接触到动物的体验都与和比较有关的评论联系在了一起。需要注意的是，这种比较的活动在家庭成员对鳐的粗糙质感做出反应的过程中也有所暗示，即把他们接触较大鳐的体验与几分钟之前在触摸相对较小的鳐的过程中获得的非常滑溜的体验进行比较。

这个比较的过程是在与动物接触之后发生的，它可能涉及附近展品的各个方面（对不同的物种或者是同一种动物的不同部位进行比较），也可能会涉及之前在水族馆或其他地方获得的体验之间相互的联系。还需要注意的是：在情况汇报结束之后出现的比较活动并不仅仅局限于针对质感的讨论；与动物进行接触也能够让动物做出反应，而动物做出的反应可能会激发观众对动物的行为进行比较，甚至是进行更为抽象的类比，因为他们试图为自己的活动建构意义。我们看到，当爸爸评论说鳐喜欢别人触摸它的时候，这种意义建构过程就开始了，因为这位爸爸的

① 原文中"听不清"并非是对会话内容的描述，而是语料转写人员在转写此处语料时"听不清"会话者说什么的状态。这实际上体现了语料转写人员遵从了会话分析的转写规则，也真实反映出了此处会话发生的情境较为嘈杂。——译者注

话意味着他把水族馆里的这条鳐与家养的动物进行了比较，而家养的动物才比较喜欢别人触摸它。

对于这一特殊的活动而言，需要注意的问题还有：当所有家庭成员都能深度参与时，情况汇报活动是如何变得更加流畅的？认识到这一点也很重要。在情况汇报活动与接下来出现的行动二者之间，我们很难划出一条非常明确的界限；在这种情况下，情况汇报实际上是与触摸、比较、鼓励以及其他一些指导性的行动纠缠在一起的。所有群组成员都在共享着他们获得的体验，不管他们有没有成功地与动物进行接触，这样71 一来便让意义建构在整个群组的层面上展开了——所有的人都是在一起进行学习的，他们不仅一起学习，而且还相互学习。

在几种场合中，情况汇报成为一种机会。借助它，可以彰显家庭成员之间在与动物有关的期望或假设方面存在的各种差异：

> AF：哦，两根手指，两根手指。
>
> CF：噢噢，它感觉怪怪的。
>
> AF：他们有没有说过这些动物属于哪种类型？
>
> CF：我觉得它们有鳞。
>
> AF：它们是不是和其他的一样不是很黏滑？刺鳐？
>
> ［短暂的走神之后，女孩又回来继续触摸小鲨鱼。］
>
> CF：哇……
>
> AF：它们是不是像刺鳐一样不是很黏滑？
>
> CF：不，它们有些粗糙。
>
> AF：好，我需要摸一下试试。（CMAV8）

正如我们预料的那样，在对体验进行意义建构的过程中，观众会用到他们之前掌握的与这些动物有关的认识与假设。像这样的假设，特别是那些与安全有关的假设(如鲨鱼会咬人，海胆会刺人)会阻碍观众参与活动。在这个例子中，我们可以看到：在小女孩(CF)汇报了自己与动物进行接触的体验之后，她是如何鼓励妈妈（AF）也去参与触摸的。正是小女孩与动物进行的接触以及随之出现的情况汇报才为新活动的展开提供了指引（妈妈去触摸鲨鱼）。

与这些针对预期的挑战相关，情况汇报还可以导致对话活动的产生。对话可以更加明确地把与动物进行接触的体验和先前的知识或过去的体验联结在一起。

AM：它们看起来好有趣。看起来非常柔软，就像章鱼一样。

CF2：不会吧？

AM：但当你触摸的时候，它们就会变得坚硬起来。

CF1：是这样的。

CF2：我纳闷它们究竟是怎么移动的。

AM：不错，它们动得很慢。

AM：嘿，你能感觉到它的手臂。就像那个一样［听不清］，轻轻地摸，它不是很硬。

CF1：真的？

AM：你先用手指摸摸这个小翼尖。

CF1：哦，真的是。

CF2：［指着］你认识那些海星吗？［拍拍肩膀］罗布，你认识那边的那些海星吗？

AM：［抬头看］哪些？

CF2：［指着］它们感觉像蛇，但很硬。

AM：［看看，点头］（CMAV7）

在这段摘录中，我们看到：最初针对触觉方面的预期进行的讨论是 72 如何使家庭成员把这些动物与他们更加熟悉的那些动物（如章鱼、蛇）进行比较的。所有这些都是他们与海星进行接触互动直接导致的结果。

当家庭群组中的某一位成员分享他们与动物进行接触的体验时，还可能会导致示范这种行为的发生。在这些例子中，与动物有过接触体验的家庭成员会通过展示他们自己做了什么来鼓励其他人对动物进行观察或接触。这种汇报—示范的体验在观众与海胆（一种长满了刺的无脊椎动物，和海星有些类似）进行接触的过程中经常可以看到，当人用手指轻轻放在海胆的两根刺之间的位置上并轻抚片刻时，海胆身上的刺就会动。

> AF：看，看，看它怎么样了……这些刺在往我手指这儿动呢。
>
> CF：哦。〔笑〕
>
> AF：试试那个，那个有很多刺。把手指放在刺多的地方……不是，不是，要把手指放在那个地方才行……
>
> CF：我不知道放在哪儿。
>
> AF：你行的。看看妈妈，看妈妈是怎么做的。把手指放在两根刺的中间。你能够感觉得到，你能感觉得到的。对了，就是放在这儿。让它夹紧你吧。
>
> CF：尝试着引诱海胆做出反应。
>
> AF：你能感觉得到吗？
>
> CF：能，它夹住我了！它夹住我了。（CMAV5）

"让海胆夹紧手指"是一种在无脊椎海洋动物触摸箱前经常可以看到的现象。尽管在本研究的很多例子中都可以观察到这种现象，但需要指出的是：这种互动却是由工作人员"规定"的，是他们向前来参观的人介绍了海胆具有的这些特征，然后观众才会做出这样的行动。不管这种互动是否是由工作人员推动的，对这种互动活动的描述与示范事实上是由家庭群组中的某位成员对自己与海胆接触后，手指被夹住的体验进行情况汇报而导致的。对这种互动活动的描述与示范作为一种手段可以有效帮助群组中的其他人深度参与到参观活动中。

其他活动

当一位最初不愿与动物进行接触的家庭成员最终愿意去接触动物时，情况汇报活动的发生有时候会伴随着相应的言语和身体动作，以对这位家庭成员的变化做出表扬。在这一意义上，情况汇报是一种对不情愿与动物进行接触的人进行鼓励的手段，或者说是一种对他们进行积极强化的手段，甚至是一种督促他们采取进一步动作与动物进行接触的手段。在这个案例中，一位妈妈(AF)和她年幼的女儿(CF)已经触摸了很多种动物，但年幼的女孩就是不愿去摸一摸鱼。这位妈妈在摸了好几种无脊椎动物后，建议女儿去摸一摸鱼。

> AF：这里有条鱼。你或许正好可以摸摸它。
>
> CF：好的，我可以摸摸。
>
> AF：过去吧。轻点。过去呀。［笑］
>
> CF：有鳞。
>
> AF：有鳞怎么了？［笑］没事吧？
>
> CF：它真的有鳞。
>
> AF：是有鳞。让我试试。哦，好酷。
>
> CF：［笑］。
>
> AF：［笑］我喜欢。
>
> CF：我喜欢那条扁扁的鱼。
>
> AF：我也喜欢它，虽然它看起来像一条彩虹。
>
> CF：是的。
>
> AF：这里有条毛巾。我拿条毛巾给你。你过去吧。嘿，汤姆，我们摸到了这边的鱼，长得像彩虹的那条。
>
> AM：基拉摸了鱼啦？
>
> AF：是啊，我们还用毛巾擦了手呢。(HMSC V1)

73

在成功与动物进行接触后，接下来出现的情况汇报与笑声(可能是笑女儿之前不愿去触摸吧。)导致了(妈妈)更多接触行为的发生,而妈妈的这些接触行为又导致了一个简短的讨论出现,她们讨论的是最喜欢什么动物;另外,妈妈的这些接触行为还导致了与爸爸(AM)分享女儿最终和鱼进行了接触这一事实。

有些孩子还以游戏的方式与动物进行了接触,这让他们彼此都能够深度参与到动物接触活动中。在与动物接触活动结束后进行的情况汇报,看起来几乎是作为一个证据出现的,即它可以证明谁真的摸到了动物,并且还能谈一谈摸这是一种什么感受。当没有出现情况汇报时,游戏就玩不下去了。比如,在下面的这个例子中就是如此:

> CF1:那你摸一下这个。
>
> CF2:我会摸的。
>
> CF1:到你了。
>
> CF2:我不摸。
>
> CF1:摸一下这个粉红色的。
>
> CF2:我已经在那边摸过一个粉红色的了。
>
> CF1:没有,你没摸过。
>
> CF2:我摸过。
>
> CF1:你摸的是橙色的。
>
> CF2:我摸的是粉红的。
>
> CF1:你摸的是橙色的。爸爸,轮到你摸这个粉红的了。

(OCAV7)

就像早前提到的那样,带小孩子前来参观的家庭会努力鼓励孩子参与各种触摸活动。在这些例子中,情况汇报的主要作用就是让孩子们能够深度参与到各种具有发展价值的活动中。前来参观的家庭把焦点主要集中于怎么让非常年幼的孩子——甚至是还不会说话的孩子——参与到与动物进行接触的活动中,对接触或试图接触的情况进行汇报的作用在

解读科学中心与博物馆中的互动——走向社会文化视角

于可以对互动进行积极正面的强化。这些家庭同时还把情况汇报作为鼓励孩子对某些词汇进行分享或重复的手段，包括动物叫什么名字，是什么颜色，甚至包括哪些部位等。

与科学推理相关的活动也可以通过汇报与动物进行接触的情况这种方式来得到加强。在这些案例中，情况汇报会使观众基于与动物进行接触或从其他观察中获得的证据提出某种主张，甚至会使其对某种主张进行检验。比如，在下面这个例子中，一对父子一直在看箱子里几种不同的无脊椎动物，并一直在触摸这些动物。这位爸爸指出，有一只海葵是"缩起来的"（触须都收进去了）。

AM：它在打盹呢。   74

CM：看，我一碰它，它就会蜷缩起来。［男孩碰了它一下，但没有反应。］

CM：我觉得它可能是因为怕我吧，或者是因为别的什么事。

AM：我想是的。摸摸那只海葵中间的部位，看看它会不会有反应。

［男孩把手伸进去，摸了摸海葵，有几秒钟的时间。］

AM：它也蜷缩起来了，但蜷缩了一点点。没有那只厉害。

CM：是的。（CMAV10）

在这个不长的片段中，我们可以看到孩子（CM）正基于自己在触摸箱前的观察与体验（证据）提出某种主张或做出某种预测，并对预测进行了验证。当发现自己的主张不对时，他又提出了一个新的主张，这时候他爸爸（AM）便鼓励他再去证实一下。这种互动展现了"接触—汇报"这种活动序列是如何为"以科学的方式进行思考"所包含的一系列要素提供支持的，或者说它展现了"接触—汇报"这种活动序列是如何为一系列对科学进行探索而不仅仅只是学习一些事实的科学学习活动提供支持的。

结　论

在非正式场所中，与动物进行接触就其本质而言，可以说是一种非常难忘的经历。就像我们所举的例子表明的那样，情况汇报这种活动的基本展开不但拓展了与动物进行的接触，而且还为其提供了中介支持，从而使其超越了"为接触而接触"的层次与水平，成为一种更加具有拓展性和社会中介性的互动活动。在总结我们针对情况汇报进行的讨论时，笔者想提醒大家注意以下两点看法，这两点看法有助于超越我们上面的讨论所处的具体情境而得到一般性的结论。第一点，尽管触摸是学习的一个重要（而且具有替代性质的）方面，但情况汇报作为一种互动的套路并不必然需要有接触行为的发生。在我们上面讨论的所有例子中，情况汇报都是在与动物接触发生之后出现的。然而，对于情况汇报来说，实际上与动物接触并不是一个必需的先决条件。我们遍历了本研究获得的所有数据，发现了一些这方面的例子，即有时候只有观察而没有接触，接下来也会出现情况汇报。比如，有一个例子，展示箱有一部分里面盛有的动物是不能触摸的。一对母（AF）女（CF1）和一位朋友（CF2）有一段时间一直在触摸并且对触摸的情况进行了汇报，她们把注意力转向了一种颜色非常特殊而且具有本地标志性特色的叫作加里波堤的鱼的身上。

> AF：嘿，你看到他们这里有加里波堤了吗？你看。
>
> CF1：加里波堤！
>
> AF：到哪里去看它们？
>
> CF1 & CF2：在卡塔利娜这里！
>
> AF：卡塔利娜？那得潜水的时候才看得到。
>
> CF1：我觉得他们不应该去抓加里波堤。
>
> AF：他们没有抓过，它们在这里呢，是在海洋水族馆里……
>
> （CMAV5）

她们展开的情况汇报不但导致了她们对加里波堤更进一步、焦点更为集中的观察，而且还使她们对同一展览区域内的其他动物进行了更进一步、更为聚焦的观察，同时还潜在地推动了一场非常有趣的讨论，即海洋水族馆里的动物是怎么弄来的。

第二点，对于工作人员进入一个互动活动或把一个互动活动推进到 更为深刻的层次与水平上——如对动物或科学有更为深层的思考——来说，情况汇报是一个成熟的时机，但在我们研究的四家水族馆里，工作人员和由志愿者担当的讲解员都很少参与到情况汇报的活动之中。然而，工作人员的确时不时地会成为互动套路中的一部分。他们使用这种策略的目的是为了引入某些特殊的活动或信息，其通常的表现形式是，传递某些与观众正在讨论的动物或相关动物有关的内容。比如，在接下来的这个例子中，当一位父亲（AM）试图鼓励自己的女儿（CF）去接触动物时，工作人员便开始告诉他们一些有关于这些动物的信息：

> AM：海星是有些粗糙的，不是吗？
>
> CF：是啊。
>
> AM：哦，那个不粗糙，它还挺黏滑的。
>
> 工作人员：是的，试试这个吧。我正想告诉你呢，他们把这个叫作真皮星。它摸起来应该像［听不清］。
>
> AM：这个粗糙。那个黏滑。
>
> 工作人员：是的。
>
> 父亲：是的。（OCA V4）

工作人员充分利用了情况汇报以及其后发生在这对父女之间的对话的优势，建议他们对特定的动物展开一系列比较。工作人员把情况汇报视为一种推动互动走向更加深入的层次的工具，这种情况在我们的体验中还很不多见。更加少见的例子是工作人员基于对观众的观察与接触，自己积极主动地发起情况汇报的活动。我们认为，这样一来工作人员可能会失去各种机会来帮助观众，在参观这些流行的展览中，把与动物进行接触的行动转为更加具有聚焦性的对动物进行观察以及潜在的对科学进行探索之类的活动。还有另外一种可能情况，那就是工作人员可以非常轻易地发起情况汇报的活动，他们通过这种方式为观众构建一种富有产出性的教学与学习策略，这种富有产出性的教学与学习策略并没有违反观众对非正式场景下究竟什么样的互动才算是恰当的互动所持的基本假设。这些类型的活动让前来参观的家庭深度参与到对科学进行探索的过程中，对推动与促进非正式环境下的科学学习来说，这些活动不管是不是由工作人员推动的，都非常有意思。

　　从社会文化的视角来分析，在一般情况下，情况汇报这种活动非常容易使用，也很好掌握，是一种不错的文化或中介工具。由于其追求的首要目标是为富有社会性意义的互动提供支持，因此它可以作为一种典型的手段被用来进行沟通和交流。从认知的角度分析，这种沟通和交流的套路塑造了各种不同场景中的学习行为。从本质上讲，情况汇报让一个人在触摸箱前与动物进行接触获得的私人体验走向公众，变成了与他人分享的体验。情况汇报的力量在于它可以在家庭成员内部，以及观众与工作人员之间，创造出新类型的互动活动，而这种力量正源于观众把自己的体验与他人进行分享。情况汇报之所以能够作为一种真正意义上的中介工具，源于其拥有可以被作为一种认知套路对个体与群体活动进行组织的潜力。另外，情况汇报还能够对非正式场合中的各种接触与观察活动进行拓展与丰富，使它们成为学习科学的机会。在所有这四家水族馆中，在情况汇报结束之后出现的一系列内容非常广泛的活动包括与动物进行接触，鼓励别人与动物进行接触，从更加科学的架构出发对动物进行观察（如进行比较与对比，而不是仅仅继续去触摸更多动物），以及鼓励非常年幼的孩子深度参与到群体的活动之中来。我们认为，未来的分析可能要把焦点非常具体而明确地聚焦于如何在维果茨基学派的意义上把情况汇报作为一种具有中介价值的手段引入进来，把它作为一种能够支持认知功能发挥以及认知发展的交流工具。

参考文献

Allen，S. (2004)，Designs for learning: Studying science museum exhibits that do more than entertain. *Science Education*，88，S17-S33.

Ash，D. (2003). Dialogic Inquiry in Life Science Conversations of Family Groups in a Museum. *Journal of Research in Science Teaching*，40(2)，138-162.

Ash，D.，Crain，R.，Brandt，C.，Loomis，M.，Wheaton，M. & Bennett，C. (2008) Talk，tools，and tensions: Observing biological talk over time. *International Journal of Science Education*. 29(12)，1581-1602.

Borun，M.，Chambers，M. & Cleghorn，A. (1996). Families are learning in science museums. *Curator*，39(2)，123-138.

Falk，J.H.，Reinhard，E.M.，Vernon，C.L.，Bronnenkant，K.，Heimlich，J.E. & Deans，N.L. (2007). Why zoos and aquariums matter: Assessing the impact of a visit to a zoo or aquarium. Silver Springs，MD: Association of Zoos and Aquariums.

Fraser，J. & Sickler，J. (2009). *Why aquariums & zoos matter handbook*. Silver Spring，Maryland: Association of Zoos & Aquariums.

Goldman，R.，Pea，R.，Barron，B. & Derry，S. (2007). *Video research in the learning sciences*. London: Routledge.

Gutwill，J.P. & Allen，S. (2010). Facilitating family group inquiry at science museum exhibits. Science Education，94(4)，710-742.

Lave，J. & Wenger E. (1991). *Situated Learning: Legitimate Peripheral Participation*. Cambridge: Cambridge Univ. Press.

Lincoln，Y. & Guba，E. (1985). *Naturalistic inquiry*. Beverly Hills，CA: Sage.

Luria，A.R. (1982). *Language and cognition*. Hoboken，NJ: John Wiley and Sons.

Phipps，M. (2010). Research Trends and Findings From a Decade (1997 — 2007) of Research on Informal.

Science Education and Free-Choice Science Learning. In *Visitors Studies*，13(1). 3-22.

Rogoff，B.，Paradise，R.，Mejia Arauz，R.，Correa-Chavez，M. & Angelillo，C. (2003). Firsthand learning through intent participation. In *Annual Review of Psychology*，54: 175-203.

Rowe，S. (2011). Discourse in activity and activity as discourse. In R. Rogers

(Eds.), *An introduction to critical discourse analysis in education*, *2nd edition* (pp. 227-241). New York: Routledge.

Rowe, S. & Bachman-Kise, J. (in press). Mediated Action as a Framework for Exploring Learning in Informal Settings. In D. Ash, J. Rahm & L. Melbher (Eds.), *Methodologies for informal science learning research*.

Rowe, S. & Wertsch, J. V. (2002). Vygotsky's model of cognitive development. In U. Goshwami (Eds.), *Blackwell handbook of childhood cognitive development* (pp. 538-554). Oxford: Blackwell Publishers.

Vygotsky, L. S. (1987). *The collected works of L. S. Vygotsky*: Vol. 1. *Problems of general psychology*. New York: Plenum.

Wertsch, J. (1985). *Vygotsky and the social formation of mind*. Cambridge, MA: Harvard University Press.

Wertsch, J. (1998). *Mind as action*. New York: Oxford University Press.

77

第五章

实习教师即时即地推理与话语主题的发展：
对一项自然博物馆展品的实践认识论分析

赫苏斯·皮克拉斯[①]，佩尔·奥洛夫威克曼[②]，卡里姆·哈姆扎[③]

导　论

　　教育领域内社会—文化观点的发展已经推动着学习研究的范围不断　79
扩展，从主要聚焦于个体的认识，转向强调交流的作用及其所处的历
史、情境与文化特征（Lave ＆ Wenger，1991；Rogoff，1995；Säljä，
2000；Wertsch，1991；Wickman，2004）。对于科学教育的研究而言，
实用主义这一哲学导向的发展，又进一步丰富了这一取向，从语言使用
和意义的角度提供了对学习进行处理的方法，并把学习视为一个由各种
有目的的活动构成的整体部分（Almqvist ＆ Östman，2006；Gyllen-
palm，Wickman ＆ Holmgren，2010；Hamza ＆ Wickman，2008；Ja-
kobson ＆ Wickman，2007；Lidar，Lundqvist ＆ Östman，2006；Lunde-

① Jesús Piqueras, Stockholm University, Sweden，赫苏斯·皮克拉斯，斯德哥尔摩大学，
　瑞典．

② Per-Olof Wickman, Stockholm University, Sweden，佩尔·奥洛夫威克曼，斯德哥尔摩大
　学，瑞典．

③ Karim M. Hamza, Stockholm University, Sweden，卡里姆·哈姆扎，斯德哥尔摩大学，
　瑞典．

gard & Wickman,2007；Wickman,2006）。在之前进行的一项研究中，我们引入了学习的社会文化观点，并把它作为一种具有高解析度的研究方法，对实习教师在一家自然博物馆中参加一项教学活动时时刻刻都在发生的学习进行了探究（Piqueras,Hamza & Edvall,2008）。在那篇文章里，我们对这个活动的前三分钟进行了分析。在这里，我们将对整个活动进行分析，以阐明这种学习研究的社会文化方法如何能够被用来对各种同样的、更为广泛的学生推理模式进行解释。在文章的第一部分，我们提出了实践认识论分析的框架，这是一种操作机制，可以从话语层面上对参与一项活动的人的学习进行描述。接下来，我们使用这一框架描述了学习者接受的各种学习指导，这些学习指导针对的是学生在立体微缩模型（diorama）中注意到的东西。我们还对学习发生的相关性进行了评估，把其与模型所要达到的目标进行了比较。最后，我们提出，作为博物馆研究中其他各种研究方法的补充，这种研究方法具有的几点益处。

理论框架

我们在本研究中使用的理论框架建基于迄今已经非常完备的实践认识论分析这一基础之上，实践认识论分析最早是由威克曼和奥斯特曼提出的（Wickman & Östman,2002；Wickman,2004）。基于杜威、后期的维特根斯坦以及各种社会—文化的观点，他们提出了一种在话语层面上对学习进行研究的理论机制。在话语的层面上对学习进行探索，意味着要把焦点聚焦于人究竟是如何采取行动以使活动不断向目标迈进的。从这一意义上来讲，这种分析与我们在日常互动中究竟是如何相互理解的非常接近（Wickman,2006）。就像在日常生活的互动中一样，我们其实并不需要借助于各种错综复杂的手段来对人们头脑里发生的事情进行分析，以把握活动进程中究竟发生了什么。只要看一看人们究竟做了什么和说了什么，并把他们做的与说的作为一个由各种有目的的活动构成的整体的一部分来看待，我们就能够对他们学到的东西进行描述。当然，我们

80

解读科学中心与博物馆中的互动——走向社会文化视角

描述的角度是他们是如何使用自己的经验来应对新情境的，以及由此导致的既有的意义是如何在面对新的体验时发生变化的。活动的参与者在活动中的一言一行其实体现了他们的实践认识论，也就是说，表明了他们把什么算作知识，以及他们是如何在特定情况下获取知识的。这样一来，实践认识论分析就是分析人在活动中究竟是如何应对各种不同情境的。

为了在话语层面上对这一意义建构过程进行分析，威克曼和奥斯特曼（Wickman & Östman，2002）引入了四个概念：相遇（encounter）、相间（gap）、相关（relation）、相守（stand fast）。相遇发生在人与人之间，以及人与人工制品或自然现象之间。当某项活动不断向前推进，参与活动的人在互动的过程中便会发现各种隔阂，这被称为相间。为了消除相间，参与活动的人会与自己业已熟悉的那些事情以及那些他们目前还不需要有所怀疑的事情建立起相关。这些事情便是能够在特殊情况下与之相守的事情。通常，什么事情能够相守，要看对话的人在没有任何犹疑的情况下使用了哪些言辞，这些言辞其实是一个暂时的起点，在与外部世界不断相遇的过程中，它们会导致更进一步的行动发生。按照这种方法，可以对某一段学习经历的基本节奏进行描述，我们可以把它描述为一系列与学习者纠缠在一起的相遇，学习者在这一过程中会不断发现相间的问题，并通过与可以相守的东西建立起新的相关来解决相间的问题（Wickman，2006）。

实践认识论的这四个概念是分析性的，认识到这一点很重要。它们关注的并不是参与活动的人"究竟"在想什么或做什么。例如，它不会问某人在一次特殊的相遇中是不是"真的"注意到了相间的问题。如果参与活动的人建立了至少一种相关，那么按照定义，这就意味着他已经注意到了相间的问题。它也不会问某些相遇会不会在分析过程中被漏掉这样的问题。这是因为相遇是在话语层面上进行的操作，比如它可以发生在学生的交谈与行动中。因此，相遇在学生的交谈中是完全可以看得见摸得着的。相守的概念也是这样。它也不会问某一个特定的词语是不是真的是与参加活动的人相守，因为它关心的并不是这些人在思考或理解的东西。它关心的是在学生的话语中能够直接被观察到的究竟是什么，也就是说，它关心的是目前还没有被参与人质疑的词语（或行动）。因此，实践认识论的四个概念相互之间便具有了非常严格的分析性与操作性，它们和与参与人具有特殊联系的任何事情都没有关系。这样一来，实践认识论分析便不需要推断在某种情形中"究竟"发生了什么，或者参与人"究竟"是什么意思。

研究场景与立体微缩模型

81   本研究中呈现的数据来自录制的视频，这些视频记录了实习教师在位于斯德哥尔摩的瑞典自然博物馆的一个教育项目中展开的一系列活动。在这个项目里，在斯德哥尔摩大学学习的实习教师有机会去对博物馆各种不同展览所展现的非正式学习环境进行了解。这个项目包含有各种不同的活动与工作坊，这些活动与工作坊都是在博物馆环境下以学校群组的形式进行的。参与本研究的实习教师即将结束他们在大学的学习，正打算去小学做教师，教年幼的孩子们各种科目。

本研究遴选的教学活动使用了一系列来自瑞典自然博物馆的立体微缩模型（以下简称模型）；这些模型使用了一些保存下来的动物（动物标本托架），重新创作了一些场景，再现了这些动物当初生存的自然环境以及它们的行为。在活动的开始，这些实习生要分成小组，选择这些展览中某一个模型进行研究。项目鼓励实习生用五分钟左右的时间写下在对模型进行研究的过程中发现的各种问题。在这之后，以小组的形式对这些问题进行讨论，讨论时间持续十至十五分钟。在活动过程中，有一位博物馆教育工作者和一位教师（本研究的作者之一）会倾听不同小组的声音，通过简短的干预措施为实习生们提供帮助。在活动的最后一个环节，每一个小组都要向全班的其他同学汇报自己的观察，并提出自己的问题。在汇报过程中，博物馆教育工作者会对由模型引出的各种问题进行重新考察与讨论。

这里呈现的数据来自三位实习教师对一个模型的研究，这个模型展现的是一只雌性的白尾鹰（Haliaeetus albicilla），它正在雪地里吃一只狍子的尸体。此外，在这个模型中，还有一对冠小嘴乌鸦（Corvus corone cornix）。其中一只谨慎地与白尾鹰保持着距离，而另外一只则用嘴巴在啄白尾鹰尾部的羽毛（图 5-1）。这个模型的创作是受一个真实场景启发的，在一段视频短片中展现的这个真实场景与创作出来的这个模型非常接近。但在活动过程中，这段视频短片并没有放给这些实习教师看。

模型的主要目的是展现两只乌鸦合作从鹰那里偷食的行为（对讲解员拉斯伯尔尼的访谈，2009 年 11 月 16 日）。另外，它还有一个明确的目的，那就是通过在主要场景中置入额外的细节与线索来挑战观众们的好奇心与想象力。因此，模型中还有一些散落在人造雪景上的黄色斑点与脚印，这些斑点与脚印据推测应该是属于狐狸的，它已经在鹰和乌鸦之前造访过这里，所以狍子的头部才没了（在狐狸先到的情况下，它们都会把动物的头部先吃掉，这是其共同的行为习惯）。模型中展现的景观受到了泥岩地层的启发，泥岩地层在斯德哥尔摩海洋群岛是非常典型的地貌，鹰在这些地方相对比较常见。（对讲解员拉斯伯尔尼的访谈，2009 年 11 月 16 日。）

图 5-1　展现白尾鹰啄食狍子残骸的六边形立体微缩模型

对会话的分析

82　　在我们的研究中，这三位实习教师（以下简称"实习生"）被指派去研究这个特定的模型，他们之间的对话被以视频和音频的形式录制了下来。在会话之前，这些实习生被要求先花几分钟的时间对这个模型进行探索，在这一过程中不要交谈，然后把由这个模型想到的任何思想或想法写下来。录制的时间一共有十二分钟。这些实习生的谈话一字不差地被转写了下来，并且从瑞典文翻译成英文，在翻译过程中，尽可能不对原文做修改。我们按照在理论背景中简述的实践认识论分析方法使用相守、相遇、相间和相关来对转录的文字进行了编码。在这之后，把这些会话切分成一系列片段，切分依据的标准是对话过程中讨论的主题。因此，当这些实习生在会话过程中开始了对一个新主题的讨论，或是从一个主题转向了另外一个主题时，一个新片段便开始了。

研究发现

　　我们在这里展示的研究发现分为两个部分。第一个部分提供了对不同主题进行的详尽而广泛的分析，这些分析表明在对整个会话进行分析的过程中，始终用到了实践认识论分析的方法。这种分析主要是针对学生的观点进行的，也就是说，关注的是他们认为对于把会话向特定方向推进而言需要的东西是什么。在第二个部分中，我们以第一部分里的详尽分析为起点，对活动的某些特定方面进行了重点强调，我们认为这些方面和模型要达到的目的非常相关。

详尽的分析

83　　我们在这里把活动过程中产生的会话描述成一个由十二个在时间上前后相继的片段构成的序列，这些片段涉及六个不同的主题（图5-2）。在这一部分里，我们在不同的标题下面对每一个主题进行了详尽分析。

在会话过程中，有四个主题在好几个片段里都有出现，我们在标题里用圆括号里面的数字对其进行了标识。摘录内容的标题的序号是按照会话中时间上的先后顺序来排列的，除了极少数的例外，摘录的内容都是原汁原味的。[1]

开始
0′0″

1.乌鸦的行为（1-54）

2.环境（55-64）

3.孤零零的鹰（72-83）

4.环境（84-99）

5.腐尸（83-93）

6.黄色斑点/教师（100-107）

7.腐尸（109-130）

8.黄色斑点（132-141）

9.乌鸦的行为（142-150）

10.黄色斑点/教师（153-169）

11.雪上面的脚印（182-205）

结束
12′03″

12.腐尸（206-209）

图 5-2　实习教师会话的概览

（注：教师的干预措施，使用"教师"标识。

每一个片段的长度都用（圆括号中的）行数来标识）

---

① 　与第一个主题对应的摘录（第 1 行至第 54 行）取自之前的一项研究（Piqueras, et al.,
2008）。

乌鸦的行为(1,9)

84   苔丝(T)和伊丽莎白(E)在各自独立地对模型进行了观察之后,便
开始了讨论。安娜(A)是稍后才加入进来的。相遇发生在她们与模型表
现的场景之间(第1行)。

01 T:乌鸦……它们竟然敢啄……鹰尾巴上的羽毛。

02 E:是啊! 它们真的竟然敢这么做!

03 E:乌鸦敢靠得这么近啊!

04 T:是啊。

05 T:它[乌鸦]真的在啄它[鹰]呢!

06 E:它可真是胆大妄为。

07 T:不错,真是胆大。还有啊,我想……肯定是这样的……
它们也是吃腐肉的。

08 E:呃。①

09 T:所以,它们之所以如此大胆,肯定是因为饿急了。

10 E:你说它会把乌鸦给吃了吗?

11 T:我觉得……应该不会吧。

12 E:嗯……一般来说不会,但……

13 T:嗯……我觉得……我对秃鹰的了解太少了……

14 E:是的……

15 T:没有动物能吃了秃鹰……它们处在食物链的最上方,我
认为是这样……我不完全确定……我就是这么认为而已。

在这段对话中,出现了两个相间,都和乌鸦的行为有关。第一个相
间关注的是乌鸦的行为,特别是它们为什么能够如此地靠近一个明显具

————————

① "呃"在瑞典语的口语中非常常见。它主要被用来表达参加对话的人在顺着这个会话往
前走。

有危险性而且比它们大得多的动物（第1行至第3行）。这个相间的消弭是通过建立这样一个相关完成的，即乌鸦也是吃腐肉的动物，而且还饥肠辘辘（第7行至第9行）。第二个相间关注的是乌鸦是否会成为鹰潜在的猎物。这个相间的消弭是通过两个相关来完成的，第一个相关就是之前已经建立起来的吃腐肉的动物，第二个相关则是秃鹰及它们的捕食行为（第13行至第15行）。

我们还可以发现，在这段对话里，有几个对于学生来说属于相守的词语，即她们在使用这些词语的时候没有丝毫的犹疑。比如，"乌鸦""秃鹰""饥肠辘辘"等，这些词语被这两位实习生用来作为起点，来建立新的相关以填补出现的相间。

这时候，第三位实习生安娜加入了会话。

17 E：我们在谈论乌鸦呢……它们竟然敢靠得这么近。

18 T：它在啄鹰尾巴上的羽毛！

19 A：不错。我刚才是这样写的：瑞典吃腐肉的鸟……因此……它是喜鹊吧？

20 T：是乌鸦。

21 E：是乌鸦。

22 T：唉！

23 E：这没那么重要。

24 A：它们是吃腐肉的动物吧？

25 T：是啊！我觉得是。当想到秃鹰的时候，我才得出这个结 85
论的，因为秃鹰是吃腐肉的。

26 T：一点不错……如果有动物在这里吃一些刚死不久的东西，它们就会跑过来在四周转来转去。

27 A：呃。

28 T：然后，它们就会吃别人剩下的。

29 E：你之前想到过这一点吗？

30 T：没……

31 E：我也没有想到乌鸦……我以为它们是吃蓝莓的……

32 T：没错。

33 E：我觉得它们是不吃死了的动物的。

34 T：是的。没错。

35 A：但它就是这么……它们常常飞到垃圾桶上并且……

36 T：是的！所有那些动物都是如此，喜鹊……

37 A：你以前想到过吗？我是没有想到过。

38 E：我也没有。

39 A：唉！

她们发现了第三个相间（第24行），即乌鸦到底是不是吃腐肉的动物。尽管这三位实习生之前已经在乌鸦与吃腐肉的动物之间建立起了相关，但她们显然还需要把这种相关进一步推向深入。因此，一系列新的相关便被建构起来了。这些新的相关是建立在先前经验上的，这些先前的经验关注的是秃鹰（第25行至第26行）、乌鸦（第31行至第33行）和喜鹊（原文如此；第35行至第39行）的捕食行为。因此，实践认识论分析在这里展现了实习生之前的经验是如何被纳入现在的学习过程之中的。

在一段短暂的停顿后，她们又发现了一个新的相间，即乌鸦为什么在等着轮到自己。这些实习生对这个问题进行了改订与重述，以填补这个相间：乌鸦不是在等待；它们是想赶走鹰（第44行至第53行）。

40 T：你刚才最先想到的是什么？

41 A：呃……喜鹊，待在那儿，等着轮到自己。

42 T：啊！是那只。

43 A：不错……还有另外一只。

44 T：我认为它不是在等着轮到自己……它是想把鹰赶走！

45 A：它想把鹰赶走？

46 T：我刚才觉得是。

47 A：它是想……

48 E：你的意思说是它在咬它……

49 T：是的……所以现在它真的是很饿。

50 E：它在激怒它……

51 T：没错。

52 A：是的！我刚才是这样写的……我不知道它在干吗……为什么？但它还是很聪明的。

53 T：嗯，我不知道……我刚才也是这么认为的……是在激怒它，使它受不了烦扰从而放弃……

54 E：的确……是在骚扰它［原文即为英文］。

从第 19 行到第 54 行，我们可以看到其中有一次观察发生，在特定 86
的情境中，这个观察被认为是有效的，其优先性超过了交流的问题本身。因此，安娜并不确定乌鸦究竟叫什么名字（第 19 行）。她不情愿地认为乌鸦叫"喜鹊"（第 19 行），然后伊丽莎白和苔丝给出了正确的名字（第 20 行至第 21 行）。因此，"乌鸦"这个词在伊丽莎白和苔丝（第 1 行至第 15 行）之间进行的具有导引性质的讨论中起到了相守的作用，但当所有这三位实习生都加入会话之中时，它就不再能起相守的作用了。但是，当安娜为这个鸟儿究竟叫什么提出了新的名字时，伊丽莎白明确指出，在这种情境下，是否叫得对这个鸟儿的名字对于小组的讨论来说并不重要（第 23 行）。在第 41 行至第 43 行，安娜再次使用了喜鹊这个名字来代替正确的名字乌鸦。然而，另外两位实习生却并没有对这个错误予以重视（第 42 行和第 44 行）。尽管喜鹊这个词在这里又一次被错误地用来指称这个动物，但这对于苔丝、安娜或伊丽莎白之间的交流来说，却并不构成什么问题。

换句话说，我们在这里看到的是这些实习生的实践认识论，也就是说，我们看到的是她们把那些能够把活动不断推向前进的知识和方法视为有效且具有相关性的知识与方法。至少就目前而言，对于继续进行会话来说，给鸟儿进行正确的命名算不上很重要。事实上，对于这三位实习生来说，更为重要的是如何在乌鸦及整群鸟之间建立起新的相关。她们没有纠结于这些鸟儿究竟叫什么，没有为此建立相关，而是选择去填补另外一个更加具有相关性的相间，从实习生们的视角来看，就是回答为什么乌鸦在等着轮到自己这个问题。

与乌鸦的行为有关的相遇在稍后的会话中再一次出现了（图 5-2 中的第 9 个片段）。

142 E：就像你说的，它真的是很大胆呢。

143 T：是啊。这是我第一次发现……我的天，它［乌鸦］竟然敢！

144 A：我之前认为……它们是生活在一种共生的状态中。

145 T：没错。

146 A：［笑］

147 T：你什么意思？……是说它在咬它吗？

146 A：它［乌鸦］在帮它［鹰］把那些松动的羽毛拔掉……

147 T：啊哈！

148 A：……然后继续弄剩下的，但我还是更相信你说的……它是在尝试把它赶走。

149 T：没错……它是在尝试把它赶走……但是，别对此深信不疑……也可能是它在帮它把自己弄得整洁一点。

150 A：呃。

在这段摘录中，苔丝和伊丽莎白（第 1 行至第 5 行）最早发现的相间再一次出现了（第 142 行①），她们通过建立新的相关，解决了这一问题。这样一来，乌鸦的行为不但从竞争的角度得到了解释，而且它还被解释成鹰与乌鸦之间的一种共生关系（第 144 行）。我们在这里可以看到，在会话过程中相间这种情况在各种不同场合是如何被发现的。这样一来，相间既不是仅仅只与某些业已被确定了的相关联系在一起，也不是仅仅只与一种呈线性特征的推理发展过程联系在一起。相反地，在与模型相遇的过程中，实习生们推理过程的发展是动态变化的，旧的相间会不断再出现并被再审视，新的相关也会被不断地建立起来。 87

　　但是，这里建构起来的相关会导致新的相间状况的出现，这个新的相间关注的是它与共生联系在一起究竟意味着什么（第 147 行）。用实践认识论的术语来说，共生这个词在这种情境下并没有发挥相守的作用。为了把推理过程继续进行下去，她们需要建立针对这一术语的新的相关（第 146 行至第 149 行）。

　　环境（2、4）

　　在一个片段中最后一次干预发生不久，一个新的主题就在实习生们的会话中出现了，这个新的主题关注的是模型展现的环境。在一开始，就出现了一个相间，这个相间和像鹰这样体型大的动物如何能够在海洋环境中生活有关（第 55 行）：

　　　　55 A：鹰为什么生活在群岛上？很难找到食物的。

　　　　56 T：但它们吃鱼呀。

　　　　57 A：它们吃鱼啊……

　　　　58 T：从海里抓［打手势，张开手模拟爪子］。

　　　　59 A：但……可能需要很多鱼才能喂饱像这样的一个……

　　　　60 E：因为这里和森林不一样，没有很多死的动物。

---

① 原文纰漏，原文为 141 行，但此处无 141 行，根据上下文此处应为 142 行，故将 141 行改为 142 行。——译者注

61 A：不是吧……

62 T：不是吧……

63 T：但我还是觉得它最喜欢的食物是鱼。就是鱼。

64 A 和 E：呃［不情愿地点了点头］。

她们试图建立各种不同的相关，以解决这个相间。然而，在会话的这个阶段，这三位实习生并没有能够建立起能够帮助她们把会话继续向前推进的相关。这样一来，这个相间暂时还解决不了。

几分钟之后，同样的主题又出现了（第 4 个片段，图 5-2）。现在，她们发现出现了这样一种相间的状况，那就是模型展现的场景究竟是群岛的场景，还是群山的场景（第 84 行至第 86 行）：

84 T：刚才你觉得这是群岛吗？

85 A：是啊……我觉得是。

86 T：我刚才觉得它是群山。

87 E：我也是……因为那有雪。

88 A：啊哈！聪明！

89 T：你看看这个动物［指着腐尸］。

90 A：啊哈……

91 T：我觉得好奇……究竟是什么腐尸呢？

92 E：我不知道……是旅鼠？……它能是什么呢？

93 T：没错！我觉得是，它看起来不像是来自群岛的动物。

94 E ＆ A：是不像。

95 E：看来这是群山呢。

96 T：是……还有那些小植物……它们也不大……

97 A：还有地衣……

98 T：还有那些苔藓……它们叫什么名字？……苔……［苔藓］？

99 A：呃。

当这三位实习生建立起"看来这是群山呢"(第 95 行)这一相关时，这个相间的状况才得以解决。为了解决它，这些实习生在模型的不同部分和她们有关于特定动植物习性的知识之间建立起了各种相关。例如，她们在腐肉和旅鼠之间建立起了相关(第 92 行)，在模型的其他元素与小植物和苔藓(第 96 行和第 98 行)及地衣(第 96 行)之间建立起了相关，所有这些都通常是与斯堪的纳维亚群山联系在一起的生物。

孤零零的鹰(3)

有两个片段讨论的是关于环境的主题，在这两个片段之间，还有一个主题出现在会话过程中(片段 3，图 5-2)，当时伊丽莎白发现模型中的鹰就只有孤零零的一只(第 72 行)。

72 E：我刚才觉得……嗯……它们[鹰]是不是经常都孤零零的？

73 T：啊！没错。

74 E：它吃腐肉的时候……看起来好像很孤单啊……

75 T：是的……是很孤单。

76 A：呃。

77 E：我觉得通常应该有更多只动物聚在一起才是……因为它们奔向的是同一个东西[打手势，用手围成一个圈]。

78 T：啊哈[表示认同]。

79 A：呃[表示认同]。

80 T：但是，毫无疑问，它是老大……其余的……可能……得等它完事了才能轮到自己。

81 E：可是，接下来不应该是轮到乌鸦了吗[……]

82 T：是的！它们把什么都不放在眼里！它们还是在刺激它。

83 E：有可能。

她们不但与自己在模型中观察到的东西建立了相关("毫无疑问，它是老大"），而且还和之前在与乌鸦的行为有关的主题中建立起来的相关建立了相关。（"得等它完事了才能轮到自己""它们还是在刺激它"；把这两句话与第41行、第44行和第53行进行比较我们就会发现这一点。）但是，她们并没有能够成功解决鹰为什么会孤零零的就一只这个问题。这个主题看起来似乎是一个小插曲，只是在两个片段（片段2和片段4）中间才出现过一次，这两个片段涉及的是与环境有关的议题，这个议题在会话中才更加具有中心的地位。

腐尸(5、7、12)

有一个主题在这些实习生的会话过程中出现过好几次（图5-2），那就是腐尸。这具腐尸究竟是什么动物的是个疑问，而且这个疑问在其他主题中也出现过，比如当实习生们对环境进行讨论的时候（片段2，第89行至第93行）。

在片段7中，腐尸是仔细观察的对象。

89

109 T：我在纳闷，这是动物的哪个身体部位……你想过吗？……

110 E：它［鹰］吃的是［腐尸的］前半部分。

111 A：那些是肋骨。

112 E：呃。

113 A：那儿都到食道了。

114 E：没错，好像是喉咙。

115 T：它已经把整个头部都吃掉了！

116 E：啊哈！

117 T：老天！那得多饿呀……！

118 E：呃……那是旅鼠吗？……或者是别的什么？

119 T：我不知道……旅鼠好像小了点吧……难道是獾？

120 A：我之前觉得是狐狸……但颜色不对啊……是猞猁！

121 E：对。

122 T：呃。让我们看看尾部，如果我们能看到别的什么的话……[实习生们围着模型转，对腐尸的后部进行观察]。

123 T：是狍子！

124 A：是的！没错！

125 T：它是只狍子？

126 A：我觉得是。

127 E：一只小狍子……

128 T：是有点小……但没有腿呀。你们看到腿了吗？腿在哪里呢？

129 E：可能……在腐尸的下面吧……

130 A：呃。

在会话过程中，几位实习生在腐尸与好几种动物之间建立起了相关（獾、狐狸、猞猁和狍）。我们可以发现，苔丝对她自己和别人在这一问题认识上的不一致有些疑惑（第125行），因此需要建立进一步的相关来澄清腐尸为什么会是这么小的个头（第126行至第128行）。这段会话以一个新的相间状况的出现结束，从名义上来看，即腐尸没有腿（第128行）。

这个主题在会话的结尾（片段12，图5-2）又一次简短地出现了，当时教师正在场，实习生们正在进行有关于鹰的推理。

205 A：问题是它[鹰]自己是不是能够吃得掉头部。

206 T：不……那是对的，头不见了……还有腿！它们都去哪里了呢？我不知道它到底是什么动物。

207 教师：你有什么头绪吗？

208 E：哦……狍子。

209 T：一开始我们曾经认为是狍子……因为它有白尾巴。我要看看腿在哪里，应该伸在外面的一个什么地方！

这几位实习生倾向于把腐尸确定为狍子，但仍然还有问题没有得到解决。她们通过对一些解剖学上的细节进行区分，已经克服了好几个相间的状况，解决了如何识别腐尸的问题。但还有一些相间的状况她们无法克服，即腐尸为什么头和腿都不见了。这些相间的状况从片段 7 开始便出现了，一直到片段 12 都还没有得到解决。

黄色斑点(6、8、10)

90 在这三位实习生的会话中，有两个主题不是自发出现的，而是教师通过把她们的注意力引向模型中的某些特定细节而引入的。第一个是雪上面的黄色斑点。

> 100 教师：你们注意到雪了吗？[指着雪]
>
> 101 T：注意到了呀，我们刚才还写下了一些与它有关的问题呢……我们写的是：雪上面黄色的是什么东西？[翻看自己的笔记本]所以，我原来以为……是它把自己弄湿了导致的……或者是因为别的什么？
>
> 102 E：它这么害怕！……真是可怜！
>
> 103 A：啊！
>
> 104 T：可是……另外一边也有黄色的东西呢[指着石头]。
>
> 105 E：那是什么？
>
> 106 T：我也不知道。
>
> 107 A：呃。

显然，雪上面有黄色斑点，这件事在之前就已经被注意到了(第101 行)，但只有与教师相遇，才能够把针对这一主题的推理推向更加深入。接下来，这个主题在片段 8 中再次出现(第 132 行至第 141 行)，这次倒没有伴随着来自教师的干预。

132 T：你也看到了这里的黄色斑点，是吗？

133 E：可这里的黄色斑点看起来和别的地方的有些不一样。

134 T：嗯，有可能。

135 E：它好像是附着在石头上面的。

136 T：呃。

137 E：有可能是地衣或别的什么东西。

138 A：没错。

139 E：这看起来好像是渗进来的[雪上面的黄色斑点]，我原来觉得是这样的，或者还有别的原因……

140 T：胆汁。或者，可能不是……鸟儿弄的……

141 E：呃……啊[不情愿的]。

她们分别在模型的这两个方面，即在"好像是附着在上面的"和"好像是渗进来的"之间，以及在地衣和胆汁之间，建立起了相关。但相间的状况并没有得到缓解，因此她们暂时中止了对这一话题的讨论。

稍后(片段 10)，教师专门问到了这三位实习生有关于黄色斑点的事情，她们又想起来了之前建立起来的相关：

153 教师：你们想清楚黄色东西是什么了吗？

154 T：首先，我们想到了是动物的胆汁或像胆汁的什么东西……但事实上我们并不能确信……因为在另外一边，它已经渗透到雪地里去了……它更像是一种液体，但在这边它却是在石头上面的。

155 教师：呃。

156 A：它看起来好像已经干涸了。

157 E：呃。

158 T：这里[指着雪上面的斑点]……你们看……它的颜色差不多也是一样的，但……

　　159 教师：呃……有可能是……

　　160 T：别的什么东西？

　　161 教师：有可能是来自于地衣的什么东西。

　　162 T：没错！……但那个[雪上面的斑点]看起来不像啊。

　　163 教师：是吗？……

　　164 T：我之前以为是它弄湿了自己……或者就是胆汁。

　　165 A：呃……或者是这些鸟中的某一只弄的……

　　166 T：胃……它看起来像胃里的……胃酸。

　　167 E：胃酸。

　　168 T：胃酸。

　　169 E：呃。

　　这些实习生已经注意到了这些斑点之间的不同，但她们并不能确定这些斑点究竟是什么东西弄的。因此，在第 163 行，教师确认了石头上的斑点可能是地衣，但要求她们继续把推理进行下去，搞清楚雪上面的斑点究竟是什么（第 163 行）。可是，在这一点上，实习生并没能在雪上面的斑点与模型的其他构成元素之间建立起相关，而这种相关是有可能为她们把推理继续进行下去进而克服相间状况起到帮助作用的。

　　雪上面的脚印（11）

　　另外一个需要教师进行干预的主题关注的是模型中一个更进一步的细节，即雪上面的脚印，这些脚印散落在黄色斑点之间（片段 11，图 5-2）。

　　182 教师：你们有没有注意到旁边是什么……你们想过它是什么吗？[指着有黄色斑点的区域。三位实习生走近模型，开始仔细观察]。

　　183 T：呃……脚印……那些是脚印……

　　184 A：还有些毛。

　　185 T：肯定有动物来过这里，并把这里标记为了自己的领地。

没错！就是这样的！

186 E：是的！

187 T：不错！这是我的领地！［好像自己就是动物一样进行交谈］

188 E：呃。

189 A：没错……我之前觉得这是动物弄的，但这……好像是……嗯……刚才我们说是什么？……狍子……它们没有这样的脚啊。

190 T：不错。

191 E：是的。

192 T：那么，就应该是有别的动物来这里转过……又或者有可能是什么动物在这里捕杀过猎物，完了自己太累了，所以就在这里做了个标记，所以……别碰它！

193 A：呃。

194 T：那么，如果是这样的话，它还会再回来的……可是……它们过去不都是把猎物藏得远远的吗？

195 A：又不是在冬天……它不用这么做。

196 T：是的……它可能不用这么做。

197 A：可是，接下来它来了……［指着鹰］。

198 T：是的，它来了……

199 A：所以，它也是个食腐尸的动物。

200 E：啊哈。

201 T：我们一开始觉得这具腐尸应该是它杀死的……但现在看来事情可能不是这个样子。

202 E：没错……肯定不是它干的……或者还有别的可能？

203 T：哦，没错，它可以非常轻易地抓住像这么小的动物。

204 E：啊哈。

205 A：问题是这具动物腐尸的头部是不是被它给吃掉的。

92

206 T：对啊……头不见了，还有腿！它们到哪里去了呢？我很好奇，这具腐尸到底是什么东西的。

教师进行干预导致的结果是，三位实习生注意到了这样一种相间的状况，即模型中为什么还会有脚印及残留下来的皮毛。在接下来的几行会话中，她们建立了一系列新的相关来回答这个问题。我们可以看到，三位实习生进行了一次意义建构，不但与在之前几个片段中获得的经验建立起了新的相关，而且还与对模型进行的新观察建立起了新的相关。其中最为核心的相关是在第 185 行中建立起来的，即"有动物来过这里"。在第 197 行，安娜借助于在这一行中建立起来的那个相关（"可是，接下来它来了……"），指出了在模型展现的情境中鹰的存在。在这里，我们可以看到这样一个过程，即之前建立起来的一系列相关再次浮现并且相互结合在了一起。这三位实习生还建立了一个新的相关，是关于乌鸦的行为的（"所以，它也是个食腐尸的动物"，第 199 行）。这个相关可以拿来与之前在片段 1 中（第 24 行至第 26 行）建立起来的一个相关进行比较。这个相关在这里起到的作用是帮助实习生们认识到了鹰和乌鸦之间还存在着一个共同的特征，即它们都是吃腐肉的动物。因此，这个新建立起来的相关后面还跟着其他相关，这些相关指出了这样一种可能性，即这具腐尸可能并不是鹰猎杀的。

这段有些长的摘录清楚表明了教师采取的干预措施发挥的重要作用，正是教师的干预，才让实习生们注意到了模型的一些特殊细节，并让她们进行了更加具体详尽的观察。同时，它还展现了这些实习生是如何充分利用业已建立起来的相关的，这些相关有时候看起来建立得非常及时迅速。这段摘录告诉我们，在持续进行的对话中建立起来的各种相关成为具有潜在重要性的一系列学习事件。

大尺度分析

主题之间的关系分析

通过这种方式对实习生之间的会话进行分析让我们有可能把他们的

学习视为一段旅程，在这段旅程中，各种不同的主题代表了把学习的进程不断向前推进的可能性路径选择。对于这一组实习生来说，六个不同的主题代表了她们在学习过程中探索出来的那些特殊路径。

在这六个主题中，有两个关注的是乌鸦的行为及模型呈现的环境，在对这两个主题的探讨中，实习生们好像把针对模型进行的意义建构过程推向了更加深入的地步。她们能够对模型表现的环境进行解读，能够对模型表现的场景进行解释，而且还是从鸟类之间的生态关系这一视角出发进行的。

我们可以对主题1、3、9和11的顺序进行分析(图5-2)。它提供了非常有意思的信息，让我们可以加深对实习生们在与模型相遇的过程中进行的意义建构过程的认识。这样一来，在注意到乌鸦的行为时(片段1)建立起来的相关，在实习生们对为什么只有孤零零的一只鹰在那里进行讨论时(片段3)，便得到了进一步加强，而且实习生从共生的角度出发对鹰和乌鸦的行为做出解释的过程中(片段9)又再次用到了这些相关。最后，当意识到鹰可能也是一种食腐肉的动物时(片段11)，这些相关帮助这三位实习生对模型展现的场景进行了一致性的描述，把模型展现的场景描述为了一个整体。 ⁹³

与此形成对比的是，关注腐尸的主题似乎很难推动会话过程中的意义建构，也就是说它很难解决会话过程中出现的各种相间状况。三位实习生在好几个不同的片段里都谈到了腐尸，但在这一过程中，她们遇到的都是各种不同的相间状况，焦点集中在物种、解剖学细节及尸体不见了的部位上。尽管困难重重，但当教师要求她们给腐尸一个"说法"时，三位实习生觉得这具腐尸是狍子的可能性更大一些，可同时她们也认为有必要找到更多细节方面的证据，只有这样才能得到一个更加可靠的结论。

有意思的是，这些不同的主题提供了不同的行动方式(如不同的实践认识论)，即究竟应该把焦点集中在模型的哪些方面上。在关注腐尸的这个主题中，三位实习生需要把腐尸作为一个特殊的对象，对其做出一系列区分，只有这样才能够最终确定究竟是什么动物的腐尸。在手头掌握的有关于这个问题的详细情况，以及其他一系列突发事件的推动下，她们从语言学的角度出发，对这具腐尸究竟叫什么及具有什么样的特征进行了探讨（Hamza & Wickman，2009）。在这个例子里，就是要实习生根据已经掌握的各种详细情况以及各种突发事件，另外还有一具残缺不全的尸体，来回答这究竟是什么动物的腐尸。另外一个同样也需要做出区分的例子，就是会话过程中有关于雪上面的黄色斑点那一段。在这一段会话中，是教师发现了相间状况的出现，即无法确定雪上面的黄色斑点究竟是什么。随后，三位实习生首先应该做的是在模型的某一特殊层次上做出区分，只有这样才能够得出结论，即存在着两种不同的斑点，这两种不同的斑点代表着场景中不同的东西。显然，在腐尸（确定属于什么动物的）和黄色斑点这两个例子中，像这样的区分对于实习生们不断把活动向前推进来说非常重要。另一方面，在有关于乌鸦的行为这一主题的情境中，对这些区分进行梳理则相对来说并不是那么令人感兴趣。安娜在好几个地方使用了错误的名词（喜鹊）来指称乌鸦。在这个例子中，乌鸦和喜鹊之间具有的相似性，即它们都是吃腐肉的动物，似乎比叫得出其正确的名字更为重要一些。

教师的作用

一直到片段5，会话过程都没有出现教师的身影。在一共出现的6个主题中，有4个主题是自发出现的。但是，教师的出现让实习生们把注意力放在了模型的某些特定细节上，教师采取的干预措施让这三位实习生能够深度参与到另外两个主题的讨论之中。第一个主题是关于人造雪景上的斑点的。教师指出模型的这一细节，目的是为了让实习生们注意到场景中还有别的动物留下的痕迹。尽管这三位实习生一再提起过这个主题（片段8），而且教师也再次明确地把雪上的斑点作为会话过程中出现的一个重要细节（片段10），但她们在针对这一主题的推理上面临着重重困难，相间的状况一直到最后也没有解决。这样一来，教师就有必要采取干预措施，让这些实习生注意到场景中的一个更进一步的细节，即这些脚印是散落在雪上的黄色斑点之间的。教师采取的这一干预

94

措施导致的结果是，这些实习生能够意识到场景中还有别的动物出现过，并且在对场景进行重新解读的过程中成功地建立起了一系列相关。

解说员的意图：基于第三人称的分析

我们之前对会话的分析是从实习生的视角出发，对她们的学习进行的一种描述。然而，从第三人称的视角看，我们可以把她们的这种学习与模型所要达到的目的进行比较。那么从像这样的一种分析中，我们就可以得出下面这个结论，即就不断地提出问题这一明确的任务和通过一系列的生态学解释形成对场景的理解来说，她们的表现是成功的。这些实习生能够意识到，乌鸦是为了激怒鹰而表现出骚扰行为的，虽然她们并没有提到二者之间同样也存在着合作的可能性，而这正是展品想要表达的。还有，这些实习生不仅注意到了模型所展现的环境的各种不同方面，而且还能够对模型展现的景观做出各种解读，其中有的解读还貌似有道理。

这个模型其中一个明确的目的是，促进实习生对模型的某些细节的推理，比如动物在雪上面留下的斑点与脚印，以及腐尸的头部不见了等。腐尸没了头部是几位实习生自己发现的，但对雪上面的斑点与脚印予以关注却需要来自教师的干预才能做到。讲解员让实习生们关注这三个细节的意图之一，是想让她们意识到在鹰之前有一只狐狸曾经来过腐尸这里，但这几位实习生并没有如讲解员所愿做到这一点。然而，在会话的最后注意到雪上的脚印却非常关键，因为这可以帮助几位实习生继续进行她们的推理，同时它还对鹰的行为进行了更加精确的解释。对于这些实习生来说，腐尸是模型中一个成问题的部分；但她们注意到了模型的各种不同方面，而且还建立起来了各种各样的相关，这样一来就确认了腐尸的身份，这表明腐尸对于促进她们的推理来说是一种非常有意思的资源。

最终结论

这篇文章的主要目的是为了说明，如何使用实践认识论分析的方法来对博物馆场景下教育活动中的学习过程进行研究。以这种方式对学习进行描述首先要从学习者的视角来进行，也就是说，要描述他们认为什么东西对于自己把学习进程向特定方向推进来说才有效，对这一点进行强调非常重要。通过把详尽的实践认识论分析与涉及一系列特定主题的会话片段的序列联系在一起，我们就能够说明：对于实习生的学习过程究竟走向何处来说，某些特定的相间状况的出现以及某些特定的相关的建立究竟有多么重要。我们还能够说明的是：对于参观一项博物馆展品的学生群体来说，当教师（或博物馆教育工作者）为他们提供简短且精练的干预措施时，教师发挥的作用是多么的重要。之前利达尔（Lidar, et al.，2006）在一项针对实验室工作的研究中，也对这方面进行了突出强调。和我们这个对实习教师的实践认识论进行的研究类似，这些作者对教师在认识论方面发生的变化也进行了描述，也就是说，他们描述了教师为学生提供指导的方式方法，即展现出来的什么东西才算是知识，以及获取知识的恰当途径是什么。在博物馆场景中，有好几项针对家庭成员之间的会话进行的研究，这些研究阐明了，来自父母的干预措施，对于为孩子们学习科学并获得相应的科学技能提供支架来说有什么效果（Ash，2002；Ash，2003；Palmquist & Crowley，2007；Zimmerman，Reeve & Bell，2010）。然而，还有必要展开其他一些相关的研究，对在为学生于非正式环境中发生的学习提供支架来说，教师究竟应该采取什么样的干预措施进行探索。另外，对这些活动如何才能够被作为工具引入到对规划与教学的反思中进行探索，也非常有价值。在教师教育中，就像针对教师专业发展提出的那些建议一样（Lederman, Holliday & Lederman；见本书），对展品在实习教师的科学内容知识发展过程中的地位和作用进行探索，也非常重要。

我们对实习教师在学习过程中究竟是如何与模型所要实现的目的进行相互作用的进行了分析，这让我们能够评估在博物馆场景下发生的这一学习活动的相关性及质量，并评价这一特定的模型在推进学习上具有的潜力。在分析中，我们不但描述了实习教师究竟是如何推动自己的学习进程不断发展的，而且还描述了模型的哪些方面受到了学习者的关注，哪些方面容易进行意义建构，还有哪些方面仍然没有得到解释等。我们也可以对其他模型与活动进行与之类似的分析，这项工作既可以由研究人员来完成，也可以由教师来完成，或者也可以由博物馆教育工作者来完成。究竟由谁来做，由具体要达到的目的来决定，即究竟是为了研究、教学，还是为了对博物馆展品进行完善与发展。

参考文献

Almqvist, J. & Östman, L. (2006). Privileging and artifacts: On the use of information technology in science education. *Interchange: A Quarterly Review of Education*, 37(3), 225-250.

Ash, D. (2002). Negotiations of thematic conversations about biology. In G. Leinhardt, K. Crowley & K. Knutson (Eds.) *Learning conversations in museums*. Mahwah, NJ, US: Lawrence Erlbaum Associates Publishers.

Ash, D. (2003). Dialogic inquiry in life science conversations of family groups in a museum. *Journal of Research in Science Teaching*, 40(2), 138-162.

Gyllenpalm, J., Wickman, P. & Holmgren, S. (2010). Teachers' language on scientific inquiry: Methods of teaching or methods of inquiry? *International Journal of Science Education*, 32(9), 1151-1172.

Hamza, K. M. & Wickman, P. -O. (2008). Describing and analyzing learning in action: An empirical study of the importance of misconceptions in learning science. *Science Education*, 92(1), 141-164.

Hamza, K. M. & Wickman, P. -O. (2010). Beyond explanations: What else do students need to understand science? *Science Education*, 93(6), 1026-1049.

Jakobson, B. & Wickman, P. -O. (2007). Transformation through language use: Children's spontaneous metaphors in elementary school science. *Science & Education*, 16(3-5), 267-289.

Lave, J. & Wenger, E. (1991). *Situated learning: Legitimate peripheral participation*. Cambridge: Cambridge Univ. Press.

Lidar, M., Lundqvist, E. & Östman, L. (2006). Teaching and learning in the science classroom: The interplay between teachers' epistemological moves and students' practical epistemology. *Science Education*, 90(1), 148-163.

96

Lundegård, I. & Wickman, P.-O. (2007). Conflicts of interest: An indispensable element of education for sustainable development. *Environmental Education Research*, 13(1), 1-15.

Palmquist, S. & Crowley, K. (2007). From teachers to testers: How parents talk to novice and expert children in a natural history museum. *Science Education*, 91(5), 783-804.

Piqueras, J., Hamza, K. M., & Edvall, S. (2008). The practical epistemologies in the museum: A study of students' learning in encounters with dioramas. *Journal of Museum Education*, 33(2), 153-164.

Rogoff, B. (1995). Observing sociocultural activity on three planes: Participatory appropriation, guided participation, and apprenticeship. In J. V. Wertsch, P. del Río & A. Alvarez (Eds.) *Sociocultural studies of mind*. New York: Press Syndicate of the University of Cambridge.

Säljö, R. (2000). *Lärande i praktiken: Ett sociokulturellt perspektiv*. Stockholm: Prisma.

Wertsch, J. V. (1991). *Voices of the mind: A sociocultural approach to mediated action*. Cambridge, Mass.: Harvard University Press.

Wickman, P.-O. (2004). The practical epistemologies of the classroom: A study of laboratory work. *Science Education*, 88(3), 325-344.

Wickman, P.-O. (2006). *Aesthetic experience in science education: Learning and meaning-making as situated talk and action*. Mahwah, NJ, US: Lawrence Erlbaum Associates Publishers.

Wickman, P.-O. & Östman, L. (2002). Learning as discourse change: A sociocultural mechanism. *Science Education*, 86(5), 601-623.

Zimmerman, H. T., Reeve, S. & Bell, P. (2010). Family sense-making practices in science center conversations. *Science Education*, 94(3), 478-505.

第六章
基于展品的专业发展对教师学科教学知识的影响

朱迪斯·莱德曼[①]，加里·霍利迪[②]，诺曼·莱德曼[③]

导　论

很多大学的研究生专业已经开始认识到教师互动的价值，并在相应 97
的课程体系中对这些具有网络化特征的学习机会进行了系统化的规划。
中小学教师被要求广泛掌握一些与他们所教授的科目有关的学科专门知
识，这种情况不仅在美国是普遍状况，而且在世界其他很多地方也是如
此。本章将详尽描述一个与科学有关的专业发展项目，这个专业发展项
目是由一家科学中心与一所大学共同创建的，其目的在于通过一系列针
对科目的特定博物馆展品来促进教师对科目内容、教学法及课程的
学习。

这些展品为教师提供了一个学习环境，让他们可以掌握与科学相关
的知识，同时也向他们提供了一个相互之间进行互动的环境。博物馆教
育工作者与来自大学的教师为科学内容、相关的教学法以及模板课程提

① Judith S. Lederman, Illinois Institute of Technology, US, 朱迪斯·莱德曼，伊利诺伊理
工学院，美国.
② Gary M. Hollyday, The University of Akron, US, 加里·霍利迪，阿克伦大学，美国.
③ Norman Lederman, Illinois Institute of Technology, US, 诺曼·莱德曼，伊利诺伊理工
学院，美国.

供现场指导，这些科学内容、教学法和模板课程把展品与中级水平的科学课程联系在了一起。教师拥有各种对科目内容、课程及展品进行相互讨论的机会，并就如何尽可能好地把这些整合与贯彻到自己的教学中进行规划。本章将对这些交流以及独特的基于展品的学习机会对于教师的价值进行讨论，并思考这些互动对于教师之于学科内容、教学法及学科教学知识（Pedagogical Content knowledge，PCK；Shulman，1986）的理解有何启示。

学科教学知识主要关注的焦点是作为学科内容知识转换者的教师。很清楚的一点是，教师必须掌握一些其他特定的知识范畴（如教学方面的、学校方面的、学习者方面的以及课程方面的）。然而，对于一位卓有成效的教师来说，最终的判断标准是其是否拥有把自己知道的东西转换成对所有学习者来说都容易接受的形式的能力。把一位数学方面的专家与数学学科内容专家及数学教学专家区别开来的正是学科教学知识。尽管在学科教学知识这一框架中，明确的具有中心地位的是来自六大领域的知识，但最关键的是要意识到：这些范畴相互之间是高度关联在一起的，这种相互之间的关联性成为教师展开活动及拥有经验的最显著特征。

在非正式教育场所中，为教师提供各种专业发展机会已经有了很长一段时间的历史。通常情况下，这些经验的焦点集中在把展品介绍给教师上，并帮助他们掌握如何才能够把展品的目标整合到自己的课堂教学中。与这些类型的专业发展项目相关的研究考察的是教师使用新课程的方式，以及他们是否在接下来的时间里会进行各种实地考察，又是如何实施的。在这些研究中，有很多同时还关注了学生在非正式场所会有何种行为表现，以及在这种非正式场所究竟学到了什么东西。

从历史上看，从事课堂教学的教师业已被告知要熟悉自己参观的非正式教育场所，要对实地考察进行精心设计，只有这样才能够把实地考察与课堂教学联系在一起；人们还要求教师要通过把学生导向现场来让他们为实地考察做好准备，要提供诸如工作表之类的材料以为学生提供引导，要帮助学生深度参与到参观之前及之后的各种活动中去。此外，还有人建议陪着孩子来的大人，比如监护人，也要为参观做好恰当的准备（Griffin，1999）。

然而，目前的文献基本表明：学生通常并没有为实地考察做好充分的准备，而教师也没有意识到学习在非正式科学机构（Informal Science Institutions，ISI）中究竟是如何发生的，或者是对参观没有任何明确的目标（Anderson，Kisiel & Storksdieck，2006；Griffin，1994；Griffin & Symington，1997；Jarvis & Pell，2005；Kisiel，2005；Orion & Hofstein，1994；Storksdieck，2001）。此外，很少有研究关注非正式的教育专业发展项目有可能会给教师自己对科学内容的学习带来怎样的影响，或者是各种不同类型的非正式教育专业发展，包括通常时间比较短但内容却比较多的暑期学校在内，究竟如何对它们的有效性进行比较（Garet，Porter，Desimone，Birman & Yoon，2001；Wayne，Yoon，Zhu，Cronen & Garet，2008）。

教师在非正式场所参加专业发展项目时，他们自己相互之间会发生互动，但很少有研究关注这种互动的价值，也很少有研究关注这种互动对他们在教学上的后续影响。教学是一门难度很大而且高度复杂的职业。教师通常情况下都是各自为战，尽管他们的工作很重要，但却通常得不到经济或社会地位方面的回报。虽然现在大力提倡教师参加各种专业发展项目，但不管这些项目是学区负责实施的，还是其他非正式机构负责实施的，其质量都令人怀疑（Loucks-Horsley，Love，Stiles，Mundry & Hewson，2003）。也许，对于引领教师持续不断的进步来说，最重要的导引力量是建立各种优良的同伴互助的模式，为同事之间在专业发展过程中的互动提供支持。

为数不多的个别研究业已表明：就教师专业发展而言，在大学层面上，借助于同事团队（Ferry，1993，1995）或教师团体（Anderson，et al.，2006）开展的合作已经越来越多，而且提供给个人进行反思的机会也越来越多。这些专业发展项目包含了更为广泛的内容，而且还在大学与非正式科学机构之间建立了相应的合作伙伴关系，这样一来，相互之间便拥有了共同语言，而且还可以让教师有机会在非正式环境下与那些教学理论和教学法方面的策略建立起明确关联。尽管短期的内部专业发展工作坊对教师来说有些好处，但内容更为广泛、在时间上持续一个学期的专业发展项目，诸如在大学的方法课程里或是在与大学有合作关系的非正式场所中可以看到的那些项目，对于从事中小学课堂教学的教师来说似乎会更有好处，而且也可以提供更多合作机会。

非正式教育专业发展中的探究与合作

现在，人们对基于探究的教师专业发展项目有需求；而且人们相信，鉴于各种非正式科学环境具有的建构主义性质，它们可以提供很多探究的机会(Russell，1996)。对于这个问题，我们会在非正式场所及其展品的场合中进行更进一步的探讨。《国家科学教育标准》(*The National Science Education Standards*，NSES)把探究性学习描述成一种积极主动的学习过程(NRC，1996)①。在这个过程中，个体建构属于自己的意义，并改变之前的认识。此外，探究性学习是依赖情境的，它具有社会建构的性质，而且和科学探究有着某种联系(Anderson，2007)。然而，对于我们对这一问题的讨论来说，特别是对于在非正式科学机构的展品与展览这一场景中对这个问题的讨论来说，重要的是要记住：探究性学习还包括两个截然不同的内容，学生进行探究的能力以及学生对探究的理解与认识(NRC，1996)。

展品设计人员往往试图为观众创造一些体验，这些体验具有相似的特征，而且往往被认为具有建构主义的性质。例如，奥本海默(Oppenheimer，1973)当初创建互动展品的目的，就是希望观众能够利用获得的第一手体验来形成属于他们自己的洞见。在理想情况下，像这样的展

---

① National Research Council，国家研究理事会，简称 NRC。

品可以被认为拥有四个层次：第一个层次是体验，在这个层次上，观众能够对可能发生在自然状态下的某种现象或其他某些事情进行体验；第二个层次是探索，通过探索，观众能够与展品的各组成部分进行互动，并对它们进行操作，从而发现现象的某些新特征；第三个层次是解释，在解释这个层次上，观众能够获得某些概念方面的洞见；第四个层次是拓展，当观众与其他的相关展品进行互动时，能够对之前获得的想法进行一般化推广。

这种展品创作的建构主义策略似乎不太适合提升观众对科学概念的认识，在研究文献中，也很少有这方面的证据出现，其中很特殊的原因在于观众很少能够超越前两个层次（如 Stevens & Hall，1997），除非这些展品包括了非常明确的具有反思性质的组成部分。对于教师来说，当他们在专业发展过程中参与到一些与展品相关的活动之中时，情形也是如此。尽管科学探究主要涉及的是科学过程[例如，收集和分析数据，得出结论（AAAS，1990，1993；NRC，1996）]，但是一旦参与到了探究活动之中，他们就会以社会性的方式建构属于自己的意义，他们"在认识上的不断丰富是和把自己的想法与别人进行深层次的交流密切联系在一起的"（Anderson，2007，p. 809），这一点在各种各样的改革文献中都有提及。

在对教师的专业发展进行考察时，也需要考虑到这种合作元素的存在，这样一来，在这些面向教师的专业发展项目中，我们就可以"鼓励并支持教师努力合作"（NRC，1996，p.59）。这些建议与在非正式环境下发生的学习以及学习的情境模型（Contextual Model of Learning）具有一致性（Falk & Dierking，1992，2000），尤其在考虑到社会文化环境时更是如此（特别是在群组内部存在着社会性中介以及来自其他人的中介支持时）。另外，《国家科学教育标准》建议，从事课堂教学的教师要充分利用各种各样的社群资源，比如博物馆或科学中心之类的，来服务于自身专业发展的需求（NRC，1996）。当然，这其中也包括了对传统课堂之外职前教学经验的重视。

100

研究的概况

一般来说，"展品"这个词是指非正式科学机构中一个单独的展陈，这个展陈可能具有互动性，也可能没有。另外，一个单独的展品可能会在主题方面与其他展品有联系，也可能没有。当使用"展览"这个词的时候，它是被作为一个总称使用的，也就是说它描述的是一个包含很多内容的主题以及与这个主题联系在一起的很多展品。现在，对科学中心有很多批评，因为它们通常都是把一些展品堆砌在一起，这些展品都有互动部件或操作部件，但问题在于这些展品相互之间的联系不大，由此导致观众通过这些展品能够学到的科学内容非常有限。然而，如果我们使用相互之间有联系的展品会怎么样？是会增进，还是会抑制这样的合作或以内容为基础的教学会话？本研究对这个问题进行了探讨，我们考察了一门与学科具有特定关系的课程（"关于你的一切"），这门课程是由位于伊利诺伊州芝加哥市的科学与工业博物馆开设的，在课程设计中使用了一个特定的展览，这个展览包含了若干相互联系在一起的展品，这个展览着重展示的是生命科学方面的内容。

伊利诺伊理工学院的数学与科学教育系是本门课程的大学合作伙伴。参加工作坊的人可以得到三个研究生学分，所有参与本门课程学习的人都可以得到一份以字母表示等级的成绩单。所有课程都符合《伊利诺伊州科学学习标准》（*Illinois Learning Standards for Science*，1997）的要求，而且在设计过程中遵循了《国家科学教育标准》（NRC，1996）。比尔曼、德西蒙、波特和加雷（Birman，Desimone，Porter & Garet，2000）发现，在新近的研究文献中，很大一部分重点都被放在了一贯性（或与教师日常实践的一致性）、主动学习、内容以及专业发展的新形式等方面，这些都是以各种改革文件中提出的建议为基础的；科学与工业博物馆设计的这门课程与文献中反映的这一研究重点相一致。

样　本

参与本门课程学习的是四至八年级的科学课程教师，他们80％～100％的时间都是直接与学生打交道的，而且均拥有多达三十年的教学经验。所有这些教师都提交了参与本门课程的申请，科学与工业博物馆的工作人员对他们进行了评估，判断他们是不是需要多了解一些科学科目内容方面的知识，他们的学校是不是需要科学课程方面的资料（这是由学校提供免费午餐①的基本状况决定的），以及他们是否之前参加过科学与工业博物馆开设的专业发展项目。在本研究的样本中，共包括三个小组，每一个小组大概有三十名教师。这些教师的学校分布以及第一次参加本项目的人数见表6.1。

表6.1　每个课程组的教师人数

	暑期	学年组1	学年组2	总计
教师人数	32	29	33	94
芝加哥公立学校的教师	16	17	18	51
非芝加哥公立学校的教师	16	12	15	43
郊区公立学校的教师	8	4	5	17
伊利诺伊教区/私立学校的教师	5	10	6	21
外州的教师	1	—	—	1
第一年参加科学与工业博物馆课程	12	15	18	45

设　计

提供给教师的课程持续整个学年，在课程学习中会面一共有六次，每次一整天的时间。这三个课程组大概一个月见一次面，一共有四十二小时的联络时间。第六次会面的那一天，主要是教师相互分享在这个学年里他们各自教的那些课。同时，在暑假期间这个课也有开，而且大家可以有一个星期的见面交流时间（五天），有三十五小时的联络时间，而

---

① 免费午餐是体现美国学校质量的一个指标，享受免费午餐的学生人数与学校质量成反比。——译者注

且还不包括第六次会面的那一天，即教师相互之间分享自己所教课程的那天。尽管在这三组课程中，课程内容都一样，但暑假期间对课程内容的呈现方式与学年期间对课程内容的呈现方式不同。在本研究中，有两个小组参加的是在学年期间开设的课程，另外一个小组参加的则是在暑假期间开设的课程。课程对所有参加课程学习的教师都有强制性的要求；如果一位教师缺课超过一次，那么将会被从本门课程中除名。课程材料与教学进度都是由科学与工业博物馆的工作人员制定的，在这一过程中，也有来自伊利诺伊理工学院数学与科学教育系的教师参与。我们现在将对它们做简单描述。

"关于你的一切"（生命科学）

"关于你的一切"这门课是对科学与工业博物馆一项新的永久性展览"一起来体验"的补充，这项展览始于 2009 年 10 月。在课程学习过程中，会面的主题包括：对课程的介绍；细胞、组织与器官；身体系统；遗传与进化；健康与保健；结论。在课程学习期间，教师会对科学内容进行讨论，并践行各种基于探究的课堂活动。

每次课都会持续一整天的时间，每次课的焦点会集中在上述内容的某一项上，会探讨教师如何才能够把这些内容涉及的主题带回到课堂中。这些课程除了涉及的内容非常广泛而且具有跨学科的性质之外，还会探讨如何进一步把各种以探究为基础的教学方法具有的互动性注入课堂；另外，这些课程还会探讨诸如科学与工业博物馆这样的非正式科学机构如何才能够被用于进一步实现业已确立的各种课程目标，其具体的实现途径究竟有哪些。为了做到这一点，课程的开发人员还试图让参加课程学习的教师获得如下一些学习结果，这些学习结果都是关于学科内容知识的，其中既有认知方面的，也有社会方面的，还有情感方面的。具体如下：

- 描述器官、组织与细胞是如何实现人体的各种特定功能的。（认知的）

- 区分人体系统的每一个组成部分是如何能够满足特定功能的实

102

现的，是如何相互协同工作的，是如何受人的选择影响的。（认知的）

· 解释遗传物质是如何决定了那些可以通过内部变化与外部力量得以改变的特征的。（认知的）

· 阐明要想在社会、情感、心理与身体的层面上保持健康，必须接受教育并做出积极与正面的选择。（认知的）

· 能够在对学生来说恰当的层面上促进其对健康、保健以及人体的探索。（社会的）

· 在对健康、保健与人体进行探索的过程中，有越来越舒适的体验。（情感的）

· 在实施那些于工作坊中进行探索的课程/活动时，感觉到很舒服。（情感的）

· 在实施那些给定的但并不在工作坊中进行探索的课程/活动时，感觉很舒服。（情感的）

"一起来体验"这项永久性的展览主要被用来强调课程的内容。它包含有八个主题，都是关于人的心理、身体与精神的，具体包括：你的未来、你的开始、你的运动、你的胃口、你的心脏、你的心理、你的活力、医疗创新。另外，还有一个永久性的展览叫作"遗传学"，在这门课程学习中也会用到，其目的主要是为了对一些相关的内容进行强调。这个展览包含的展品主要是关于克隆、基因工程、脱氧核糖核酸(DNA)、遗传咨询、人类基因组的，另外它还有一个小鸡孵化场。

数据收集与分析

教师们参与课程学习及与展品进行互动的情况都以视频和音频的形式记录了下来。另外，我们还要求教师在进入展品区域开展活动的时候佩戴上 Livescribe 录音笔。每一课程里都有六个小组的活动情况被记录了下来，每个小组包括两至三位教师，整个项目一共有十八个小组。

我们使用 Transana 视频与音频分析套装软件，对这些记录进行了分析，分析的重点是教师与学科内容或教学法相关的互动与讨论活动。尽管有很多数据需要考虑，但只有那些教师在参观展品时发生的互动才会在本研究中被用到。我们针对与展品的每一次互动，对会话进行了分析，并把这些会话划分为两种不同的类别，即与展品有关或与展品无关，在每一种类别下面，我们都对其进行了编码处理，主要包括三类编码，分别是与个人进行的讨论，基于内容的讨论，或教学法方面的讨论。非参与式观察及现场记录也为本研究进行的分析提供了额外的数据来源。

研究结果

103   从这些课程开始到结束，教师深度参与了一系列为数众多的展览体验活动。我们在这里进行的讨论将把焦点集中在教师进行的与展品有关的会话上，这些会话发生在他们参加两次传统的有导引的参观活动（这两次活动是在暑期开设的那门课程期间进行的）、一次自由探索活动以及一次使用工作表的活动（这两次活动均是在学年开设的课程期间进行的）过程中。

有引导的参观活动

在"一起来体验"这个展览中，第一次有引导的参观活动发生在课程一开始的时候。本次参观由一位为这个展览设计展品的人作为领队，他负责对展览的所有主题进行解释，特别是对每一个区域内的展品进行解释，从本质上来说，这是对展览做一个介绍。然而，在本次参观活动之前，我们要求教师要戴上耳机，引导员对着无线麦克风讲话。尽管这样可以让每一个人都能够在嘈杂的环境中听到引导员说的话，但却不利于教师相互之间以及引导员与作为听众的教师之间展开讨论。在参观行将结束时，引导员会要求教师提问题，但他却不能解答这些问题，因为时间不够了。当回到博物馆中的教室后，也没有对参观的情况进行总结汇报，只是要求教师填写对这一段课程学习的评价，因为这是一天最后余下的时间了。

第二次有引导的参观活动参观的是"遗传学"这个展览，在参观之前，教师已经通过课程及活动对与 DNA 有关的内容进行了学习，做了铺垫。在这一天开始时，教师先进行了一个热身活动，即创建一个 DNA 模型，使用的材料是细长的软质铁丝以及干面条，他们一边制作模型，一边观看一段有关于细胞的视频。在房间的前方，有一块白板，白板上有图、表，还有名词，讲的都是染色体、基因、等位基因、细胞核、脱氧核糖核酸、核苷酸、脱氧核糖、磷酸、含氮碱基，另外白板上还有字母 A、T、C、G 等。当教师做完了 DNA 模型后，工作人员会对其进行讨论，并把它与白板上的图形以及词汇结合起来。接下来便是放映一个演示文稿，是有关 DNA 以及相关内容的，包括法医学、遗传性状、双螺旋、基因、异卵与同卵双生、突变等。演示文稿放映结束后，有位工作人员会对一项将要展开的活动进行说明，这项活动涉及从胶卷筒里面抽出一段三米长的粉红色毛线，以此来向学生展示一个 DNA 单链的长度。接下来教师继续进行参观，这次由另外一位展品设计人员作为领队(此人同时也是一位科学家)，每个人都要求戴上耳机，这样就能够听到导引员的声音了。就像前面我们描述的那个例子一样，在这个参观活动中，教师相互之间以及教师与导引员之间也没有讨论发生。

当回到教室后，一坐定，就有很多教师表示出了困惑与担心，他们不太理解上午参观的内容，也不太明白在参观过程中讨论的那些东西在教学上有什么启示。

第一组

104

教师 1(T1)：信息量太大了……我都顾不过来。

教师 2(T2)：开始的时候还好……

T1：然后我就不行了……

T2：我觉得还可以……把它搞定了，我弄明白了粉红色的线究竟是什么玩意儿……我只是……

T1：所以，在我们的每一个细胞里面，都有 30 000 个这样的玩意儿在里面……

T2：……

T1：在这些小块里……

T2：有四百万这样的玩意儿……四百万……

T1：我觉得……呃……DNA 编码是不是……ATCG 这样子的。

T2：我不知道……你还是再问问她吧。

T1：［参观］到楼下的时候，我就迷糊了。

第二组

教师1(T1)：所以，我现在有些迷糊了，你是从哪里得到DNA……的那条链的？它只是其中一部分吗？

教师2(T2)：有丝分裂……减数分裂……

T1：你明白我说的意思吗？其实，我只是在想……如果我搞不清楚，那么我的那些学生肯定也会感到困惑。我只是想让孩子们能搞清楚。

T2：是啊……我知道，我也是这么想的。

T1：我觉得必须得把它彻底搞清楚了。

一旦所有教师都结束参观活动回来后，工作人员就会问他们感觉怎么样。很多人会说感觉很好。但是，并没有人对本次参观进行具有反思性质的讨论。另外，工作人员也没有问大家对参观或者是早上的课程有没有什么问题。接下来，工作人员就匆匆忙忙地开始了下一课，是有关细胞分裂的(有丝分裂与减数分裂)，而没有对教师可能产生的与内容有关的问题做出解答。

自由探索

在学年课程的第一天，教师便以一种非常不同的方式对"一起来体验"这个展览进行了初步了解。这次是要求这些教师对展览进行自由探索，时间为四十五分钟，并完成下面三个开放性的焦点问题。

1. 把之前不知道的东西记下来。

2. 把参观展品过程中出现的回答不了的问题记下来。

3. 回答展品指南中提出的其中一个问题。

自由探索活动具有的开放性让教师可以开展与展品相关的讨论，这些讨论可以被划分为三种类别：个人的、基于内容的、教学法方面的。与展品相关的会话把观众与展品展现的内容联系在了一起。下面就是一个这样的例子，这个小组决定回答在展品指南中发现的其中一个问题，105这个问题把他们带到了医疗创新展品这里(图 6-1)。

图 6-1　教师们在医疗创新展区讨论展品

个人的与展品相关的会话

教师 1(T1)：你认为哪种医疗突破对人的生活影响最大？为什么？[拿着指南读出问题。]

[边看着展品，一边默不作声。]

T1：这里所有东西都很酷。我应该把我婆婆带来看看的；她更换的膝关节可能就和这差不多。

教师 2(T2)：哦，我的天。

T1：那是什么东西？髌骨吗？

T2：那个……那个是要整个都换掉吗？是把整块髌骨都换掉，还是只换一部分？

T1：我觉得……我觉得这可能要根据你受伤的程度来决定吧，但是最……最常见的情况是，我觉得就是这里说的这种情况……因为没了髌骨……你看到了那一小块白色的东西了吗？……

T2：它像是髌骨的一部分……

T1：没错，那就是人可能会缺的一部分，而且……恐怕有一天我也需要这个玩意儿。

T2：真的？

T1：是啊，因为我有膝伤，它经常发作……你知道的。

基于内容的与展品相关的会话

106　　在同一个展区内，另外一个小组的教师正在参观"第二层皮肤"这个展品，以及与之相关的面板上的文字，具体会话过程如下：

教师1(T1)：人造皮肤！

教师2(T2)：哇！

T1：这上面说皮肤是我们身上最大的器官，也是我们抵御感染的第一道防线……

T2：没错。

T1：所以，比如说如果某人……如果某人被烧伤了……那么他们就能够……他们就能够把坏掉的皮肤换掉，在上面换上这种人造皮肤，这样就可以治疗烧伤了。

T2：哇。

T1：因此，它实际上是用硅树脂做的。

T2：嗯……我不知道。

T1：以前我还没听说过有人造皮肤这事呢。

　　解读科学中心与博物馆中的互动——走向社会文化视角

T2：我也是。

教学法方面的与展品相关的会话

教师在教学法方面展开的讨论往往围绕的都是这样一个问题，那就是当学生前来实地参观的时候，他们会对展品中呈现的材料或文字面板做出何种反应。例如，在下面这个小组里，就有一位教师在进入展区之前喜欢停下来看看面板上的文字。

教师1(T1)：你别说，这还真不错。当你停下来看看这上面的文字，看看有没有什么语言不充分的地方会被我们的孩子们遇到，这样一想也蛮有意思的[原文如此]。我的意思是说，我站在这儿，就假若是他们站在这儿看这个……

教师2(T2)：神经科学家……

T1：神经科学家。你知道，除非你知道他们在课堂上听到过这个词，否则的话，他们碰到的时候会很难理解……现解释，是很难解释清楚的，明白吧？神经生物学……也是这样的，学生对神经与生物学这两个词都挺熟悉，但这两个词连在一起，他们就不知道是什么意思了。你说是吧？

T2：按照现在的状况，他们中有些人甚至连"神经"是什么意思都不知道。

T1：现在，我们所有的人都走马观花地粗粗看了一遍这个展览，可能我们中间没有人……我的意思是，可能有的人懂什么是生物学，但我怀疑我们这些人里面没人知道"神经"还是一门科学。

当回到教室后，教师被要求做两个事后的笔记，写下一个自己一直 107都没能解答的问题，另外把在对展品进行自由探索的过程中学到的东西也写下来。工作人员把这些笔记收集起来，目的是为了搞清楚下一阶段的课程学习究竟应该怎么开展。接下来，鼓励教师相互之间分享在对展品进行自由探索的过程中遇到的其他的别的问题。他们被告知：那些连教育工作人员都回答不了的问题，将会在下一个阶段的课程学习中请科学家来回答。

工作表的使用

学年期间开设的这门课程，要求教师完成一个活动，这个活动的内容是把一个动物细胞的各组成部分与一个工厂的各组成部分一一对应起来。在这个活动完成以后，紧接着放映一段演示文稿，这个演示文稿的作用是对活动涉及的内容进行强化。活动彻底完成后，紧接着的是另外一个活动，即向教师介绍细胞分化以及各种不同类型的细胞（血液、神经、肌肉等）。在此之后，教师要用黏土做一个受精卵分裂的模型——从一个受精卵变成十六个桑葚胚。接下来是一个讨论，讨论的焦点是胚胎干细胞，这些胚胎干细胞分化成大量不同类型的细胞的能力，以及一个细胞可以不断再生的这种品质。然后，工作人员安排课程学习进入下一课，是关于有丝分裂的，先是使用细长的软质铁丝和有孔小珠来对有丝分裂的不同阶段进行建模，接下来是让教师通过角色扮演的方式来模拟细胞分裂的过程。

在此之后，工作人员给教师每人发一张工作表，这张工作表在"一起来体验"这个展览中也有用到，其焦点是关于细胞与细胞分裂的，这是那天上午学习的内容。工作表里面共包含有七个问题，要求教师去参观四个展区的展品，它们分别是："产前展览"（你的开始）；"细胞更新"（你的未来）；"高科技人"（医疗创新）；"你血液里的东西"（你的心脏）。这七个问题要求教师去阅读文字说明，观察展品展示的内容，与动画或计算机模拟图像进行互动，并观看一段电影（"产前展览"中的"奇幻之旅"）。教师们有半小时的时间来完成这张工作表。

个人的与展品相关的会话

下面的会话发生在"产前展览"区内（图6-2），这个展览从1939年就开始了，它拥有二十四个保存完好的人类胚胎与胎儿，这些胚胎与胎儿的胎龄从二十八天到三十八周不等，每个胚胎与胎儿上都有标签标注其

108

胎龄。教师们要回答的一个问题是："找到一对双胞胎女婴，看一看同卵双生与异卵双生在受精过程上有什么不同？"这个问题的答案可以从旁边的文本标签上找到。

图 6-2　产前展览

教师1(T1)：呃……同卵双生它是一个受精卵……分裂出来的，但如果是……他们是两个单独的受精卵的话……

教师2(T2)：那就是异卵。

T1：对，他们就会成为异卵双生。

T2：就像我和我妹妹。

T1：对……那你是异卵还是……？

T2：我们是异卵双生。

T1：异卵？

T2：如果只有一个受精卵……你们彼此肯定有完全一样的基因，而且……你们肯定是极为相似的。

T1：不错……就像是一个模子刻出来的……［听不清］

T1：因此，你知道的……如果是异卵双生，你们俩都可能……卵子可能不是在同一天受精的。你可能已经先受精了……可能……

T2：第一个受精的可能是在……

T1：……在星期二……你妹妹实际上可能是在星期三或星期四。

T2：嗯，我是先出生的……大概先出生五分钟的样子。

T1：所以，你比她提前五分钟……好了……现在你们俩谁有孩子了？

T2：我妹妹……她有。

T1：她也是双胞胎吗？

T2：不是。

T1：哦，我爱人有两个姐姐……他们也是一对双胞胎。

T2：哦，是吗。

T1：我记不清她们究竟谁大了。我记不得了，但她们其中一人确实也有一对双胞胎，不过是异卵双生……一个男孩、一个女孩。

基于内容的与展品相关的会话

向教师提出的另外一个问题是："在下面的空白处描绘出一个胎儿是如何从一个单细胞发展起来的。"这个问题的目的是为了让教师把那天早上稍早前在博物馆的教室里学到的内容与他们在参观展品时被问到的问题联系起来。教师尝试相互帮助来理解学习的内容，但展品自身并没有提供很多额外的能够对这个问题做出回答的信息。

教师1(T1)：好了，现在我们有一个细胞，它每12小时分裂一次……还记得我们在课上学的吗？

教师2(T2)：记得，没错……

T1：那好，现在是1个细胞……然后变成2个……24小时后……变成了4个，36小时后……因为她[博物馆工作人员]说是每12个小时一次……就变成了8个……48小时后……就变成了

16个。

　　T2：每 6 个小时分裂一次？

　　T1：嗯［摇头表示不是］……4 加 4……是 8……

　　T2：哦，然后细胞数目便增加了一倍，我明白了。

　　T1：嗯［表示赞同］……

　　T2：8，8，8。

　　T1：因此，实际上……在两天的时间里，它变成了 16 个……这就是她为什么那么说的原因……还记得我是怎么数出来它是如何变成……16 个的吗？

　　T2：记得。

　　T1：为什么它只能是 16 个呢？因为它经历了一个两天的周期！

　　T2：不错。

　　T1：这就是为什么……你看……如果我们看这里的话……它说 48 个小时［指着文字标签］……16 个……所以我们现在可以这样来算算……如果我们这样算的话……

　　T2：好吧……分裂的时间是 28 天。

　　T1：如果我们按照 28 天来计算……它就是在这 28 天里面变成了一个完整的胎儿的，是吗？

　　T2：所有这些细胞都翻倍……每 12 小时一次。

　　T1：每 12 小时一次……这样的话，便创造出来了人体……的各个组成部分……各个不同的器官。

　　T2：对。

　　T1：很多种细胞……这些细胞……我们都学过的……还记得那个科学名词叫什么吗？［翻看笔记］

　　T2：呃……

　　T1：叫差异化？不是……是叫特化细胞……它们变成了特殊的细胞。

这些教师还再次参观了某些展品，就像他们在自由探索活动中进行的一样，但是工作表里提出的这些问题让他们把注意力聚焦在了展品文本的细节上。下面的这段基于内容的会话发生在"医疗创新"这个展区，是关于人造皮肤的，即"第二层皮肤"（图 6-3），要回答的问题则是"科学家是用什么来创造这些人造皮肤的？"

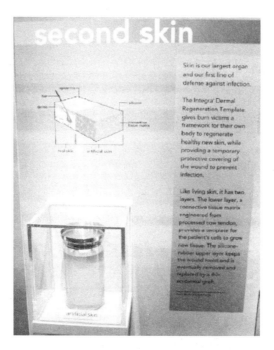

图 6-3　有关人造皮肤的"第二层皮肤"的展品

110　　　　教师1(T1)：它并没有具体说……是用什么做的呀？［喃喃自语］

　　　　教师2(T2)：因此你说是硅树脂？是硅树脂吗？

　　　　T1：对啊，我觉得是硅树脂……

　　　　T2：……会不会是牛肌腱？

　　　　T1：啊!？我觉得它应该是某种……特制的组织……你看这里有两层……

T2：因此，这就像创可贴一样……一直到下面一层痊愈了，才把上面一层揭掉。

T1：我……猜……我觉得是这样。

T2：那它到底是用什么做的？

T1：呃……牛肌腱？对，牛肌腱……还有硅树脂……

T2：没错，它就是盖在上面一层，一直到细胞自身能够再生为止。

T1：是的……然后它还……

T2：它还可以抵御感染。完了就可以揭掉了。

教学法方面的与展品相关的会话

有一组教师发现，工作表上的下面这个问题很难回答："假设你也 111 是一位科学家，你会使用什么材料来创造这些人造皮肤？"当教师考虑到他们自己所在中学的学生如何才能够回答像这样的一个问题时，情形更是如此。有两位教师开始思考用什么办法才能够对这个问题进行重新组织，从而使其更适合自己的学生。

教师1(T1)：我不知道……嗯……如何来回答"你会使用什么材料来创造这些人造皮肤？"这个问题……

教师2(T2)：这是一个很难回答的问题。

T1：不是牛肌腱，也不是硅橡胶。我最先想到的并不是这些东西……我必须得承认这一点。

T2：我们的孩子们首先需要知道牛肌腱是什么东西。

T1：嗯……是这样。

T2：他们不知道肌腱是什么。

T1：我不确定他们是否能够认出来什么是硅橡胶。

T2：不会吧，他们还是能认得橡胶的。

T1：是，他们是能认得出橡胶。

T2：他们能认得出硅树脂，嗯……那你会使用什么材料来创造这些人造皮肤呢？是的，我正尝试着……像一个五年级学生那样来……回[原文如此]……回答这个问题。对于我们的那个班来说，这是个非常非常难回答的问题。

……

T2：我不知道，如果你是一位科学家的话，你能用什么样的措辞来表达这个问题……我的意思是说，那上面说你也是一位科学家……可是……

T1：没错……如果你也是一位科学家，你会使用什么材料来创造这些人造皮肤？

T2：如果我们能先告诉他们一些东西……让他们有一定的基础然后再来回答这个问题，可能这样会好一些。而不是直接就问他们这样一个开放性的问题。是不是？

T1：是的，我了解我们那些孩子们……是这样的。

工作人员要求教师对工作表上的几个问题做出回答，以此对这些问题做一个简单总结。在讨论过程中，教师还分享了他们自己在某些问题上的一些想法，比如如何在实践中在学生身上使用工作表作为一种对学生的现场参观进行管理的技术手段。另外，工作人员还简单地提到：如果学生能够在进入博物馆参观之前拥有一些学科内容方面的知识，那么这将会使他们的参观变得更有意义；他们还建议，参观结束后，应该安排一些活动，在学生回到学校的时候，对他们在实地参观期间发生的学习展开进一步强化。

讨论与启示

在研究中，很少有人关注非正式科学场所下的专业发展项目是如何影响教师对科学科目内容的学习的，也很少有人关注在这样的专业发展课程中使用的各种展品以及与展品相关的教学方法是如何促进学习的。已经有人注意到：在各种非正式科学场所中实施的专业发展项目常常并没有得到充分利用(Phillips，Finkelstein & Wever-Frerichs，2007)。参加这些专业发展项目的人大都是中小学教师，他们缺乏科学方面的知识，而且由于其中很多人并不喜欢教授科学课程，因此像这样的专业发展项目的目的在于提升他们在科学教学方面的信心，而不是教他们有关于科学方面的知识(Ferry，1993，1995；Kelly，2000)。

　　然而，在非正式场所中开发与实施这些专业发展项目时，我们并不清楚工作人员究竟有没有考虑到相关展品与展览的设计方式，即这些展品与展览的设计是否有利于科学科目内容的学习，是否可以展现学习所具有的社会属性。关于学习的社会属性，"学习的情境模型"对此曾经有过描述，另外这一点在其他一些教育改革的文献中也有提及。此外，考克斯·彼得森、马什、基谢尔以及梅尔伯等人(Cox-Peterson，Marsh，Kisiel & Melber, et al.，2003)在他们进行的研究中指出，他们观察到的有导引的参观和现行的科学教育文献倡导的东西之间几乎没有什么联系，二者相去甚远。人们对科学内容的呈现是简单机械的，充满了说教的性质，基本上属于照本宣科。对参观活动的安排要么没有与《国家科学教育标准》(NRC，1996)以及美国科学促进会(AAAS，1993，1994)提出的一系列建议保持一致，要么就是与有关非正式学习研究文献报告的结果不相符(如 Falk & Dierking，2000；Hein，1998，1999)。

　　研究不仅仅是为了为实地参观型的教学培养科学教师，更为重要的一点是：希望人们明白展品在促进教师学习科学知识的过程中究竟是如何发挥作用的，这些展品是如何影响他们开展与科学内容相关的社会性互动的。特别是对于任务的导向、学习的导向及团队的合作来说，这一点尤其重要。有研究已经揭示了学生是如何在非正式环境下学习科学的，教师的专业发展以及教师对科学知识的学习也应该像这些研究所揭示的那样来进行。我们在这里描述的研究发现是可以进行一般化推广的，这些研究发现经过一般化推广之后可以用到所有面向中小学教师的非正式科学专业发展项目上，只要这些专业发展项目的目的是为了把探究、教学法及科学学科的内容整合到教师的学习体验之中。

参考文献

Allen，S. (2002). Looking for learning in visitor talk：A methodological exploration. In G. Leinhardt，K. Crowley，& K. Knutson (Eds.)，*Learning Conversations in Museums* (pp. 259-303). Mahwah，NJ：Lawrence Erlbaum.

American Association for the Advancement of Science. (1990). *Science for all Americans*. New York：Oxford University Press.

American Association for the Advancement of Science. (1993). *Benchmarks for science literacy*. New York：Oxford University Press.

Anderson，R. D. (2007). Inquiry as an organizing theme for science curricula. In S. K. Abell & N. G. Lederman (Eds.)，*Handbook of research on science education* (pp. 807-830). Mahwah，NJ：Lawrence Erlbaum.

Anderson，D.，Kisiel，J. & Storksdieck，M. (2006). Understanding teachers' perspectives on field trips：Discovering common ground in three countries. *Curator：The Museum Journal*，49 (3)，365-386.

Birman，B. F.，Desimone，L.，Porter，A. C. & Garet，M. S. (2000). Designing professional development that works. *Educational Leadership*，57 (8)，28-33.

Cox-Peterson，A. M.，Marsh，D. D.，Kisiel，J. & Melber，L. M. (2003). Investigation of guided school tours，student learning，and science reform recommendations at a museum of natural history. *Journal of Research in Science Teaching*，40(2)，200-218.

Falk，J. H. & Dierking，L. D. (1992). *The museum experience*. Washington，DC：Whalesback.

Falk，J. H. & Dierking，L. D. (2000). *Learning from museums：Visitors experiences and their making of meaning*. Walnut Creek，CA：Altamira Press.

113　　Ferry，B. (1993). Science centers and outdoor education centers provide valuable experience for preservice teachers. *Journal of Science Teacher Education*，4(3)，85-88.

Ferry，B. (1995). Science centers in Australia provide valuable training for preservice teachers. *Journal of Science Education and Technology*，4 (3)，255-260.

Garet，M. S.，Porter，A. C.，Desimone，L.，Birman，B. F. & Yoon，K.

S. (2001). What makes professional development effective? Results from a national sample of teachers. *American Educational Research Journal*, 38 (4), 915.

Griffin, J. (1994). Learning to learn in informal settings. *Research in Science Education*, 24, 121-128.

Griffin, J. (1999). *An exploration of learning in informal settings*. Paper presented at the National Association for Research in Science Teaching Annual Conference, Boston, MA.

Griffin, J. & Symington, D. (1997). Moving from task-oriented to learning-oriented strategies on school excursions to museums. *Science Education*, 81 (6), 763-779.

Illinois State Board of Education (1997). *Illinois learning standards for science*. Springfield, IL: Illinois State Board of Education.

Jarvis, T. & Pell, A. (2005). Factors influencing elementary school children's attitudes toward science before, during, and after a visit to the UK national space centre. *Journal of Research in Science Teaching*, 42 (1), 53-83.

Hein, G. E. (1998). *Learning in the museum*. New York: Routledge.

Hein, G. E. (1999). The constructivist museum. In Hooper-Greenhill, E. (Eds.), *The Educational Role of the Museum* (pp. 73-79). New York, NY: Routledge.

Kelly, J. (2000). Rethinking the elementary science methods course: A case for content, pedagogy, and informal science education. *International Journal of Science Education*, 22 (7), 755-777.

Kisiel, J. (2010). Understanding elementary teacher motivations for science fieldtrips. *Science Education*, 89, 936-955.

Loucks-Horsley, S., Love, N., Stiles, K., Mundry, S. & Hewson, P. (2003). *Designing professional development for teachers of science and mathematics* (2nd ed.). Thousand Oaks, CA: Corwin Press.

National Research Council. (1996). *National science education standards*. Washington, DC: National Academy Press.

Oppenheimer, F. (1973). Everyone is you … or me. In M. Quinn (Eds.), *Sharing science: Issues in the development of interactive science and technology centres* (p. 1). London: Nuffield Foundation in Association with the Committee on the Public Understanding of Science.

Orion, N., and Hofstein, A. 1994. Factors that influence learning during a scientific field trip in a natural environment. *Journal of Research in Science Teaching*, 29 (8): 1097-1119.

Phillips, M., Finkelstein, D. & Wever-Frerichs, S. (2007). School site to museum floor: How informal science institutions work with schools. *International Journal of Science Education*, 29 (12), 1489-1507.

Russell, R. L. (1996). The role of science museums in teacher education. *Informal Science Review*, 19, 16.

Shulman, L. S. (1986). Those who understand: Knowledge growth in teaching. *Educational Researcher*, 15 (2), 4-14.

Stevens, R. & Hall, R. (1997). Seeing Tornado: How video traces mediate visitor understandings of (natural?) phenomena in a science museum. *Science Education*, 81 (6), 735-47.

Storksdieck, M. 2001. Differences in teachers' and students' museum field-trip experiences. *Visitor Studies Today* 4 (1): 8-12.

Wayne, A. J., Yoon, K. S., Zhu, P., Cronen, S. & Garet, M. S. (2008). Experimenting with teacher professional development: Motives and methods. *Educational Researcher*, 37 (8), 469.

第七章

教师、学生、博物馆教育工作者之间的
学习互动：探索与支架

珍妮特·格里芬[①]

导　论

　　本文将对社会文化视角的作用及其对博物馆教育工作者、教师与学　115
生的关系的影响进行探讨。对博物馆中的学习进行探索的研究有很多，
但关注教师的学习行为与博物馆教育工作者的学习行为二者之间究竟是
什么关系，以及二者究竟有什么影响的研究则少之又少。在博物馆中发
生的学习有一个特点，那就是具有体验性，这包括观看、提问、检验与
比较等(Sheppard，1993)，但最重要的是它涉及各种社会性互动，这些
社会性互动不仅为学生、教师、博物馆教育工作者之间的互动提供了支
持与支架，而且还可以加强这些互动。对博物馆进行参观只是对知识进
行巩固与发展的一个环节。在这一过程中，学校的教师以及博物馆的教
育工作者发挥着重要作用，但学习最终还是发生在个体身上，不同的学
生有着不一样的学习。和在教室里为很多学生配备一位教师不同，在博
物馆中，大多数情况下学习都是以具有社会性的小组的形式进行的，它

---

① Janette Griffin, Sidney Technical University, Australia, 珍妮特·格里芬，悉尼理工大学，澳大利亚.

依赖于教师、博物馆教育工作者以及学生之间的关系。

教师、博物馆教育工作者、学生三者之间的关系不可等量齐观。在为这种形式的学习做准备的过程中，至少要考虑到这种三位一体关系的其中两个方面，但事实上人们对此却考虑得不够。很多教师在帮助学生学习上都没有准备好，他们常常把这个责任推给博物馆教育工作者，试图完全依靠他们来承担起促进学生学习的职责，而学生通常又得不到充分的引导，不知道如何在博物馆里学习。尽管有人可能会认为博物馆教育工作者在这三方参与者中应该是准备最为充分的一方，但实际上博物馆教育工作者具体起到的作用也是各不相同的。本文将对社会文化方法的作用进行探讨，以打破横隔在三者之间的各种樊篱。

在这里，我们会讨论两个项目，这两个项目关注的是上述问题的不同方面。第一个是一门必修科目，是给小学实习教师开设的，探讨的是如何为实地参观提供后勤支持，以及开展实地参观的各种理论视角。第二个则是一项研究，是与正在教书的教师一起开展的，在这个项目里，从事课堂教学的教师被放到了学生的位置上，目的是为了搞清楚学生在参加实地参观时究竟会有什么样的需求。这项研究采取的是社会文化这一理论视角，对这一视角的进一步探讨会在对研究结果的讨论中进行。

理论背景

116　　笔者对学习的认识背后有一个关键的概念：人是通过把新的感觉输入，并与之前的认识相联系来建构属于自己而且能够与他人分享的意义的。尽管不同的人从相似的经验中可能建构出不同的意义，但借助于社会性互动，他们可以推进彼此之间的认识。如果是与更加富有经验的"他人"进行互动，包括教师、父母、博物馆工作人员等，那么他们的认识会得到更进一步的加强（Vygotsky 1978）。另外，学习的情感维度与认知过程是不可分割的，因为学习者当前的态度与信念显然决定了其对

新东西的接受水平(Claxton，1991，Fensham，et al.，1994，Symington &
Kirkwood，1995)。

儿童究竟是如何学习的一直是很多研究关注的课题，可能从杜威的
工作开始，人们就已经认识到"教育是一种基本的人类经验，它是一种
必需的文化活动，不管是在什么样的社会里都是如此"(Hein，2005
pp. 357-363)。儿童的观点与认识的发展是在对经验进行意义建构的过
程中完成的，其主要的手段是把当前的知识与新的知识通过语言联结在
一起。博物馆里发生的学习可以有效地锻炼学习者的知觉技能，促进他
们求知欲的发展(Voris，Sedzielarz & Blackmon，1986)。教育和欢乐是
联系在一起的(Bitgood，Serrell & Thompson，1994)，在学习过程中无
论是个人还是集体，都要做出自己的选择。

维果茨基认为，"'高阶心智功能'的发展并不仅仅只是个体学习或
在理智上不断成熟导致的结果。实际上，它们有赖于掌握各种符号工具
的使用方法，诸如语言、艺术作品及科学步骤之类的，这些符号工具是
在文化中被创造出来的，对它们的掌握主要是发生在个体与文化圈子里
面的其他成员一起进行的各种活动中，而且是发生在人与人之间的心理
层面上(或者是通过互动的方式)。"(Wells & Claxton，2002，p. 5)

在博物馆中，为了促进学习而使用正式的、以学校为基础的各种方
法，这样做其实没有考虑到学习具有的渐进性、个人性、合议性，甚至
是偶然性。对博物馆进行参观只是对知识进行巩固与发展的一个环节。
韦尔斯和克拉克斯顿认为，"要鼓励教师把学生视为是不断变化与发展
的，而他们的这种变化与发展是建立在过去那些有价值的资源(文化遗
产)这一基础之上的。"(Wells & Claxton，2002，p. 3)

传统意义上的教育方法很少把注意力放在学习者发展与学习过程的
社会与情感层面上，它们最关心的是那些形式化的知识。现在需要把学
习者身上表现出来的各种社会行为与情感行为纳入他们的学习与发展过
程之中(Wells & Claxton，2002)。博物馆提供的机会特殊的地方在于：
在这里，学习具有体验的性质，它包括观看、提问、检验与比较等

（Sheppard，1993），但最重要的是它涉及与其他学生、教师及博物馆教育工作者的各种社会性互动。不是像传统课堂那样，一间教室里一位教师对着很多学生在讲，在博物馆里，大多数情况下学习都是在朋友圈里发生的，它涉及自发的、具有偶然性的与教师和博物馆教育工作者进行的讨论。尽管学习最终是发生在个体身上的，但不同个体身上发生的学习却是不一样的。

早前的一些研究表明，在教师的专业发展中，有必要引入一些能够为学校开展像实地参观这样的学习活动提供指导的方法（Griffin，1994，1998 及其他）。这表明，迄今为止，很多教师（或学界人士）并没有对与实地参观有关的教学法给予应有的关注与思考。有关这方面的教学不但深度不够，而且研究的也不多。因此，我们面临的挑战就是如何才能够找到各种办法，在专业发展过程中，让教师及实习教师注意到这一点，而且通过适当的措施让他们掌握相关知识，以促进学生的学习。这样一来，一种基于社会建构主义理论框架的情境化策略就出现了。重要的是，这一情境化策略把对学习的控制权在很大程度上交给了参加专业发展项目的教师自己。"除了承认用'消极思维'的理论来描述博物馆中发生的学习是不充分的之外，还有其他一些实践层面上的问题。这些问题在绝大多数的博物馆教育活动中都存在着，如持续时间不长、缺乏连续性，很多参与者对活动所处的环境感到陌生，有时候还会出现把正式学校教育中那些刻板的纪律搬过来的情况；所有条件都不利于采用传统意义上的教学法。"（Hein，2006 p. 346）

在对这些问题进行探索的过程中，有两项研究在这里值得向大家报告。在第一项研究中，攻读四年制教师教育的实习教师在课程学习的第三年就被放到了博物馆里，作为他们对教学实践进行体验的其中一个环节。通过从他们的体验中获得的反馈以及对他们的体验进行的评估，我们发现对于很多实习教师来说，这是他们第一次考虑到在博物馆中发生的学习的教学法问题，也是他们第一次意识到在对与科学及其他科目有关的实地参观进行规划、准备与实施过程中，同事们提供的意见也非常

解读科学中心与博物馆中的互动——走向社会文化视角

重要。这个项目使用了以参与为基础的教学法，以此来发展和分享各种行之有效的进行实地参观的方法。这让他们为自己带学生来进行实地参观在经验方面做好了准备。我们将会对来自一系列实习教师的数据进行讨论。

在第二项研究中，来自好几所学校的教师在悉尼博物馆参加了一个为期一天的工作坊活动。工作坊给这些教师配备了导师，另外还有经验丰富的教师以及博物馆教育工作者，这让他们有机会了解一些如何在真实情境中让实地参观更有价值的知识。这些教师在参加专业发展项目的过程中，假装自己是一位前来参加实地参观的学生，试图通过这种方式来获得一些如何为实地参观提供导引的经验。在工作坊活动中，他们还与同事及导师一道，对在这一过程中获得的经验进行了解构与分享。这种形式让他们能够在一个没有后顾之忧的环境中获得一些真知灼见，他们可以开诚布公地表达自己的担心与关切，谈自己的学习。整个工作坊活动是把重点放在社会性互动、一起学习及互相学习、能够对体验进行讨论等方面上的。事实证明，这样做非常有价值。

第一项研究：让实习生深入对课堂内外教学的学习中

各种教师教育项目几乎都把焦点全部放在课堂教学环境上，但在校学生的学习很多都是发生于课堂之外的，是发生在各种数量众多的非正式学习环境中的。来自悉尼理工大学的教育工作者启动了一个项目，目的是为了让即将走上讲台的新教师更好地做好准备，从而为学生在非正式环境中的学习提供恰当的支架。这个项目是一门叫作"专业经验"的课，这门课的开发是以合作学习与协作学习方法为基础的，而且还涉及个人经验与社会化二者之间的相互作用。莱芙和温格（Lave，1991；Lave & Wenger，1991）曾经提出了各种去中心化的学习观，借用他们的观点，悉尼理工大学的这门课把学生的经验植于鲜活的现实世界之中，采取的办法则是让学生们真正参与到社会实践中去。在这门科目的

118

学习过程中，来自大学的讲师、来自博物馆的教育工作者和学生是合作伙伴的关系。尽管学生对他们自己的学习过程拥有一定程度的控制权，但他们与来自大学的讲师以及与来自博物馆的教育工作者之间的关系具有更大的对称性，而不是像传统上那样，一切都由教师说了算(Tytler，2004)。而随着学习者获得更多的经验，以及他们的认识水平不断接近于一个更为广泛的社群认识水平，在三者之间的合作伙伴关系中究竟谁占据相对优势的地位有可能会发生变化(Lave & Wenger，1991；Vygotsky，1978)。

这个项目包括两个组成部分。基于大学的那部分涉及实习教师如何学习一些理论方法，以促进在校学生在一系列非正式环境下进行学习。在第二个部分中，实习教师作为学徒，向各种非正式学习场所中的教育工作者学习。在这门课中，还有一个最终的评估任务，强调的是对高校学生的学习进行评估，不仅包括在学校里的学习，而且包括在其他各种现场获得的学习体验，而评估的焦点是教师使用什么办法才能够促进在校学生在实地参观过程中的学习，以及他们应该如何与非正式环境下的教育工作者进行合作。

这个项目的一开始，是一项具有探索性质的实验，从二十五个班里面选出一个班，一个完整的年级一共一百五十名悉尼理工大学的小学实习教师参加到一门为期十三周的科目中。这门课一共十个片段，每个片段时间为两小时，都是在课堂里进行的，目的是对非正式环境下的教与学的理论及实践经验进行探索。这些非正式环境包括博物馆、科学中心、动物园、自然环境、艺术与历史机构、图书馆之类的部门。另外，这门课里面还包括其他一系列教与学的片段，这些片段都是具体的、实践操作方面的，但在形式上和传统的课堂教学不一样，并不是在一间教室里一位教师对着三十个学生讲。

在这门科目的"实践经验"这部分里，学生要花五天的时间与教育工作者和教师进行合作，对他们在非正式环境下的实地参观过程中是如何做的进行观察。在这门科目里，学生利用在大学课堂学习的时间，从理

　　　　解读科学中心与博物馆中的互动——走向社会文化视角

论背景的角度出发，对与非正式环境下而不是正式课堂环境下的学习有关的教学法进行探索（Griffin，2007）。通过在非正式环境下获得的现场体验，学生就有机会对具有真实性的材料或项目进行了解与开发，在这一过程中，他们是与来自自己所选的非正式场所的专业人士一起合作的。这些实习生有机会把对学校之外的学习体验进行协调的各种理论与实践经验进行整合应用，同时他们也能够把自己学到的，如何帮助孩子们在课外进行学习的知识进行整合应用。这门科目鼓励学生肩负起自己学习的责任，他们在学习什么、怎么学以及如何对自己的学习进行汇报等方面拥有很多种选择。本门科目的目标包括以下几点：

· 对如何把学校里的学习方式与非正式环境下的学习方式整合在一起形成深入的理解与认识。

· 通过与他们的导师合作，对各种在非正式环境下帮助学生进行学习的方法形成一些有价值的见解。

· 掌握对一个项目做简报并能够一直把项目跟踪到底的技能。

· 能有机会展现与分享自己掌握的各种具有创造性与创新性的教学技能。

· 通过与经验丰富的导师合作，树立信心。

119

· 通过把学生经验迁移到其他各种非正式学习环境中，形成一些可以被整合应用到教学实践中的见识。

学习过程：理论基础

虽然学校课程通常都包含有对各种非正式环境的参观，但研究却表明很多像这样的参观活动在管理上却不怎么样，负责的教师通常情况下都是以完成任务而不是以促进学习作为自己的导向的（Griffin 1998；Kisiel，Weaver ＆ Marcotte，2004；Tal，Bamberger ＆ Morag，2005）。现在一个明显的需求是要帮助未来的教师，让他们能够更好地掌握各种恰当的方法，来促进学生现场参观过程中发生的学习。为此，就需要为非正式环境下的学习发展出一种教学法。

有没有一个框架可以帮助教师对学生在远足过程中获得的成功的学

习体验进行管理？这个框架不但已经形成了，而且还已经得到了检验。（面向学生的学校—博物馆整合的学习体验）这个框架中有三个关键的元素，它们分别是：

· 在实地考察之前、之中与之后的三个阶段中始终都要把学校与博物馆学习整合在一起；

· 要通过让学生明白学习的目的、自己面临的选择，让他们知道自己是学习的主人，以此使学习变成自我引导的学习；

· 促进各种与环境适切的学习策略的落实，这些学习策略具有协作的性质，而且是学生自主引导的(Griffin，1998)。

学习过程：项目的贯彻实施

在澳大利亚新南威尔士与首都行政区附近"非正式"学习场所工作的工作人员受邀参与了本项目。每年大概有三十个非正式学习场所可以接待学生，很多场所都愿意接待多个小组(一个小组有三或四个人)。这些教师教育专业的学生可以从可选场所的名单中选出来最中意的五家。然后，他们就可以与选定的这几家进行联系，商量什么时候去合适(比如有小学的班级来参观的日子就比较合适)。学生在每一个地方至少要待够差不多二十小时。他们在每一个地方做的事情并不一样，这是由那个地方的教育工作者希望他们做什么决定的。所有人都有机会对现场教育工作者、课堂教师及学生三者之间的互动进行观察。到了第二年，情况有了进一步拓展，学生还可以在另外两个不同的地方再待两天，这样就让他们可以获得更为广泛的体验。学生在这一过程中必须要完成一个项目，这个项目的主要内容是为学生准备一些教育项目，比如开发一些给教师用的现场资源包，对给学生用的体验式项目进行规划，通过现场的教育项目为学生提供帮助，或者是为教师开发各种资源以用于现场参观，当然也可以在参观前或参观后使用。在这门科目中正常的"专业体验"这个阶段，参加课程学习的时间具有非常大的灵活性。悉尼理工大学的学业监督员一直与身处现场的学生以及他们的学习导师保持着联系。

解读科学中心与博物馆中的互动——走向社会文化视角

对学生学习结果的评估主要是从科目这一方面来进行的，采取的手段有：

·学业监督员对这些实习生提交的作业进行评估，实习生在这些作业中介绍了自己带学生进行课外学习的经验、反思及对某些相关议题的认识。

·学习导师对实习生在完成项目的过程中做出的贡献、付出的辛劳以及表现出来的能力等进行评估。

评估数据

通过把握实习生、来自悉尼理工大学的工作人员、来自博物馆的工作人员获得的经验，我们就可以对这个项目进行评估。首先，是与这三方人士分别进行讨论，看他们先前的知识处于何种水平，有什么预期与疑虑等。其次，采用在线的方式与实习生进行匿名的讨论，以了解他们在参加现场活动之前有什么预期。焦点组都是按照他们的经历从所有实习生群组里随机选择出来的，选择用来评估的笔记也是随机从一般课堂讨论中抽取的，另外所有实习生在课程学习的最后环节中都接受了一次匿名的调查。我们还从现场工作人员那里随机择取了一些他们的评论。所有这些数据汇集在一起，便提供了一幅有关于这个项目的基本画面，同时还提出了一些未来需要解决的若干问题。在这些问题中，有很多是共性的问题，即在这三年里，每一年都会被提出来。我们对这些问题进行了讨论。对评价的组织是通过对科目目标进行反思实现的：

1. 改进毕业生对从事教学的准备状态，这既包括学校课堂中的教学，也包括学校之外环境中的教学，为他们在各种机构而不仅仅是在学校之中的教学与学习生涯开辟新道路。

学生表明自己学到了很多东西，他们不仅对教师与博物馆教育工作者之间具有的正反两方面意义的互动进行了观察，而且还从中受到了教益。他们对博物馆教育工作者与孩子们之间展开的积极正面的互动方式进行了评论，他们对课堂与教师的行为发生的变化感到惊讶不已，他们观察到了教师的行为产生的影响，他们还看到了博物馆教育工作者与领队采取的教育教学方法具有很大的可变性。这些实习生都非常珍视这样一个机会，这使他们能够看到教学与学习的另外一个不同方面。

2. 让这些即将毕业的实习生掌握对于增强课堂之外的学习而言必需的各种理论化的教学法，以此提高他们未来教学与学习的质量。

参观需要一个清晰的目标。

要注意把学生的选择也纳入进来。

学生可以通过探索与发现来建构属于他们自己的学习。

我发现对诸如后勤保障之类的简单的事情有所了解也非常有用。这让我消除了自己的恐惧心理。

在亲眼看到了很多小组的表现之后，我感觉自己有了信心，能够真正促进学生的学习，而不是仅仅对他们的行为进行监控。

我对实地参观所需的各种后勤保障有了更多认识，也更明白如果是自己带一个班级来参加这种实地参观活动的话会是什么样。

我现在觉得自己对双方的各种不同方面都有了了解，能够找到切实有效的方法来与非正式环境下的教育工作者进行沟通了。

3. 能够把正式课堂内外的学习整合到一起，能够为学生在校学习以及他们的终身学习提供一个具有可持续发展能力的学习环境。

那些在参观之前有过热身活动的学生似乎在这个项目里学到的东西更多。

通过学生做出的反应，我们可以很明显地发现教师在学生身上究竟做了多少准备工作。

……有些教师往往更加喜欢对学生的行为进行监控，而不是努力帮助学生深度参与到学习活动中。

教育工作者们认为可以有很多种不同的模式来促进学生的学习，这些模式都不错，能够观察到这些模式是一件很有意思的事情［原文如此］。

向实习生提出的最后一个问题是：

你是不是觉得对自己带学生来参加这样的实地考察活动更有信心了？

实习生们对这个问题的回答极为正面：

回答"是"的人数比例：95％。

回答"无所谓"/没有回答的人数比例：5％。

回答"没有"的人数比例：0。

附：对 2009 级学生评论的进一步择取

"我们能够获得不同的学生小组参加实地参观活动的第一手资料。我们很容易就能够发现哪些做法有用，哪些做法没有用，我们也懂得了如何才能让实地考察活动变成一种有价值且充满乐趣的学习经历。"

"……教师要参与到学生的学习之中，而不是仅仅监控他们的行为，我现在才明白这有多么重要……我还发现，组织得越好，孩子们在活动中便越高兴。"

"我能够看到实地参观活动的两个方面（比如学校与博物馆机构），而且也能够懂得在实施实地参观活动的过程中如何为其提供相应的后勤保障，我还可以把不同的学校与其他各种不同的教育组织机构进行比较。我能够确定它们各自的长处是什么，而劣势又有哪些。"

"我想，我已经明白了教师在实地参观活动开始之前预先和考察现场的教育工作者进行详尽交流的重要性，因为只有这样他们才能够真正明白在参观过程中究竟会发生什么。当教师充满了热情并积极参与到活动之中时，实地参观的效果会非常好，这也很显然。"

第二项研究：教师专业发展项目中的目的、选择与归属：教师如何促进学生在实地参观活动中的学习

122   本项目的目的是为教师提供各种支架，让他们有机会去尝试使用一些新的方法，来促进各种以学习者为中心的实地参观活动的展开。参加这个情境化的专业发展项目的人员都是来自中小学的教师，本项目为期一天，在这一天的时间里，这些教师相互之间分享自己的看法，并学习一个框架。这个框架可以告诉他们，在非正式环境下的学习中，究竟应该确立一个什么样的目的，做出怎样的选择，如何才能建立对学习的归属感。这个为期一天的专业发展项目结束后，教师会带着自己的学生去参加一些实地参观活动，比如到各种与科学、艺术、历史或地理有关的场所，然后我们会对教师与学生在这一过程获得的体验进行评估。来自大学的有关人员会给教师提供相应的支持，而教师在把自己在专业发展过程中获得的认识应用到实践中去的过程中也会获得一些经验。这些在教师眼里都是非常有价值的，他们认为这是学习教与学新方法的有效途径。

这项研究是基于社会建构主义理论框架的，在研究过程中，这个理论框架告诉了我们究竟应该如何安排专业发展项目的过程，以及需要采取何种类型的方法论。

对于大多数教师与学生来说，到博物馆以及其他非正式环境中进行实地参观是学校教学的一个环节，但像这样的活动却既耗时间，又耗金

钱，不但会把学校搞得鸡犬不宁，而且也让教师筋疲力尽。在这种情况下，如何让这些实地参观变得更加富有教育意义而且更加有效，就显得非常重要。在悉尼(澳大利亚)，很多学校的实地参观活动并没有非常明确地以学习为导向，教师的大部分精力放在了对学生的控制上，以及对任务的完成上，在中学组织的此类活动中更是如此(Griffin & Symington，1997)。

一项早前进行的研究表明，当教师带着学生来到博物馆时，他们常常会感到不自在，心里没有底。要么，他们觉得自己在知识的深度上不够；要么，他们就只是关心自己及学校的名声，他们觉得来这里参观，就好像是带着人来"走秀"一样。很多教师处理这种恐慌的方式是假装自己是权威，能够掌控一切，把恐慌心理隐藏起来，他们自己不做任何投入，只是使用一张由博物馆教育工作者提供的工作表来对学习(或学生)进行管理，这样就避免了自己出丑。很明显，教师的行为反映出在实地参观活动中，他们是把自己也当作学生来看待的，他们知道的并不比学生多。他们是以任务与管理为导向的，而不是以学习为导向的(Griffin，1994)。另外，很多实地参观考察活动都是只有一位教师负责进行组织，但参加活动的却有好几个班，而且陪着这些班来的教师也并没有为实地参观活动做好准备。

因此，问题在于：如何让教师掌握更多的对实地参观考察进行组织与实施的方法，以便让学生在活动中能够知道自己要达到什么样的目的，需要做出什么样的选择，并确立自己对学习的主动权与归属感，只有这样他们才能够步入终身学习的境界。同时，还有一个问题，那就是如何提供各种力所能及的机会，让教师不但能够促进学生在活动过程中的学习，而且让教师自己也能在这一过程中有所受益。

很多教师发现，"面向学生的学校—博物馆整合的学习体验"在很多种场合中都非常有效(Griffin，1998；Pressick-Kilborn，2000；Terry，2000)。学生对自己的学习有了一种主人翁的态度，他们能够在一个总体的话题下，讨论与探索自己特别感兴趣的某些方面，他们愿意去探讨

123 各种各样的问题。学生需要非常清楚自己要去的是什么地方，到那个地方要学什么，在学的过程中如何处理教师、博物馆教育工作者以及学生三者之间的互动关系，这些都是一些非常迫切的问题。要想让学校组织到博物馆实地参观考察的活动有效，关键的地方并不在于教师在这一过程中究竟使用了什么样的策略。关键的地方在于：整个学校—博物馆学习单元，要为自我引导的学习提供一整套的条件（Beiers & McRobbie，1992；Boisvert & Slez，1994；Falk，2001；Hein，1998；Symington & Kirkwood，1995）。

学习中的自我引导涉及基于需求来选择要学的东西，学习者能够预先考虑到学的东西有什么用处，或者是知道自己个人的兴趣是什么。学习中的自我引导还涉及自定学习步调，这不仅包括空间物理环境方面的，比如学习者从一个展品转到另一个展品的速度，而且还包括心理方面的，比如什么时候需要停下来有目的地看一看，什么时候只是走马观花即可。本研究最为重要的发现之一是：当学习者能够通过自我引导的方式进行学习时，他们无论是在学习的广度上还是在深度上，都能够达到一个新水平。

为了给学生在非正式环境下进行学习的机会，教师要能够提供一些积极正面的学习体验，这一点非常关键。因此，重要的是要让教师明白自己带着学生开展的实地参观考察活动的目的究竟是什么，在这一过程中可以做出什么样的选择，以及让他们确立一种主人翁的态度。"面向学生的学校—博物馆整合的学习体验"这一框架具有灵活性，适用于各种不同的教师风格与教学情境。它提供了一个让教师自己选择如何教的过程，同时还给他们提供了充足的信息，这让他们不但有信心，而且也有能力与博物馆工作人员携手合作，成为学习的促进者。

在这里，出现的一个问题是：如何提供恰当的专业发展项目，让教师能够有机会亲身体验像这样的一种方法。有证据表明：成功的专业发展项目关注的那些议题都与参加项目的教师直接相关，都是他们关心的一些问题，其中涉及如何分享彼此的经验，如何构建自己想要的教学方法，如何在项目中安排相应的时间把新学到的东西应用于实践。教师需要树立一种主人翁的态度，把自己当作专业发展项目的主人，在项目实施过程中不但能够意识到自己所处情形的特殊性，并且还能充分利用这种特殊性（Clarke，1993；Conners，1991；Humphreys，et al.，1996；Johnson，1996；Owen，Johnson，Clarke，Lovett & Moroney，1988）。当然，这需要充足的资源，特别是时间。如果资源不足，特别是时间不够，那么这些研究结果便没什么用了。

本研究的焦点是探索教师在促进在校学生非正式环境下的学习这一过程中扮演的角色，并考察他们在专业发展项目中学到的东西以及相应的应用情况。研究表明，给教师信心，让他们能够在了解的基础上做出选择，决定究竟采取什么样的策略，这会让他们对自己的教学产生一种主人翁的精神，而在这样的一种环境中，他们也会觉得自己越来越有能力。

探究的方法

研究设计综合采用了各种质性的方法论，这样一来，所有参与本项目研究的人的观点便都具有了一定的权威性，包括教师、学生与专门的研究人员。本研究的目标是看参与本项目的人会如何对各种事件做出解释，并把他们做出的解释在相互之间进行交流。一般化推广并不是本研究首先要关心的，我们首先关心的是如何揭示研究事件中各种意义与观念的丰富性与深刻性。对研究的设计是与研究项目本身密切联系在一起的，二者不可分割。不管是行动，还是解释，均被整合到了一个具有整体性的研究模型之中（Guba & Lincoln，1989；Stenhouse 1975）。

这个项目包括两个阶段。第一个阶段，有七名小学教师参加，他们来自四所学校。第二个阶段，有七名中学教师参加，他们也来自四所学校。

每一个小组参加一个专业发展研讨班，这个研讨班是在博物馆中举办的，目的是为了让参加研讨的教师所处的情境与他们将要为学生规划的情境尽可能接近。通过沉浸到这种高度近似的情境中，教师就可以获

124

得亲身体验。在研讨开始之前，工作人员给每一位参加研讨的教师都发了一本小册子，这个小册子里包含与将要被讨论的学习方法有关的背景信息。在研讨过程中，有一个环节是对之前的研究以及相应的研究结果进行一个总体的概括与讨论。参加研讨的教师可以针对博物馆环境下某一个自己感兴趣的话题提出自己的问题，这样一来，他们就有机会来亲身体验一下"面向学生的学校—博物馆整合的学习体验"这种方法。

教师被鼓励使用博物馆内的展陈来寻找答案，并找机会相互之间分享自己的学习。最后，他们开始对教学项目进行规划。这些教学项目是他们为自己所教的班级开发的，而且使用的是"面向学生的学校—博物馆整合的学习体验"这一框架。研讨班进行的讨论，包括对这个框架提出各种修改建议，因为只有对这个框架进行调整，才能够适合不同教师各自独特的需求，负责组织研讨的人会为参与研讨的人们提供相应的帮助，另外在教师之间也有相互合作发生。接下来，在准备自己的学习单元以及博物馆参观活动时，组织研讨的人与参加研讨的教师会通过电话或其他电子化的方式进行相互交流。

每一个参加实地参观考察活动的班级都会有研究人员陪同。在第一个阶段中，实地参观考察活动是依次展开的。这让教师规划的项目具有了发展性，因为每一位教师做出的规划方案都可以从之前的教师做出的规划方案中汲取经验与教训。

在第二个阶段中，这几位中学教师来自不同的学科领域，一开始的研讨讨论的是中学教师与学生独特的需求以及其他一些问题。在参观活动结束后的几周时间里，所有教师都会接受相应的访谈，或者参加一次对参观活动执行情况进行简单汇报的讨论。

对数据的收集是通过对参与人进行观察来完成的，对参与人进行观察不仅可以照顾到文化背景，而且还可以让对发生的事情做出的解读变得更有说服力（Ely，Anzul，et al.，1991；Wolcott，1988）。访谈的使用为参与人提供了一个机会，让他们可以去表达自己在经历过的各种事情上所持的观点与看法，并为自己的理解与意义建构发表见解

（Kvale 1996）。另外，教师与研究人员进行的反思也被记录了下来。

结　果

每一位教师都对这个框架进行了修改与调整，以使其适用于自己所处的情境。例如，如何使用工作表，如何使用学生驱动型的问题，在对话题的讨论上要花多少时间，在实地参观活动开始之前要花多长时间来做准备，在活动结束后要花多少时间来讨论，等等，都有所变化。总体来看，教师不但觉得专业发展项目很不错，而且觉得自己在实地参观活动中也能够有所收获。

教师采取的各种举措令人鼓舞，因为他们应用的是这个基本模型，　125
而且还对其进行了调整，以使其能够适应自己个别化的需要。这意味着我们希望他们做的事情他们都做到了，而且这些教师还真正地树立了一种主人翁的态度，在实地参观活动中肩负起了自己应该肩负的责任，而不是仅仅依赖于那些由博物馆的工作人员提供的工作表，或者是受到严格约束的博物馆项目。在研讨班结束后，只有一位教师退出了项目。他带的是一个高年级班（十一年级），参观考察活动是教学大纲上面规定的，但这位教师觉得我们研讨班提供的这种办法没有什么用处。

对所有其他教师进行的访谈表明，结果是积极正面的。很多评论是关于学生的，这些教师认为学生能够在参观考察活动中做出自己的抉择，知道自己应该在教师设定的这个框架内去了解些什么。教师认为这对于学生在参观期间的行为表现具有非常积极正面的影响，不但能让教师在参观考察期间能够放宽心，而且还把他们解放了出来，让他们有更多时间和机会与学生进行交流和分享。有一位教师还认为，使用这种方法，可以让学习走向更加深入的层次。对学生进行的访谈也表明，他们对自己在参观考察过程中获得的体验持积极正面的评价，这意味着他们意识到了自己很享受这个过程，并且还能够在这个过程中学有所得。有证据显示，教师对如何组织这样的实地参观考察活动有了很多新的想法，他们都认为自己以前对与实地参观考察活动有关的教学法问题思考得不够：

我觉得这个过程非常有意思，让我能够去认真地想一想究竟应该如何来开展各种实地参观考察活动。（S. T. 4）

教师发表的评论意见认为，应该减少对学生的管理与控制：

　　我觉得自己能够更放松一些了，因为学生并不需要我花太多的注意力在他们身上，他们几乎没有表现出什么不应该表现出来的行为。有两位同学跑到楼下在那儿坐着去了，这要是在过去，我肯定会跟过去，告诉他们快去完成自己的任务，但这一次我没有这么做，我不担心他们——而且他们很快就回来了。（S. T. 2）

下面是教师对学生的学习做出的评论：

　　对于我，以及我的学生来说，这是一次非常好的经历，他们的确学到了不少东西，这是毫无疑问的。（E. T. 5）
　　要使用这种方法，要花更多的时间来了解大量的知识，但我认为他们可能也能够学到更多东西。如果他们通过传统的方式学不到的话，那么我认为只能用考试来督促他们了，但要想对他们的学习进行更进一步的评估，就不能光靠考试了，我认为使用这种方式可以让他们的学习变得更加深入。（S. T. 2）

教师对他们自己（教师）的学习做出的评论：

　　我发现它非常有用——它让我思考了很多东西。完了以后，我还要花更多时间来考虑各种不同类型的实地考察活动各自有什么样的价值这个问题。（S. T. 1）
　　它改变了我的做法——我不再完全依赖各种各样的工作表了。（E. T. 6）

我认为，来到这个地方的时候，有自己的主见对他们的行为有很大影响——他们可以到楼下去，他们也可以用电脑，他们还可以提问题。没有人要求他们同一时间只能做一件事，其余的事都不能 126 做——这就是当你遇到问题时应该做的。(S. T. 4)

本研究在教育学上的重要性及启示

本研究获得的研究发现表明：如果让教师获得一种贯彻新方法的体验并为他们提供相应的支持与帮助，他们就会发现这种新方法对自己的价值与启示。从教师发表的评论中，我们可以清楚地看到：尽管这种方法的很多方面对他们来说都是司空见惯业已知道的东西，但他们却从来都没有在教学法的层面上对如何组织实施实地考察活动进行过任何深入的思考。本项研究业已表明：为期一天浸入式的研讨非常成功，它可以让教师为掌握新的学习方法做好准备，让他们对场馆学习熟悉起来，在这些教师准备自己的学习单元的过程中为他们提供指导。本研究还表明：让教师为参观活动做好准备非常重要，这样就可以让他们把学习嵌入一个有目的性的体验中去；同时，在这一过程中通过与专家或同事进行联络，为教师提供相应的支架也非常重要。考虑到这一点，我们从这些试验中就可以得出这样一个建议，即对于那些已经预先确定了要在下个月或下个学期，或者是别的什么合适的时间段里开展一次专门的实地参观考察活动的教师来说，博物馆工作人员和/或其他教育工作者应该为他们提供专业发展方面的支持。这些工作既可以选择在白天进行，也可以选择在晚上进行。把这些教师聚到一起，可以让他们自己先尝试着预演一遍，而且还可以通过持续不断的交流与同事一起来对考察活动进行规划。这样一来，他们接受并采用一种新的对实地参观考察活动进行组织与实施的不同方法的可能性便大大增加。

在悉尼进行的一项研究对青少年进行了访谈，这些青少年宣称他们自己从来都没有主动花自己的时间去参观过博物馆，因为在学校的时候，学校安排的那些参观让他们一点都不喜欢博物馆（Callender,

Chutwin，Wa Li，Tang & Neave，1994）。现在，的确有很大的必要去鼓励年轻人在参观博物馆时获得一些更加积极正面的体验。

这项研究证实：教师缺乏相应的技能管理实地参观考察活动中发生的学习，对这一点意识不足，导致了大多数教师都把时间和精力投放在了那些以任务为导向的做法上。如果能够为教师提供一个合作性、浸入式的专业发展项目，通过这个项目为他们提供指导，使其能够在学校与博物馆合作开展的实地参观考察活动过程中明确学习的目的，建立学习的归属感，并能够知道自己的选择是什么，那么他们就很可能也会把这样的机会提供给自己的学生。

结　论

在这里描述的两个专业发展项目的结果表明，不管是尚在大学里学习的职前教师，还是已经在学校里开始执教的在职教师，都需要参加各种职前或在职的专业发展项目，以掌握一些必需的技能，从而能够通过有目的而且恰当的方式，对发生在课堂之外的教学究竟有哪些特殊需求有所了解与认识。实地参观活动需要耗费大量时间与金钱，而且还费心劳力，如果没有考虑清楚活动的目的是什么并做出良好的规划与安排，那么很难把活动打理好。当学生明确知道自己要学的是什么时，当要学的东西与他们在课堂上讨论的话题具有密切联系时，当他们知道为什么要来这里参观，在参观过程中会看到些什么，如何能够在参观过程中学有所得时，活动才能走向成功。学生才能知道自己要的是什么，需要做出什么样的选择，并明白自己是学习的主人。

参考文献

Bamberger，Y. & Tal，T.（2006）．Learning in a personal-context：Levels of choice in a free-choice learning environment at science and natural history museums.

Paper presented at the European Association for Research on Learning and Instruction.

Bitgood, S., Serrell, B. & Thompson, D. (1994). The impact of informal education on visitors to museums. In V. Crane, H. Nicholson, M. Chen & S. Bitgood (Eds.), Informal Science Learning (pp. 61-106). Washington: Research Communication Ltd.

Beiers, R. J. & McRobbie, C. J. (1992). Learning in interactive science centres. Research in Science Education, 22, 33-44.

Boisvert, D. L. & Slez, B. J. (1994). The relationship between visitor characteristics and learning-associated behaviors in a science museum discovery space. Science Education, 78 (2), 137-148.

Callender, A., Chutwin, E., Wa Li, H., Tang, J. & Neave, W. (1994). Young People and Museums. Sydney: Australian Museum.

Clark, J. (1993). Teachers' subject matter understanding and its influence on classroom teaching. Madison: Unpublished PhD thesis, University of Wisconsin.

Claxton, 1991., Educating the Inquiring Mind. London: Paul Chapman.

Conners, B. (1991) Teacher development and the teacher in P. Hughes (ed) Teachers' Professional Development Melbourne ACER.

Ely, M., M. Anzul, et al., (1991). Doing Qualitative Research: Circles Within Circles. London, Falmer Press.

Falk, J. (2001) Free-Choice Science Education: How We Learn Science Outside of School. New York: Teachers College Press.

Griffin, J. M. (1998). School-Museum Integrated Learning Experiences in Science: A Learning Journey. Sydney: Unpublished PhD Thesis, University of Technology, Sydney.

Griffin, J. (2007). Students, teachers, and museums: Towards an intertwined learning circle. In Falk, J., Dierking., L., & Foutz, S. (Eds.), In Principle, in practice: Museums as learning institutions (pp. 31- 42). Lanham, MD: AltaMira Press.

Griffin, J. M. & Symington, D. J. (1997). Moving from task-oriented to learning-oriented strategies on school excursions to museums. Science Education, 81 (6), 763-779.

Guba, E. G. and Y. S. Lincoln (1989). Fourth Generation Evaluation. Newbury Park, Cal., SAGE.

Hein, G. (2006) Museum Education in S. MacDonald (Ed). A Companion to Museum Studies, Oxford. Blackwell Publishing. 346.

Hein G. (2005). The Role of Museums in Society: Education and Social Action in Curator: The Museum Journal 48(5), 357-363

Humphreys, K., Penny, F., Nielsen, K. & Loeve, T. (1996) Maintaining teacher integrity: A new role for the teacher researcher in school development in Research in Education, 56, 31-47.

Johnson, N. (1996). School leadership and management of change. IARTV Seminar Series, 55 (July).

Kisiel, J., Weaver, S. & Marcotte, S. (2004). Examining the impact of science outreach programs and out-of-classroom experiences. Paper presented at the American Educational Research Association Annual Meeting.

Kvale, S. (1996). Interviews: An Introduction to Qualitative Research Interviewing. Thousand Oaks, Cal: Sage.

Lave, J. (1991). Situating learning in communities of practice. In I. B. Poenick, J. M. Levine & S. D. Teasley (Eds.), Perspectives on Socially Shared Cognition (pp. 63-83). Washington, D. C. : American Psychological Association.

128   Lave, J. , & Wenger, E. (1991). Situated Learning: Legitimate Peripheral Participation. Cambridge, Mass. : Cambridge University Press.

Owen, J., Johnson, N., Clarke, D. N., Lovett, C. & Morony, W. (1988). Guidelines for Consultants and Curriculum Leaders. Carlton, Vic. : Curriculum Corporation.

Pressick-Kilborn, K., (2000) Supporting primary students' learning beyond the classroom Investigating Primary Science16(4), 16-24.

Sheppard, B. (1993). Aspects of a successful trip. In B. Sheppard (Eds.), Building Museum and School Partnerships. Washington: American Asociation of Museums.

Stenhouse, L. (1975). An Introduction to Curriculum Research and Development. London, Heinemann.

Symington, D. J. & Kirkwood, V. (1995). Science in the primary classroom. In V. Prain & B. Hand (Eds.), Teaching and Learning in Science, (pp. 193-210). Sydney: Harcourt Brace.

Tal, R., Bamberger, Y. & Morag, O. (2005). Guided school visits to Natural History museums in Israel: teachers' roles. Science Education, 89, 920-935.

Tytler, R. (2004). Science, maths, everything: generic vs. subject specific versions of pedagogy. Paper presented at the Australaisan Science Education Research Association

Terry, L. (2000) A science & technology excursion-based unit of work: The human body Investigating Primary Science16 (4)，25-28.

Vygotsky，L. S. (1978). Mind in Society. Cambridge，Mass.：Harvard University Press.

Wolcott，H. (1988). Ethnographic research in education. Complementary Methods for Research in Education. R. M. Jaeger. Washington D. C.，American Educational Research Association.

第八章

看与学：儿童在互动展品前的行为

特伦斯·麦克拉弗蒂①，莱奥尼·雷尼②

导　论

129　　在本章中，我们探讨了儿童在参观科学中心并与一个叫作"米琪的采石场"③的技术展品进行互动的过程中展开的各种活动以及学习的结果。"米琪的采石场"这个展品是一个更大的流动型展览"米琪的科学"的一部分。这个叫作"米琪的采石场"的展品是专门为三至八岁的孩子开发的，目的是为了鼓励他们操作各种部件进行实验，进行观察并预测可能的结果。这个展品允许孩子们应用自己的认知知识与过程技能，同时还为他们提供了进行社会性互动的各种机会，让他们能够相互之间展开合作，这样一来展品的各个单个的组成部分便构成了一个整体的系统。在本章我们的兴趣在于：考察儿童在与展品深度互动过程中展开的各种类型的活动，特别关注的是他们相互之间是如何进行互动的，以及这些活动是如何与他们对展品的工作机制的了解联系在一起的。

---

① Terence McClafferty, Curtin University, Australia, 特伦斯·麦克拉弗蒂, 科廷大学, 澳大利亚.
② Léonie Rennie, Curtin University, Australia, 莱奥尼·雷尼, 科廷大学, 澳大利亚.
③ "米琪"是视频游戏《双重国度(Ni No Kuni)》里面的人物。——译者注

"米琞的采石场"

"米琞的采石场"包含了好几个部件，这些部件相互之间通过机械设备联结在一起，它们共同构成了一个整体系统，可以沿着一个环路来传输球(图 8-1)。这个展品的总体目标是让孩子们相互合作，使用各种不同的设备把黄色的塑料球从一个部件传输到另外一个部件上去，在这一过程中操作要平稳，不能把球堆堵在任何一个地方(Cooper，1993)。这件展品的四个主要部件分别是：

· 传送装置

传送装置由一段长约 1.2 米的橡胶带构成，有一个手摇曲柄可以对其进行操作。整件展品一共有两个这样的传送装置。可以把储物箱里的球放到传送装置 1 和传送装置 2 上面，然后这些传送装置就会把球传送到拣选装置上(图 8-1)。

· 升降装置

升降装置上有很多铲，这些铲都粘在一个有弹性的皮带上面，皮带则被装在一个大概 1 米高的框上。升降装置的下端有一个手摇曲柄，用手摇这个曲柄，就可以让弹性皮带移动，这样它就可以从传送装置 1 那里收集到球并把这些球往上送，这样一来，就可以把球通过一段管道送到螺旋装置里面去。

· 螺旋装置(阿基米德螺旋)

130

这个螺旋装置或阿基米德螺旋被一段长 2 米、直径 40 厘米的长管子密封了起来，在长管子较高一端的末端有一个方向盘与这个螺旋装置联结在一起。孩子们可以上前一步，转动这个方向盘，这样阿基米德螺旋就会使球不断在管子里上旋，最终球会进入滑道，而后通过滑道落到传送装置 2 上面。在这个螺旋装置的管子下端的部分有一个透明的塑料窗，孩子们透过这个塑料窗可以看到阿基米德螺旋，看到球是怎么通过管道从升降装置上传过来，然后又被螺旋装置的螺旋叶片不断旋上来的。

·拣选装置

这个拣选装置与生产线里面用到的旋转传输台很相似，可以把物件从传送装置移到下一个处理单元上去。这个拣选装置是一个圆形的可以旋转的台面，这个台面上有 8 个塑料的桶，这些桶都是固定起来的。来自传送装置 2 的球会落到这些桶里。每一个桶在底部都开有一个大的洞，当旋转台转动时，如果桶底部的这个洞与旋转台上面的洞重合，球就会漏下去，通过一段斜面滚到储物箱里。

对于这件展品来说，对以上四个部件的操作必须按照一定的先后顺序来进行，只有这样各个装置才能正常工作，而要完成这一操作，至少需要六名孩子相互配合。

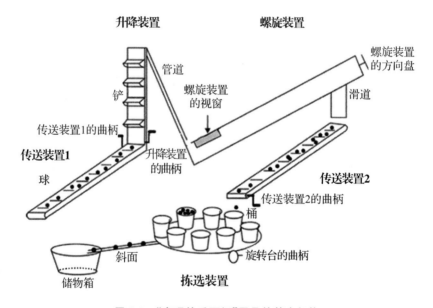

图 8-1 "米琪的采石场"展品的基本架构

"米琪的采石场"展品的教育目标

玩被认为是儿童学的基础。霍金斯（Hawkins，1965）对这种"瞎摆弄"的必要性进行了描述，认为正是在瞎摆弄的过程中，孩子们才能够

　　　解读科学中心与博物馆中的互动——走向社会文化视角

深度参与到自由自在且没有引导制约的探索之中。霍金斯把这种类型的
玩称作"工作"，因为在这一过程中，孩子们能够与各种装备进行深度互
动，能够在没有指导的情况下进行建构、检验、探索及实验等。戴蒙德
（Diamond，1996）发现，在科学中心里，摆弄各种展品为孩子们提供了
各种类型的体验，这些体验能够导致学习的发生。

131

　　赫特（Hutt，1970）在与儿童一起合作的过程中，发现孩子们在与实
物互动的过程中存在着两种不同类型的行为，她对这两种行为进行了区
分，一种是研究性的行为，另外一种则是探索性的行为。她通过一个问
题对这种探索性的行为具有的特征进行了描述，即"这个实物是干什么
的？"而当孩子们在摆弄实物时，其表现出来的探索性行为的特征可以通
过下面这个问题来描述，即"我能用这个实物做什么？"赫特认为，探索性
的活动都是具有认识性的行为；它以目标为导向，而且与对知识及实践
技能的学习联系在一起。赫特使用嬉戏行为这个词语来描述孩子们的玩，
意在表达这种玩更多的是与自娱联系在一起的。赫特的研究（1970）表明：
当孩子们看到一个新奇的实物时，首先表现出来的是认识性的行为，他
们会这里摸摸，那里摸摸，会摆弄它，对其进行一般意义上的探索。只
有熟悉了这个物件后，他们才会表现出具有嬉戏性质的行为，才会充满
了奇思妙想，不厌其烦地去把玩它。如果发现了这个物件的一个新方面，
孩子们会开始新一轮从认识性的行为到嬉戏性的行为的循环。

　　孩子们不但可以从摆弄实物或与实物互动中学习，而且还可以通过
与其他人建立起各种关系来学习，因为这些人可以为他们提供刺激，促
使其发生各种新类型的互动。例如，雷尼和麦克拉弗蒂（Rennie & Mc-
Clafferty，2002）就描述了一个六岁的孩子伊丽莎白在科学中心摆弄一
件用磁铁做成的展品的过程。她先是对这件展品表现出了认识性的行为
和探索性的行为，然后就开始陷入了重复的行为之中，只是自己一个人
毫无意义地把这些磁铁砰砰砰地相互敲来敲去。但当伊丽莎白发现另外
一个孩子在以一种不同的方式在玩这些磁铁时，她马上就有样学样地做
了起来，开始了又一轮探索，在一个更加高阶的认知水平上对这件展品

有了认识，而且还在使用这些磁铁的过程中表现出了更高水平的技能。与其他孩子或成人之间的互动可以增加认识性的行为出现的数量，进而导致孩子对展品的认识达到更高水平，雷尼和麦克拉弗蒂阐明了这一点。这种类型的社会性互动不但对学习来说是一个重要的刺激因素，而且对孩子如何与别人打交道，如何与别人一起合作、一起玩耍来说也非常重要。具有象征意义或充满了奇思妙想的游戏，特别是角色扮演游戏，在社交技能以及创造性的发展等方面具有非常重要的意义，这一点已经得到了广泛认同（Smilansky，1968）。

这件"米琚的采石场"展品的设计目的，不但是为了促进孩子们开展探索性质的玩耍，而且还是为了促进玩耍过程中社交方面能力的发展。开发这件展品的人为这件展品确立了三个教育目标，它们分别是（Cooper，1993）：

•创建一个能够促进创造性思维能力发展的环境。这可以让孩子们发展独立思考的能力，以及独立与自信地去解决问题的能力。

•为孩子们提供一个机会，让他们可以去质疑与挑战自己的预期和预测，而不是一味地去寻求"正确"答案。

•让孩子们能够在具有协作性质的情境中行事、思考、交谈。这可以促进孩子们合作学习，进而有助于促进一些重要的交流技能及共享意识的发展。

在本章中，我们把焦点集中在以上这三个目标上，对孩子们的行为进行研究，以考查他们是如何从展品中学习的，学到了什么。我们特别关注的是给孩子们提供的各种进行社会性互动及协同工作的机会究竟有什么用。

研究的概述

132 　　本研究的对象是参观"米琚的科学"展览的 145 名儿童，他们来自九所不同的学校，参观活动都是由校方组织的。这些班级来自西澳大利亚都市区的学校，其中包括一个幼儿园班级、两个学前班班级①，以及一年级和二年级的六个班级。学生的年龄介于 3～8 岁。我们根据科学中心售票处提供的名单，选择了这些位于郊区的学校。根据澳大利亚统计局做出的分类，这些学校所在区域家庭的经济收入水平分别为低、高及中等(Kelly，1993)。每所学校的校长、班级的教师以及孩子的家长都签署了正式文件，许可孩子们参与本项研究。

这些孩子没有收到过任何有关于如何使用"米琪的采石场"展品的建议，也没有任何标识告诉他们要做什么。在孩子们进入展区之前，我们要求教师及监护人在孩子与"米琪的采石场"这件展品进行互动时不要提供任何帮助。这样做的目的是为了确保孩子们能够尽可能地利用自己已有的知识与技能，如果他们相互之间不进行互动，那么就得不到任何提示或协助。这些孩子花在这个展览上的平均时间大概是四十五分钟(他们还观看了一场木偶表演)，他们中间有很多人至少花了一半的时间与"米琪的采石场"这件展品进行互动。

数据是从孩子们身上收集来的，收集方法是在他们参观的过程中对其进行观察，分析孩子们在返回学校之后绘制的有关参观的各种图画，并在接下来的第二天对他们进行访谈。访谈的内容是关于他们绘制的图画以及他们对"米琪的采石场"这件展品的认识的。另外，来自海滨学校(Beachside School)的一个班级在参观过程中还被录了像，这样笔者就可以对他们展开的与"米琪的采石场"有关的各种活动进行详尽分析。海滨学校是一所私立学校，这个班里的孩子年龄从三岁三个月到六岁六个月不等。在本章中，我们把焦点主要集中在从这个由十二名孩子构成的小班获得的数据上，有时候出于各种比较的目的，也会时不时地把这个班称为较大的小组。

---

① 在国外学前班和幼儿园是分开的，与国内略有差异。——译者注

孩子们与"米琪的采石场"有关的活动

我们观察了这九个班级每一个班级孩子的活动，并通过分析海滨学校十二名孩子与"米琪的采石场"进行互动的视频录像，对孩子们的活动进行了详细探讨。靠近展品的一个拐角处有一个三脚架，录像机被放在了这个三脚架上，没有人照看，它对孩子们与展品的互动情况进行了记录。录像带被我们反复看过多次，相关数据也被我们从以下两个方面进行了利用。首先，根据录制的视频（再加上现场记录），把孩子们作为一个小组，对他们的活动进行描述，这样就可以提供一个基本的图景，让我们了解孩子们与展品有关的各种活动展开的先后顺序，以及他们与他人进行互动的状况。其次，每一位孩子与"米琪的采石场"的互动情况被记录在了一份详尽的日志上。我们先在小组层面上对孩子们的活动进行描述，这样可以为对单个孩子的行为进行分析提供相应的背景。

对小组活动的描述

孩子们在参观这件展品时，首先进入的区域靠近拣选装置以及传送装置 2，因此这些元素首先吸引了他们的注意力。孩子们围着拣选装置聚到了一起，想看看桶里面有什么东西，然后有一个孩子就开始转传送装置 2 上的曲柄，而另外一个孩子则开始转拣选装置上的曲柄，以便让传送装置 2 上的球落到拣选装置上的桶里面。另外一些孩子注意到了用来装球的大储物箱，发现里面有很多球，有些孩子就把储物箱里的球捡起来放到传送装置 2 或传送装置 1 上面。孩子们很快分散开来，对这件展品的不同部件进行探索与操纵。

在最初的五到八分钟里，孩子们的注意力主要还是集中在如何操纵传送装置、拣选装置及升降装置上。他们很快发现拣选装置上的那些桶是用来收集球的，但在一开始的时候，他们并没有意识到把这些桶里面收集的球清空的机制究竟是什么。一个叫约瑟夫（所有人名均为化名）的孩子开始操作拣选装置，但他的目的却是为了确保拣选装置上面所有的桶都能够装满球。一个桶里面装满了球之后并不能自动清空，因此约瑟夫成功地让两个桶里面装满了球。他让别的孩子找来更多的球，让他的伙伴默文负责操作传送装置 2，他们把球放到传送装置 2 上面，然后摇动曲柄，从而让这些球都落到拣选装置上的桶里。奈杰尔也加入了进来，不断从存放球的储物箱里把球拿出来放到传送装置 2 上。不一会工夫，储物箱里就没多少球了。有的孩子偶尔会从还没有被装满的桶里拿出一个球放到传送装置 1 上。这些孩子似乎并不情愿从那些已经被装满了的桶里取出球来，而是耐心地等着拣选装置旋转，希望有些球可以从拣选装置里漏下去，然后落到储物箱里。最终，有几个孩子开始敲打拣选装置上这些桶的边，而另外一些孩子则把球往顶部堆，希望可以清除阻塞这些桶的球，使球能落下去。

与此同时，另外一组孩子在储物箱和传送装置 1 附近，他们发现当有很多球被放在传送装置 1 上时，就会发生混乱，使升降装置无法操作。操作装置的孩子必须以一个恰当的速度摇动曲柄，只有这样才能让球从传送装置 1 上落到升降装置的铲里面，然后才能通过升降装置把它们往上运，否则的话，球就会掉到地上——这种情形时有发生。有几个孩子没办法对展品的各个部件进行操作，因为几个曲柄都已经有人在摇了。最小的男孩叫雅各布，他自己一个人待着，大多数情况下都在旁观。他很好奇，由于年龄小，他可以轻易地跪在地上，从分拣装置的下面往上看，结果发现分拣装置上有一些孔洞，在台面旋转时，桶里的球可以从这些孔洞漏下来。这样一来，他就可以不断搅动桶里面的球，让它们漏下去。

绝大多数孩子都不太明白如何有效地操作螺旋装置，因为它是被密封在一段长管子里面的，孩子们在转动螺旋装置的方向盘时看不到这个装置下端的那个视窗(图 8-1)里面的情况。结果，操作螺旋装置的孩子不懂得怎样去操作它。除非一个孩子转动方向盘，一个孩子进行观察，否则他们不可能看到当把方向盘往正确的方向转动时螺旋装置里面的叶片是怎样把球旋上去的。开始的时候，有几个孩子把螺旋装置的方向盘一会往左转，一会往右转，因为方向盘上的转向指示已经模糊不清了。孩子们随机地转动方向盘，有的孩子能让球从滑道落下去，那么就算他成功了，但也有另外一些孩子让球在螺旋装置的底端被挤扁了。很少有孩子明白球是需要通过一段管道才能从升降装置上被传送到螺旋装置上去的，也很少有孩子能够明白螺旋装置的方向盘必须要向正确的方向转动。后来，有些孩子意识到，只有向一个方向转动才能让螺旋装置正确启动，这样他们就可以告诉其他孩子，究竟应该往哪个方向转动方向盘。

孩子们并没有意识到，在这件展品的不同部件之间存在着一种前后相继的序列关系，正是由于这种序列关系的存在，球才能从一个部件传到下一个部件上。尽管在很多时候这件展品的所有部件都是由孩子们来操作的，但当这些孩子们聚在一起，相互合作来操作展品的所有五个部件，以让球在这个系统中移动时，由这些孩子构成的小组作为一个整体并没有维持多长时间。反而孩子们更倾向于操作展品中的某两个部件，如传送装置2和拣选装置，或者是传送装置1和升降装置，或者仅仅只是操作螺旋装置这一个部件，而且对这些部件的操作都不是按照一定的顺序进行的。由此导致的结果是，在开始的时候，有很多球都堆在拣选装置上的桶里，而当这些桶清空时，球被放在了传送装置2上，而不是传送装置1上。再后来，他们发现把球放在传送装置1上更合适，因为这样可以通过用手摇曲柄让球传到升降装置上，然后再让球从升降装置上通过管道落到螺旋装置里。到这里的时候，他们就卡住了，一直到有一个孩子发现得往正确的方向转动螺旋装置的方向盘，才能把球一直往上旋，直到它通过滑道落到传送装置2上为止。

对孩子们个体活动的描述

在这22分钟的录像中，所有这12名孩子并不是自始至终都一直出现在画面里的。有些孩子只出现了几分钟，而另外一些孩子则在展品身上花了大量时间。他们知道在观看木偶表演之前自己有45分钟的时间，因此就跑去看别的展品了。为了对这些孩子的个体行为进行描述，我们建构了一个活动层级模型，用这个模型按照时间上的先后顺序对孩子们的活动进行分类，看他们在这个展品的每一个不同部件上都有哪些活动。这个等级模型是从零级开始的，当孩子完全没有注意到这个部件时，他的活动便被归类为零级，最高级是四级，当孩子表现出对这个部件具有充分地理解与认识，能够确保其功能有效发挥时，他的活动便归类为四级。表 8.1 以传送装置为例，展示了一个一般性的活动层级分类框架，并对各种不同层级的活动进行了描述。另外，我们还对孩子们在升降装置、螺旋装置、拣选装置等展品的其他各个不同部件上的活动进行了归类，并对每一个部件上的行为表现出来的不同层级进行了描述。

表 8.1 "米琨的采石场"展品传送装置上活动的层级

层级	活动	在传送装置上的活动层级
0	一个部件都没有注意到	没有能够注意到传送装置
1	对一个部件进行了观察，或对其他儿童与这个部件的互动进行了观察	对传送装置进行了观看，并在视觉上对其是什么东西进行了探索……比如发现它有传送带、曲柄等，而且还能传送东西
2	对一个部件进行操纵，也就是说，与这个部件进行了身体接触，如触摸或转动这个部件的任何一个部分	把球放在传送装置上，或用手（往任何方向）摇动过曲柄
3	对一个部件进行了操作，而且使这个部件正确发挥了它的功能	当看到有球的时候摇动曲柄，传送球，并使其落入升降装置的铲中
4	对一个部件进行了管理与控制，能够鉴别出错误的地方，并改正它们	以合适的速率把球放在传送装置上，控制往传送装置上放球的速度，避免发生拥堵

我们以两种方式对孩子们的各种活动做了报告。第一种方式如表

8.2 和表 8.3 所示，表 8.2 报告的是这 12 个孩子每个人花在这件展品
的每一个部件上的时间的百分比，表 8.3 呈现的则是孩子们在每一个层
级的活动上投入的总体时间。这两个表格表明孩子们花在展品上的时间
非常不一样，从 3 分钟左右到 20 分钟以上，另外他们相互之间在时间
是如何支配的这方面也非常不一样。

表 8.2　孩子们在"米琨的采石场"的各个不同部件上投入的时间

儿童	部件（所花时间的百分比/％）							时间（分：秒）
	储物箱	传送装置1	升降装置	螺旋装置	传送装置2	拣选装置	斜面	
奈杰尔	3	26	1	6	16	41	7	21：35
彼得	—	2	2	1	58	22	15	20：30
雅各布	—	13	—	6	32	19	30	18：20
默文					90	10	—	17：30
哈里特	6	12		4	28	47	3	16：45
约瑟夫	—	8	—	2	28	59	3	16：15
莫亚	7	—	20	10	35	28	—	14：45
马克	2	25	9	36	15	9	4	11：50
珍妮	—	19	—	7	9	65	—	9：40
安内特	2	66	18	4	5	5	—	9：10
杰拉尔	47	5				23	25	3：35
马尔科姆	1	3	87	1		3	—	3：33
平均值①	6	15	10	6	27	28	7	13：37

表 8.2 最后一行展现的是孩子们花在展品的每一个部件上的平均时
间，数据显示最吸引孩子们的是传送装置 2 以及拣选装置，他们在这两
个部件上花费的平均时间分别为总时间的 27％ 和 28％。表 8.2 表明孩
子们投入时间最少的部件是盛装球的储物箱以及螺旋装置，投入的时间

———————

① 由于原文中平均值计算有误，此处数据是经译者矫正后的数据，故此数据与原文略有差
异。——译者注

　解读科学中心与博物馆中的互动——走向社会文化视角

平均比例均为 6％，另外他们在连接拣选装置与储物箱的这段斜面上投入的时间平均比例为 7％。孩子们放在储物箱与斜面上的注意力很少，但整个系统要想运转起来，是需要对螺旋装置进行操作的。可是，孩子们在螺旋装置上投入的时间受到了设计方面的影响，因为一次只有一个孩子能够转动螺旋装置的方向盘。这一点与传送装置、升降装置以及拣选装置形成了鲜明对比。在这些装置面前，很多孩子都凑成一堆，相互分享自己操纵曲柄让球移动的经验。

表 8.3 展现了孩子们与"米琨的采石场"这件展品进行互动的平均时间，也就是说，孩子们花在对这件展品的各不同部件进行观察、操纵、操作与管理上面的平均时间是 13 分 33 秒，最短的时间是 3 分 33 秒（马尔科姆），最长的时间是 21 分 35 秒（奈杰尔）。平均来看，他们花在对这些部件进行观察以及看其他孩子怎么做上的时间为 4 分钟左右，花在对这些部件进行操纵或操作上的平均时间约为 3 分 28 秒，花在对这些不同的部件进行管理上的平均时间为 2 分钟左右。有一些孩子只是站在其他人的后面看别人操作这些不同的部件。有一些孩子摆弄了这件展品的两个或更多的部件，他们要么是自己一个人在那里摆弄，要么是和别的孩子一起来完成。还有另外一些孩子，如默文，会大声指挥其他孩子更快地摇曲柄，以确保球能够在这个系统中不断传输下去。拣选装置上的桶经常会被球塞满，这时候就有几个小孩专门负责清理拣选装置上的桶，以便让球能够通过拣选台上的孔洞漏下去。

表 8.3　孩子们在"米琨的采石场"各种活动上花费的时间及活动层级

儿童	在各种活动上花费的时间（分：秒）				总时长（分：秒）
	观察	操纵	操作	管理	
奈杰尔	3：10	8：00	1：45	8：40	21：35
彼得	9：45	2：15	—	8：30	20：30
雅各布	11：55	4：10	0：10	2：05	18：20

儿童	在各种活动上花费的时间（分：秒）				总时长（分：秒）
	观察	操纵	操作	管理	
默文	0：30	1：42	13：08	2：10	17：30
哈里特	6：50	5：30	2：00	2：25	16：45
约瑟夫	1：30	2：45	11：40	0：20	16：15
莫亚	3：30	4：55	3：10	3：10	14：45
马克	5：35	2：40	2：25	1：10	11：50
珍妮	1：05	2：00	6：15	0：20	9：40
安内特	1：30	7：10	0：30	—	9：10
杰拉尔	3：10	0：25	—	—	3：35
马尔科姆	0：51	0：02	2：40	—	3：33
平均花费时长	4：07	3：28	3：39	2：24	13：33

136　　　　孩子们在与"米琪的采石场"这件展品进行互动的过程中，采用了很多种不同的方式。例如，表8.2就表明，杰拉尔花了自己将近一半的时间(约1分40秒)在盛装球的那个储物箱上。她对这件展品其他几个不同部件的关注也只是看别人在干什么，对其他孩子操作拣选装置进行观察。在接下来的时间里，她就站在这件展品的旁边接近拣选装置与斜面的地方，从这个角度看着螺旋装置与升降装置。她对这件展品进行的两次操纵都很简单，只不过是把球拿起来然后放到拣选装置上或者是斜面上而已。如表8.3所示，杰拉尔的活动层级主要被归类为观察，同时伴随着一些操纵。

　　珍妮把自己全部时间的三分之二左右(约6分18秒)花在了拣选装置上。她先是对传送装置2、螺旋装置以及拣选装置进行观察，然后便一个劲地把球往传送装置上放，前后一共有四次，再就是用手摇曲柄，她在三个不同的地方都摇了曲柄，另外还转了螺旋装置的方向盘。当发现别的孩子对拣选装置上的桶盛满了球感到不满，想把它们腾出来时，她就开始敲打这些桶，试图让球从桶里漏出来。珍妮的活动主要被归类为操作(表8.3),但同时也包括了观察与操纵,另外还有一些活动属于管理的类别,因为她想把球从桶里面弄出来。

默文花在"米瑅的采石场"这件展品上的时间长度在所有人里面排第四位(17分30秒),但却只花在了两个部件上,其中90%的时间花在了传送装置2上,另外10%的时间花在了拣选装置上。在大多数时间里,他都在摇传送装置2的那个曲柄,还时不时地大声喊"快把更多的球放上来",并让一批孩子去捡球然后放在传送装置2上。在其最后一分钟的时间里,他跑到一个正在转螺旋装置方向盘的孩子身边,问他是否转得动。这个孩子没有理会,然后他就离开了这件展品。和珍妮一样,默文的大多数活动也属于操作这一层级。

奈杰尔是年龄最大的孩子(6岁6个月),他在"米瑅的采石场"这件展品身上投入的时间最长,超过21分钟。他对这件展品的所有组成部件进行了观察,对斜面进行了考察,在两个传送装置上都放了球,用手摇了拣选装置的曲柄,还转动了螺旋装置的方向盘。在最初的3分钟时间里,他发现球堆在拣选装置上的桶里下不去,就用手把球从桶里拿了出来。奈杰尔从储物箱里收集了球,三番五次地把这些球放在两个传送装置上,还把掉落在地上的球捡了起来。约瑟夫要求把球都堆在拣选装置上,他没有理会,而是照样把球从已经满了的桶里拿出来,然后让这些球通过斜面往下传。在最后4分钟的时间里,奈杰尔负责对拣选装置进行管理,确保球能从桶里漏下来落到斜面上。他的时间绝大多数都花在了对"米瑅的采石场"这件展品的各个部分进行操纵与管理上。

孩子们的活动并不是按照从低级到高级的顺序不断向前发展的,即把他们的活动按照活动层级框架进行分类,并不是从层级一(观察)开始,然后逐渐走向层级二、层级三和层级四的。在通常状况下,孩子们的操作是从观察开始的,但很多孩子的活动都在观察(层级一)、操纵(层级二)、操作(层级三)及管理(层级四)之间来回摇摆的,他们在展品的各个部件之间转来转去。例如,哈里特的活动日志就表明她一开始是对拣选装置进行观察(层级一),这开始于其与展品进行互动的第2分

137

10 秒。紧接着这个活动的是把球从储物箱里拣出来放到拣选装置上的桶里(层级二),然后就是转动拣选装置的台面,让球漏下去(层级四)。接下来,她又进行了观察,即观察拣选装置(层级一),然后翻来覆去地把球放到拣选装置上再让球漏下来(层级二),她不能容忍桶里有球,总要把它们清空(层级四)。约瑟夫想要让球不断在桶里累积,这让哈里特觉得非常恼火,哈里特就让他去摇拣选装置的曲柄,而且她自己也去摇那个曲柄(层级三),然后还非常激动地去弄那些桶,以便让被卡住的球漏下去(层级四)。

表 8.4 对这 12 个孩子的活动层次进行了概括,表明所有这些孩子至少都与展品中两个传送装置中的一个以及拣选装置进行了互动,但活动的层级相互之间却有所不同。所有孩子都以某种方式与升降装置及螺旋装置发生了关系,但有 8 个孩子仅仅只是对它们进行了观察。有 4 个孩子通过摇动曲柄或是把球放在铲里对升降装置进行了操作,而对螺旋装置进行操作或管理的孩子一共只有 3 人。

表 8.4　孩子们与"米琨的采石场"展品有关的活动层级

层级	活动层级	部件			
		传送装置	升降装置	螺旋装置	拣选装置
0	一个部件都没注意到	—	—	—	—
1	对一个部件进行了观察,或对其他儿童与这个部件的互动进行了观察	1	8	8	2
2	对一个部件进行操纵,也就是说,与这个部件进行了身体接触,如触摸或转动这个部件的任何一个部分	4	—	1	1
3	对一个部件进行了操作,而且使这个部件正确地发挥了它的功能	3	4	2	1
4	对一个部件进行了管理与控制,能够鉴别出错误的地方,并改正它们	4	—	1	8
与展品部件有互动的儿童人数(n)		12	12	12	12

孩子们绘制的"米琪的采石场"图画

在孩子们回到学校后，研究人员就马上让这九个年纪较小的班级中的六个班级的孩子把他们在参观"米琪的科学"展览时最喜欢的东西画下来，在绝大多数情况下，这项工作通常都是在下午的课上进行的。在这一过程中，并没有人直接要求孩子去画"米琪的采石场"这件展品，尽管有 37 个孩子这样做了，而且他们中间还有 3 个人是来自海滨学校，并在参观过程中被录了视频的学生，即杰拉尔、哈里特和珍妮。在接下来的一天里，本文的其中一位作者在学校就他们画的东西对孩子们进行了个别化访谈。在访谈之前，我们把所有孩子画的东西都进行了复印。对孩子们进行的访谈使用的是实例专访法（Interview-about-Instances，IAI）(Bell，Osborne & Tasker，1985)，孩子们被要求向研究人员解释他们画的东西，而研究人员则在他们各自画作的复印件上进行注解。

孩子们在"米琪的采石场"这件展品上表现出来的知识水平是由（以他们的解释作为背景）研究人员对他们的画作进行评分决定的，评分共包括三种类型。首先，是看他们在画里面画出了这件展品的多少部件，最高分为 14 分，即画作中包括了展品的所有部件，有球、传送装置 1、升降装置、铲、管道、螺旋装置、螺旋装置的叶片/视窗、螺旋装置的方向盘、滑道、传送装置 2、拣选装置/旋转台面、桶、斜面、储物箱。其次，四个手摇曲柄各为 1 分，螺旋装置的方向盘也为 1 分，一共为 5 分。最后，展品各不同部件相互之间有确定的序列关系，正确画出每两个部件之间的序列关系得 1 分，最高分为 10 分。例如，正确画出来传送装置 1 与升降装置之间的序列关系，或者是螺旋装置与滑道之间的序列关系，均可以得 1 分。把这三种类型的分数加在一起，就得到了一个总分，满分为 29 分。

一共有 37 个孩子画了"米琪的采石场"，表 8.5 根据他们画出了这件展品中的多少部件，有没有画出来手摇曲柄与方向盘，以及是否正确

第八章　看与学：儿童在互动展品前的行为　　　　211

画出了不同部件之间的序列关系报告了他们的平均得分。分数分布的区间很大。孩子们在第一项上的得分最高，即他们在画出展品部件的数目上表现得最好，但平均来看，画出来的部件的数目不到这件展品所有部件数目的一半。在画出手摇曲柄以及螺旋装置的方向盘这些运动机关上表现得则更差一些，另外对不同部件之间序列关系的呈现也不佳。对这件展品不同部件之间序列关系的呈现，一般画的也都是传送装置1与升降装置的序列关系以及滑道与传送装置2的序列关系，或者是传送装置2与拣选装置台面之间的序列关系。三个年龄最大的孩子(超过7岁)画画的得分最高(20分以上)，但散点分析表明他们在这方面的得分与年龄之间并没有什么具有说服力的联系。

表8.5　孩子们在绘制"米琪的采石场"上的得分

儿童	画出来的项目 (满分为14分)	手摇曲柄与方向盘 (满分5分)	序列 (满分10分)	总分 (满分29分)
总体平均分	6.0(约占满分 的43%)	1.5(约占满分 的30%)	2.8(约占满分 的28%)	10.3(约占满分 的36%)
哈里特	11	1	5	17
珍妮	2	—	—	2
杰拉尔	11	2	8	21

注：一共37个孩子，平均年龄为5岁2个月。

表8.5里还包含了视频中出现的这三个孩子的得分。哈里特(5岁6个月)花了将近17分钟的时间与"米琪的采石场"这件展品除了升降装置之外(表8.2①)的几乎所有部件都进行了互动，得分为17分，高于平均分不少。有意思的是，杰拉尔(也是5岁6个月)的得分甚至更高一些，达到了21分，因为她把十个序列关系中的八个都画对了。尽管杰拉尔花在"米琪的采石场"这件展品上的时间不到4分钟，而且活动所属的层级也处于低级水平，但很明显：她的观察费了不少心思，这使其能够对

---

① 原文此处为 see Table 3(见表8.3)，但是实际上讲的是表8.2，故将表8.3改为表8.2。——译者注

展品进行详尽的再现。珍妮在描画自己参观的"米瑅的科学"这一展览时，把各种不同的展品都画了进来，其中她在一小部分里面画出了"米瑅的采石场"展品的一部分，她只得了 2 分，因为只画出了"米瑅的采石场"展品中的一个桶以及一些球。我们非常明确地意识到：我们对孩子们画作的解读可能低估了他们的想法所具有的深度（参见 Rennie & Jarvis, 1995），因此有必要就他们画的画与孩子进行面对面的交谈，以更加全面地了解他们的认识，这一点非常重要。我们在接下来的一节对这些访谈进行了描述。

孩子们对"米瑅的采石场"的理解

在参观结束之后的第二天，我们使用实例专访的方法（Bell, et al., 1989）对孩子们对"米瑅的采石场"工作机制的理解程度进行了了解。在这一过程中，我们使用彩色照片来刺激孩子们对这件展品的回忆。就像上面描述过的那样，如果孩子们已经画过了这件展品，那么在访谈开始时，我们会在向他们出示照片之前要求其先对展品进行描述。访谈人员（本文的第一作者）使用孩子们对这种具有试探性质的提问做出的回答来对"米瑅的采石场"这件展品的图画进行注解。访谈都进行了录音，而后进行了转写。使用这些转写材料，可以对孩子们的理解程度进行分析，从而建构起他们在传送装置、升降装置、螺旋装置及拣选装置上达到的知识层级（Perry, 1993），这四个部件是"米瑅的采石场"这件展品四个最主要的构成部件。这些层级是针对认知结果建立的，也就是说，它刻画的是孩子对每一个构成部件要如何操纵及如何控制的理解程度。这些知识层级包括从 0 到 4 共五个层次的学习，0 层次表示孩子对部件没有任何的识别或探索，而最高的层次 4 则表示孩子不但知道部件是如何工作的，而且还能够描述不同部件之间的因果关系，从而能够让它们的功能发挥到最佳状态。表 8.6 以传送装置为例，对知识层级与认知层级进行了一般化描述。

表 8.6 "米瑅的采石场"展品传送装置上的认知层级

层级	理解	传送装置的理解层级
0	没有能够鉴别出部件	没有能够鉴别出任何一个传送装置
1	对部件的功能进行了描述	对传送装置是如何带着球走的进行了描述
2	对部件的某些组成部分进行了描述与定位	对手摇曲柄和传送带的位置进行了描述
3	对部件是如何工作的进行了描述	对传送带是如何借助手摇曲柄传动的以及传送带的棱线是如何把球往上推进行了描述
4	知道一个部件最佳的载荷与传输速率是多少，或能够描述出这个部件因果关系导致的各种结果	懂得要球以一种恰当的速率往传送带上放，否则球会从传送带上掉下来

140   表 8.7 报告了来自海滨学校的 12 个孩子在每一个层级的理解水平上的人数，另外还在倒数第二行记录了他们的平均理解水平。为了进行比较，在表 8.7 的最后一行，还总结记录了我们访谈的一共 145 个孩子在"米瑅的采石场"展品上平均达到的理解水平。

表 8.7 孩子们在"米瑅的采石场"展品各部件上达到的理解水平

层级	理解	部件			
		传送装置	升降装置	螺旋装置	拣选装置
0	没有能够鉴别出部件	—	—	—	—
1	对部件的功能进行了描述	—	—	2	2
2	对部件的某些组成部分进行了描述与定位	—	1	6	2
3	对部件是如何工作的进行了描述	10	11	4	1
4	知道一个部件最佳的载荷与传输速率是多少，或能够描述出这个部件因果关系导致的各种结果	2	—	—	7
	平均理解水平（共 12 人）	3.2	2.9	2.2	3.1
	平均理解水平（共 145 人）	2.4	2.3	1.8	2.3

解读科学中心与博物馆中的互动——走向社会文化视角

虽然平均年龄(5岁2个月)稍小，可在对展品的理解方面，海滨学校孩子们的得分比所有孩子的平均得分稍高，但需要注意的是，在对展品的理解模式上，所有孩子都一样。海滨学校的这些孩子们对传送装置的理解水平最高，所有人都能认出它，并对它是如何工作的进行了描述。孩子们的理解水平位于第二的展品部件是拣选装置，在12个孩子里，有8个孩子能够对拣选装置是如何工作的进行描述(层级3)，在这8个人中，有7个可以对拣选装置上球为什么会堵在桶里无法通过台面漏下去进行解释(层级4)。例如，对哈里特(5岁6个月)进行的访谈就表明她对拣选装置的操作具有非常不错的认识：

> 球落到绿色的桶里面，这里有个可以旋转的小玩意[曲柄]可以把桶旋转起来，经过那个孔，然后沿着这个滑梯[斜面]掉到桶里[储物箱]。[问：球是如何离开桶的?]那里有孔啊[指着]。因为桶也有孔，所以球会掉下去。

雅各布是最年幼的孩子(3岁3个月)，他钻到拣选装置的下面去看过，所以也能够解释这个拣选装置是如何工作的：

> 它们[球]不断移动然后进入桶里面，然后进入那个大桶里面[储物箱]。摇动这个手柄[指着]，桶就会动，它们就进到大桶里面去了[储物箱]。[问：它们是怎么从桶里面出来的呢?]他们是顺着孔掉下去的[指着]。[问：那接下来它们会到哪里?]往下顺着那个托盘[斜面]滚。

表8.7表明，大多数孩子都能够描述出升降装置是如何工作的，而对螺旋装置，所有孩子描述的都是它的功能。孩子们对螺旋装置的理解程度最弱，有10个人能够使用螺旋装置的阿基米德螺旋把球往上旋(层级3)，但他们当中只有4个孩子能够解释清楚如果往错误的方向转动

141 方向盘螺旋装置是如何把底部的球挤扁的(层级 4)。螺旋装置是一个不
好理解的部件，因为孩子们在操作它的时候，绝大多数的工作机制都是
看不到的。孩子们与螺旋装置进行互动的方式是站在旁边的台阶上转动
方向盘来使阿基米德螺旋转起来。在这个位置上，孩子们看不到球是怎
么落进螺旋装置的底部，阿基米德螺旋又是怎么旋转，或者球是怎么一
步一步从螺旋装置中被往上旋的。操作螺旋装置的孩子们没有意识到在
这些球身上究竟发生了什么。他们对螺旋装置是如何工作的做出的解读
为我们提供了证据，这些证据表明孩子们在理解其工作机制上面临着困
难。巴特(5 岁 5 个月)来自另外一所学校，他可以说是对螺旋装置工作
机制认识最为清楚的人之一，他说这就是由一系列像锯齿一样弯弯曲曲
的东西构成的物件(zig-zaggy)，他用这样的语言来描述能够在管子里把
球不断往上旋的阿基米德螺旋。

　　嗯，有人在那里站着[指着方向盘]，他们在转那个玩意，那东西要
是转起来，就可以让球不断地往上来，一直到这儿。[问：(指着阿基米
德螺旋)这个白色的是什么东西?]它是个由一系列锯齿一样弯弯曲曲的
东西构成的物件。它一直转，一直转，越转越高，越转越高，然后它
[球]就会往下掉进这里[指着滑道]。[问：如果你把方向盘往另外一个
方向转会怎么样?]往那个方向转的话，球就会往下去，然后就会嘭的一
声被挤扁。得往另外一个方向转，这样球才会往上来。

讨　论

　　"米琠的采石场"是一个相对来说较大的展品，设计这件展品的目的
是让很多孩子同时操作它的各个不同部件，并鼓励他们展开各种具有探
索与社交意义的游戏。我们的研究焦点是孩子们在这件展品上的投入程
度，考察的内容不仅包括他们活动的性质，而且还包括他们对这件展品

不同部件的工作机制以及协同互动的理解与认识水平。我们对来自海滨学校的 12 个孩子进行了详尽的研究,这让我们能够对他们围绕这件展品展开的各种活动和对这件展品的理解与认识之间的关系,以及他们相互之间展开互动所使用的各种不同方式进行探索。在我们的讨论中,将对这种关系进行考察,同时还会从展品开发人员当初设定的目标是否实现了这一角度出发,来对展品的应用效果进行探讨。这件展品的开发人员所要达到的目标是:促进孩子们创造性思维能力的发展,为他们提供各种机会对自己的预期与预测进行质疑和挑战,让他们在一种具有协作性质的情境中行事、思考、交谈。

在"米琪的采石场"这件展品上,孩子们的活动与理解之间的关系

表 8.8 总结了对海滨学校这 12 个孩子进行研究得到的结果,具体包括:他们的年龄是多大;他们在传送装置、升降装置、螺旋装置及拣选装置上达到的理解水平以及展开的活动所属的层级;他们的平均得分;他们在这件展品上一共花了多长时间。尽管研究样本的数量不大,但我们可以看到:在孩子们对这件展品各部件的理解水平与他们在这件展品各部件上展开的活动之间没有明确的关系。在这些孩子们的年龄与他们对这件展品的平均理解水平之间存在着一定的关系(在 145 个孩子的大样本研究中,相关系数为 0.53,在统计学上属于显著相关),但在他们的年龄与他们的活动水平之间不存在什么关系。显然,对于处于这个年龄段的孩子们来说,我们并不能根据他们在身体活动方面所处的水平来预测其在理解方面达到的层级。

表 8.8 对孩子们在"米琪的采石场"这件展品上理解水平与活动水平的总结

儿童	年龄（月）	层级	部件				平均分	总时间（分：秒）
			传送装置	升降装置	螺旋装置	拣选装置		
奈杰尔	78	理解	3	3	1	4	2.8	21：35
		活动	4	1	3	4	3.0	
彼得	68	理解	4	3	3	4	3.5	20：30
		活动	4	1	1	4	2.3	

儿童	年龄（月）	层级	部件				平均分	总时间（分：秒）
			传送装置	升降装置	螺旋装置	拣选装置		
雅各布	39	理解	3	3	2	4	3.0	18：20
		活动	2	1	1	4	2.0	
默文	60	理解	4	3	3	3	3.3	17：30
		活动	4	1	1	4	2.5	
哈里特	66	理解	3	3	3	4	3.3	16：45
		活动	3	1	1	4	2.3	
约瑟夫	72	理解	3	3	3	4	3.3	16：15
		活动	3	1	1	4	2.3	
莫亚	57	理解	3	3	2	2	2.5	14：45
		活动	4	3	3	4	3.5	
马克	54	理解	3	3	2	1	2.3	11：50
		活动	3	3	4	3	3.3	
珍妮	65	理解	3	2	2	4	2.8	9：40
		活动	2	1	2	4	2.3	
安内特	56	理解	3	3	1	1	2.0	9：10
		活动	2	3	1	1	1.8	
杰拉尔	66	理解	3	3	2	4	3.0	3：35
		活动	1	1	1	2	1.3	
马尔科姆	60	理解	3	3	2	2	2.5	3.33
		活动	2	3	1	1	1.8	
在理解上的平均分（满分 4 分）			3.2	2.9	2.2	3.1	2.8	
在活动上的平均分（满分 4 分）			2.7	1.7	1.7	3.0	2.4	

有些孩子，如莫亚（4 岁 9 个月），是自己一个人在玩。她与"米琜的采石场"这件展品的绝大多数部件都有互动，时间将近 15 分钟（表8.2），她对拣选装置与升降装置进行了观察，用手摇了拣选装置的曲柄，转了螺旋装置的方向盘，还把球放到了传送装置上。在把球放到传送装置 2 上面的时候，莫亚表现出了属于管理层级的行为，她对其进行了检查，以确保球可以被不断放到传送装置上，而且在传送带的每一条棱线上都同时有两个球。莫亚还从储物箱以及拣选装置里收集了一些球，并把这些球直接放在了升降装置的铲上。尽管她的活动在总体的平

143

均水平上处于最高的层级，得了 3.5 分，但她的理解在总体的平均水平上却排名倒数第三，只有 2.5 分，其中她在对传送装置与升降装置的理解上处于层级 3 的水平，在对螺旋装置与拣选装置的理解上处于层级 2 的水平。

相比之下，杰拉尔在面对"米琁的采石场"的 3 分 35 秒的时间里几乎就没有碰过这件展品，但她进行了非常密切的观察，这一点从她事后绘制的图画中的细节就可以看出来。而且她对拣选装置是如何工作的具有非常透彻的认识，哪怕她只是把一个球放到了桶里面。她的活动的平均层级最低，只有 1.3 分，但其理解的平均层级却达到了 3 级水平（表 8.8）。显然，观察非常重要：杰拉尔看了，而且学了。通过看来学的重要性，在孩子们对螺旋装置的理解非常有限这一点上得到了突出体现。如果看不到转动阿基米德螺旋产生的真实效果，孩子们是不能对球在螺旋装置中的运动做出解释的。

在"米琁的采石场"上展现的创造性思维与挑战

"米琁的采石场"这件展品设计的目标之一是促进孩子们创造性思维能力的发展，并为他们提供各种机会对自己的预期与预测进行质疑和挑战，以上这两个方面具有非常密切的联系。孩子们往往倾向于同时做这两件事情，所以对它们的讨论也放在一起进行。

"米琁的采石场"这件展品没有提供相关的指导信息，因此孩子们第一眼看到这件展品的时候它是空空的，静止不动。它是被用来做什么的呢？在初次面对这件展品时，展品上的那些曲柄显然会吸引孩子们去摇，这样就可以使他们马上进入对这件展品的操作之中。当用手摇某个曲柄时，另外一些东西会动，这样就为互动打开了大门，孩子们很快就会充分利用这些，就像设想中的那样开始摇动曲柄，把球拿来拿去，把它们放到某个地方。但是，这些孩子在这一过程中还尝试了很多无关的动作，这些动作并不能促进他们"恰当地"使用这件展品。比如，在摇曲柄的时候，速度控制不好，升降装置上的铲没法正常工作，或者是一门心思地只想把球都留在桶里，把桶都塞满了。这些例子不但展现了孩子们对这件展品工作机制的探索，而且还具有实验的性质，这是一个具有"如果……会怎么样？"性质的过程。孩子们在这一过程中，可以自由无约束地进行思考并采取行动。有些孩子，如雅各布，通过趴在拣选装置底下看，对斜面进行了观察，然后指出如何做才能清空桶里的球，搞清楚了拣选装置是如何工作的。这样的行为就是赫特（Hutt，1970）所谓的具有认识意义，而且与学习密切相关的行为。另外一些孩子，如莫亚就乐意一次次不厌其烦且干净利落地把球放在传送装置上，然后看别人摇动曲柄把这些球传动起来，她的这种行为是一种具有嬉戏性质的行为，可以自娱自乐。环境没有威胁性，因此孩子们才能玩得高兴。从这一意义上来看，开发这件展品的人当初的目标实现了。

在协作情境中行事、思考与交谈

"米瑅的采石场"包含好几个部件，很多孩子可以同时使用这件展品，从而极大地扩展了社会互动的幅度。然而，尽管他们来自同一个班级而且还相互认识，但很多孩子还是自己一个人在玩。开发人员的目的是让"米瑅的采石场"促进使用这件展品的孩子相互之间的合作性互动，但我们却看到很少有孩子这么做。在观察的 9 个班级中，几乎看不到有孩子能够进行充分合作从而使"米瑅的采石场"能够作为一个整体的系统平稳运转起来这样的时刻。有些时候，孩子们可以以合作的方式对展品的某些部分进行操作，但我们还发现他们在这样做的时候具有各不相同的目的，如约瑟夫想把球堆到一起来堵住拣选装置，而哈里特则求他不要这么做。这两个孩子都清楚拣选装置是如何工作的，无论是在活动上还是在理解上，他们的得分都处于最高的层级，但两个人相互之间却没有合作。

我们发现这些孩子在与展品接触的过程中，并不是通过相互合作的互动方式把"米瑅的采石场"作为一个单一的整体系统来对待的，尽管这很有意思，但可能并不令人感到惊讶。促进合作是设计这件展品的一个主要目的。我们对此的解释是：孩子们认为这个展品包含了很多非常有意思的部分，但在认知上并不能把它们相互连接起来作为一个整体进行

144

对待。卡恩斯和奥斯汀(Kearns & Austin，2010)曾经指出：学龄前儿童能够处理并记住各个孤立的组成部分，但"要把握'全貌'并搞清楚各部分相互之间是如何联系在一起的，则还有一段路要走"(p.124)。另外一种解释就是，孩子们忙着对这些个别的组成部分进行探索，因此没有足够的时间把展品作为一个统一的整体系统进行充分的熟悉。一种相关的解释是：这些孩子年纪太小，因此没有足够的社交技能进行组织，或者被组织，从而建立一个可以互相合作的六人小组。有少数孩子和别人有交流，比如默文就要求别人把更多的球放在传送装置 2 上，但绝大多数孩子是自己一个人与展品进行互动的。在造访这家科学中心的过程中，我们发现那些年纪较大的孩子在对"米琨的采石场"进行操作时是把其作为一个系统对待的，而且这些年纪较大的孩子几乎不会花太多时间来对一个一个的组成部件进行探索。相反，他们能够把这件展品理解为由一系列具有整体性的部件构成的，这些不同部件服务于同一个目的。相比之下，我们观察到的那些年幼的孩子则往往倾向于带着各种不同的、具有探索性质的目的来对这些单个的部件进行操作。

最后，我们需要指出的是，即使仅仅只是通过观察，我们也可以对孩子们与展品进行互动导致的结果形成有限的认识。我们收集了四个方面的数据(观察、录像、孩子们画的画、访谈)，每一种数据都可以从某一个方面帮助我们了解孩子们是如何与展品进行互动的，他们相互之间是如何互动的，以及他们从这种互动中学到了什么，但通过每一种数据对上述这些内容的了解都是不完全的。就像伦尼和约翰斯顿(Rennie & Johnston，2004)业已指出的那样，每一种方法都有局限。仅仅通过观察来确定孩子们学到了什么需要进行大量的推测，孩子们画的画可能也不能完全表现他们实际上究竟掌握了哪些东西，他们画的画也有可能会被成人进行错误的解读(Ehrlén，2009)，录像尽管能够进行反复观看与分析，但却只能展现画面里有的那些孩子，因为录像的时长有限。我们进行的访谈，用到了这件展品的照片(在可能的情况下，与孩子们自己画的画配合使用)，目的是为了激起孩子们对它的回忆，这些访谈是非常小心地进行的，而且是在我们进行观察的场景中实施的。

　　总体而言，通过不同数据来源获得的研究发现相互之间具有很大的一致性；每一种数据来源都提供了不同的信息，但这些信息相互之间却具有互补的性质，可以让我们对孩子们究竟学到了什么形成一种更加具有综合性的认识。这些结果表明：各种不同的研究方法（Mathison，1988）相互之间的三角验证以及各种不同数据来源相互之间的三角验证是非常重要的，能够帮助我们了解孩子是如何与一件展品进行互动并从展品中学有所得的。这些结果还强调了研究方法选择的重要性，即在与孩子们打交道时，要能够让他们发出自己的声音。如果不是问杰拉尔的话，我们就不可能知道她竟然能够仅仅通过观察就学到那么多东西，因为她几乎没有花时间与"米琁的采石场"这件展品进行有身体接触的互动。

参考文献

　　Bell，B.，Osborne，R. & Tasker，R.（1985）. Finding out what children think. In R. Osborne & P. Freyberg，（Eds.），*Learning in science*，（pp. 151-165）. Auckland：Heinemann Education.

　　Cooper，L.（1993）. *Mitey Science manual：A guidebook for parents，teachers and care givers*. Adelaide：The INVESTIGATOR Science and Technology Centre.

　　Diamond，J.（1996）. *Playing and learning*. ASTC Newsletter，24(4)，2-6.

　　Ehrlén，K.（2009）. Drawings as representations of children's conceptions. *International Journal of Science Education*，31(1)，41-57.

　　Hawkins，D.（1965）. Messing about in science. *Science and Children*，2(5)，5-9.

　　Hutt，C.（1970）. Curiosity and young children. *Science Journal*，6（2），68-71.

　　Kearns，K. & Austin，B.（2009）. *Birth to big school*（2nd Ed.）. Frenchs Forest，NSW：Pearson Australia.

　　Kelly，P.（1993）. Perth：A social atlas（Census of Population and Housing，6 August，1991）. Canberra：Australian Bureau of Statistics.

Mathison, S. (1988). Why triangulate? *Educational Researcher*, 17 (2), 13-17.

Perry, D. L. (1993). Measuring learning with the knowledge hierarchy. *Visitor Studies: Theory, Research and Practice*, 6, 73-77.

Rennie, L. J. & Jarvis, T. (1995). Children's choice of drawings to communicate their ideas about technology. *Research in Science Education*, 25, 239-252.

Rennie, L. J. & Johnston, D. J. (2004). The nature of learning and its implications for research on learning from museums. *Science Education*, 88 (Suppl. 1), S4-S16.

Rennie, L. J. & McClafferty, T. P. (2002). Objects and learning: Understanding young children's interaction with science exhibits. In S. G. Paris (Eds.), *Multiple perspectives on children's objectcentered learning* (pp. 191-213). New York: Lawrence Erlbaum.

Smilansky, S. (1968). *The effects of socio-dramatic play on disadvantaged preschool children*. New York: Wiley & Sons.

第九章

活动理论视角下机器人项目中博物馆合作关系的考察：工具、挑战与涌现的学习机会

杰雷内·拉姆①

147
这是一个非常迷人的项目！我们非常自豪地来思量这些结果，并把它们呈现给前来参观的人。这是一个非常具有包容性的项目，一开始就能够吸引我的学生积极主动地参与其中。摆弄机器人一下子就吸引住了他们的注意力。与"爱宝"（aïbo）打交道也是如此，它太吸引人了。组装机器人并对其进行编程真是个挑战，在这一过程中涉及某种类型的问题解决，这通常都是技术专家才能搞定的。以前和技术接触不太密切的人也有机会参与到一座城市的建构中，使得这个项目对所有人都很有意义。要知道，我们建造的这座城市是要在蒙特利尔科学中心这样有名的公共场所进行展示的，这让我们一直都充满了干劲。我们不能只是做一天和尚撞一天钟，我们有义务要把这个项目做好交给组织者，这让我们在过去的几个星期里日夜奋战。在此期间，压力大、时间紧是我们面临的挑战。这让我们必须竭尽全力，充分发挥创造性，只有这样才能不断前进，并最终完成这个项目。（参与本项目的河滨小学教师马里）

---

① Jrène Rahm, University of Montreal, Canada, 杰雷内·拉姆，蒙特利尔大学，加拿大．

224　　解读科学中心与博物馆中的互动——走向社会文化视角

有六位小学教师参加了一个具有试点性质的合作项目，马里和凯文是其中的两位，这个项目是关于机器人的，由一家科学中心提供中介支持。这个合作项目是一个"带有公共目的的有力学习"的样板，这种学习到现在为止在学校里还并不常见（Cervone，2010，p. 37）。学生可以把这个机器人项目与自己的世界联结在一起，而且能够通过各种方式对其进行转换，以使其变得对自己有意义。他们对自己最终要构造的这个城市的类型以及组装的在这个城市里进行巡逻的机器人的类型拥有很大控制权。有些小组把机器人当作搬运工和登山者，以此构造了一个充满想象力的空间，另外一些小组则用起重机和滑轮来模拟他们自己的邻居。学生们有机会相互分享自己与广大观众在一起究竟学到了些什么。就像我们在上面的引文中强调的那样，像这样的分享让他们充满了干劲，不断前进，哪怕遇到了挑战，也不放弃。对于那些投入了时间和精力的参与者来说，这个项目不但非常真实，而且还很有意义，同时还对学术上的严谨性有很高要求。这个项目还可以邀请校外专家，这让这些青少年以及他们的教师有机会与来自科学中心的教育工作者建立起各种关系。（图 9-1）

图 9-1　最终展品的照片

(注：上图是马里他们构造的带斜坡的城市，下文会对其进行讨论；下图
是凯文他们构造的城市，有一个爬行机器人在往左移动)

148　　按照某些研究人员的说法，现在机器人技术是一种非常流行的教育
工具(Rusk，et al.，2008)。很多学校和青少年项目都开始把机器人技
术作为一种手段，通过聚焦于某一主题上的具有开放性的项目，为青少
年提供各种设计与编程的机会。研究表明，把焦点放在某一个主题上
(比如用机器人构造一座城市)，而不是提出一个挑战(比如构造一个能
够传输水桶而且不让水洒出来的机器人)，是非常有前景的，因为它聚
焦于发现问题与解决问题，从而可以让学生的投入程度与创造性都达到
更为高阶的水平。机器人技术具有跨学科的性质，它可以支持人们对很
多领域进行探索，包括代数与几何、设计与创新、电子与编程、力学与
149　运动定律，等等，不一而足(Petre & Price，2004)。另外，通过多学科
交叉的项目，还可以实现艺术与工程的结合，从而使参与的程度更加深
刻，青少年能够创作出属于自己的产品(Chambers，Carbonaro & Rex，
2007)。对于之前几乎没有接触过技术的青少年来说，这个项目扎根于
艺术，因此在开始的时候会让他们觉得并非高不可攀，他们也愿意参

　　　　　解读科学中心与博物馆中的互动——走向社会文化视角

与，而后他们就会逐渐开始对技术进行探索，而且还是以前所未有的方式进行。最后，对于保持学生的兴趣并锻炼他们的美学修养来说，在博物馆或其他公共场所展示学生的作品是一种非常有力且重要的途径，这比单纯的机器人竞赛更有吸引力，学生自己也更有主动权（Rusk，et al.，2008）。

本章对这个项目的描述是以叙事的方式进行的，这个项目展示的其实就是学生在每一个课堂里创造的故事，而故事讲述的是学生创造的机器人以及这些机器人是如何在他们以自己的艺术天分构建起来的空间与结构中来回走动的。在这里面，我们对其中的两个故事进行了研究，并探讨了在合作伙伴之间有互动发生的情况下，故事是如何演进与发展的。这两个故事里的合作伙伴即参与的各方，包括：两个小学水平的班级以及这两个班级里的教师与学生，一家科学中心，另外还有一个"蒙特利尔学校支持计划"项目组（Supporting Montreal School Program，SMSP）。这是一个由教育部提供的支持计划，教育部负责为在不同层次与水平上完成这个项目提供中介支持。笔者先讲的是在河滨小学与国会小学这两所学校里合作伙伴关系是如何建立的故事，并描述了合作伙伴的情境特征（Contextual features）是如何随着时间的推移促使这种合作伙伴关系不断进行转型与调整的。在这一过程中，笔者把每一组课堂与博物馆之间的合作伙伴关系都视为一个具有复杂性的活动系统，这个活动系统是由合作伙伴构成的，并且特定的工具中介着他们的行动，正是这个活动系统为某些特定的学习结果以及学习机会提供了支持，而并非其他东西的涌现。接下来，笔者描述了这种合作伙伴关系之中的某些挑战，参与的各方包括教师、科学中心的教育工作者以及提供中介支持的教育机构或 SMSP 等，均可以觉察到这些挑战。在结论部分，笔者提供了一些学习机会涌现的例子。整个分析是立足于社会文化历史理论的，社会文化历史理论最基本的假设是人的心理与学习必须被理解为"各种文化—历史过程涌现的结果"或具有复杂性的活动系统，在这里就是指合作伙伴关系（Daniels，Cole & Wertsch，2007，p. 1）。为了让分析植根于情境之中，接下来我会把活动理论及其应用方式综合起来进行一个简要的讨论。

研究的理论基石：活动理论

活动理论可以被认为是一种对非正式学习进行研究的新兴框架，人们对它感兴趣有以下两个原因（Martin，2007）。首先，它认为人的心理本质上是文化与历史构造的产物，因此对学习的研究必须把焦点放在很多种层面上，既需要对各种互动的时刻与知识的建构进行微观层面的分析，又要对系统内会导致制度变迁与发展的各种转型与矛盾进行宏观层面上的分析，这是理所当然的。其次，学习被理解为一种文化实践，因此诸如语言之类的工具可以为其提供中介支持，特定的参与架构可以塑造其基本构成，内在的社会实践可以标识其特征。最为重要的是，这种方法"并不是强行规定分析的单元"。相反地，分析的单元涌现自提出的问题所属的类型，涌现自让学习得以发生的情境。这样一来，学习就被150 认为是在学习者于各种活动系统或实践内部，以及活动系统或实践之间游走并与其互动的过程中生发出来的。尽管有些研究彼时把焦点集中在活动系统及其随着时间推移而发生的演化上，但对"不同情境中的学习活动或学习系统"进行比较（Martin，2007，p. 254）是帮助我们对涌现自系统内部的各种学习机会的丰富性、适用性及约束性进行考察的另外一个手段。

活动理论植根于列昂节夫（Leont'ev，1978；1981）的工作，并在恩格斯托姆及其同事们那里得到了拓展（Engeström，1987；Engeström，Miettinen & Punamäki，1999；Engeström & Suntio，2002）。活动理论提供了一种非常有意思的分析工具，我们可以用它来对这里研究的合作伙伴关系各不同组分之间的多重关系进行探讨。列昂节夫曾经指出（Leont'ev，1978）：

解读科学中心与博物馆中的互动——走向社会文化视角

活动对于物质的、肉身的对象来说，是一个不可累加也不可分割的生命单元……活动并不是反应或由反应构成的集合，而是一个系统，这个系统有自己的结构、自己的内部转换过程以及自己的发展。(p. 46)

按照列昂节夫的这种观点，活动理论便使得以非线性且非还原的方式对这个系统进行分析成为可能。对这个系统各组分的认识是从它们相互之间的辩证关系这一角度出发进行的。所有这些组分以及组分与组分之间的关系共同构成了活动。正如列昂节夫进一步指出的那样：

凭借其多种多样的形式，人类个体的活动构成了一个系统，这是一个处于各种社会关系体系之中的系统。它在这个体系中存在的特定形式取决于物质与心理层面的社会互动的形式与手段，而物质与心理层面的社会互动的各种形式与手段是由生产发展创造出来的，它们只有在具体的人的活动中才能够实现，而不是通过其他的什么方式。(p. 47)

因此，可以假设：所有的人类活动总是面向对象的，而且是以人工制品为中介的，这是两个需要去探索的维度。上面引述的这段话还强调了这样一点：系统随着时间的推移会不断发生延展及质的转变，在这一过程中通过何种方式才能够对参与者的角色进行重新界定。因此，学习无论是在时间还是在空间上都是由一个系统来标记的，在这个系统中，学习随着时间的推移不断生成与演化。这个系统本身就是分析的单元，而主体则处于系统内部以及对象之间的各种关系之中。该理论框架提供了一种手段，有了对象与目标，就可以让我们对合作伙伴关系以及项目在每一间教室中形成的形式进行探索，形式被认为是从系统中生成的。这样一来，我们就有可能去探索目标最初是以何种方式被界定的，随着时间的推移，由于活动系统内部各种限制条件以及冲突的出现，它又是如何不断发生转变的。就像我提供的这样一个描述，在这个描述中，我努力顾及存在于每一种合作伙伴关系之中的多重声音，以及这些声音是如何构成了这一具有进化性质的系统的。一个活动系统"总是一个由多重观点、传统与利益构成的共同体"(Daniels，2001，p. 93)，我把这种观点视为理所当然。在我们的案例中，参与这个项目的教师、学生、教育工作者具有各自不同的历史、各自不同的视角，以及对合作伙伴关系目标的各自不同的解读，另外他们还有着各自不同的议程与目的，所有这些因素都以非常重要的方式对在时间推移中形成的合作伙伴关系发挥151 了重要影响。在对系统随时间推移而展开的进化进行考察时，我们还对存在于系统内部以及可能还存在于系统之间(不同课堂之间)的各种矛盾进行了探讨，这让我们有可能考虑到"存在于活动系统内部以及活动系统之间的以历史的方式不断累积的各种结构张力"(Daniels，2001，p.94)，正是这种张力的存在，促进了变化的发生。另外，我们还提出，在这两个被研究的案例中，要对每一个系统内部存在的各种工具进行研究，要探索这些工具是如何为意义建构提供中介支持并导致不同类型的学习机会出现的。我对这些工具进行了探索，诸如物质资源、在学生之间的社会性互动中生成的求知方式，以及它们被学生、教师与科学中心的教育工作者使用与转换的方式等。因此，该系统是分析的基本单元，这样一来，每一种合作伙伴关系就被视为一个案例，它本身就是一个系统。通过比较分析，可以对这些系统之间以及这些系统内部存在的相似性与差异性进行探索，从而让我们去探讨这些系统对支持"学生"学习与发展的有效合作伙伴关系的模式有什么启示。

方法论

本研究的数据来自 2004 至 2005 学年进行的一项较大规模的基于民族志录像的质性研究，这项研究是对学校、博物馆与科学家之间的六种

解读科学中心与博物馆中的互动——走向社会文化视角

不同合作伙伴关系进行探讨。而本章的焦点则集中在两个小学水平的班级身上，这两个班在科学中心的支持下参加了一个机器人技术方面的项目。参与这个项目的两个班级都属于小学水平，每个班级都被要求构造一个特定尺寸的城市，在这个城市里有五个机器人，这些机器人必须要能够互动并把球传到中间的位置，一个索尼生产的机器人"爱宝"坐在那里等着打球。参与这个项目的教师在十二月份与科学中心的工作人员会面，讨论这个项目的目标及其基本的组成部分有哪些。在会面的地方，这些教师与不久之后就会收到的机器人进行了互动，并对"爱宝"的技能进行了了解。然后这个项目就开始了，首先是整个班都去参观科学中心，学生在科学中心可以听到一个与教师们之前听到的类似的介绍。在规划好了的活动中，第一个周期的工作是在每一个班级里探讨如何构造五个不同的机器人，到一月底必须做好这些机器人，然后在科学中心有一次见面讨论。学生如果在组装机器人的过程中有什么困难，可以在见面讨论时寻求帮助，这次会面后，这个周期的任务就算结束了。二月份的工作主要是对机器人进行编程，在这一过程中，会在科学中心召开一次会议，对编出来的程序进行微调。到三月份时，必须要把机器人和构造的城市搬到科学中心去展览，并进行最后的调整。他们构造的城市作为展品在一个叫作"疯狂机器人"（Robotfolie）的专题展览活动中进行展示，"疯狂机器人"是科学中心开展的一个为期一周的专题展览活动，关注的焦点内容是机器人。由项目参与学校的学生组成的小组向社会公众以及他们的家长与同伴展示自己构造的城市。在当天，所有人来参观都是免费的。我简要描述了三个合作方，每一个活动系统都是由这三方构成的，见图 9-2。

蒙特利尔学校支持计划

这些合作伙伴关系的模式是教育部 1997 年在蒙特利尔（加拿大）启动的一项学校改进计划的一部分，这个改进计划叫"蒙特利尔学校支持计划"，针对的是市中心平民区的小学。这些小学所在的社区有很多的移民家庭，他们生活贫困，大部分学生都在为学业挣扎。这个计划的其

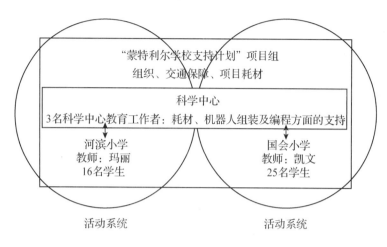

图9-2 对合作方及活动系统的简单概括

中一个举措是假设这些小学的每个班级每年都去参观一次博物馆（这是强制性的），并在学校和教师自愿的基础上参与各种创新项目，目标是让他们能够获取到相应的文化资源。究竟哪些班级能够参加是通过一个抽签系统决定的［对被研究的其他合作伙伴关系的描述可参见相关文献（Rahm，2006；Rahm & Hébert，2008）］。这个有关于机器人的项目是2004—2005学年提供的42个特别项目之一，而且是一个试点项目。蒙特利尔学校支持计划项目组与科学中心携手合作，在夏季共同开发了这个项目。科学中心收到了一笔私人捐赠，这笔捐赠的主要目的是给那些生活在服务水平低下的社区中的青少年提供帮助。这笔捐赠使得符合标准的学校都获得了科学中心免费的入场门票，而且还可以参加这个有关于机器人的项目。蒙特利尔学校支持计划项目组在小学中遴选了六个班，这六个班曾经参加过该项目组组织的活动，而且他们都来自服务水平低下的社群。蒙特利尔学校支持计划项目组还提供了一笔预算，用来为参加这个项目的教师提供支持，让他们可以获得开发与建造城市所需的材料，而且还让他们有两天的时间不用教书，这样这些教师就可以以适合自己的方式把时间分配到各个项目上。最后，项目组还为整个班都安排了去科学中心的交通工具，并且在最后一次进行公开展示时，为这

解读科学中心与博物馆中的互动——走向社会文化视角

些学生及其家长提供了去科学中心的交通服务。

科学中心

这个科学中心是加拿大政府于 1981 年创办的一家企业公司的一部分，目的是为了给这个城市的老旧部门注入新活力。这家科学中心于 2000 年开张，2002 年获得官方定名。在建立的过程中，它就谋求与社区携手，通过建立各种各样的合作伙伴关系来为自身使命的实现提供支持。这家科学中心本身受探索馆及其潜在教学法的影响很大，因此把焦点放在了那些有意义的、能够动手操作的科学活动上，以让儿童与青少年能够发展对科学的兴趣。参与这个项目的学校在参观科学中心的过程中，会有三位来自科学中心的科学教育工作者陪同，而且科学中心负责项目管理的工作人员还对这个项目的实施进行了全程监控，就展品的供给以及空间等问题与相关人员进行了协商。他发现：

> 显然，这个项目必须要纳入机器人展览中去，因为材料的耗费非常高，只有把它作为专题展览活动的一部分，才能够进行得下去。我们之所以能够承受得住所有这些成本，就是因为把它纳入了专题展览活动之中。

正因如此，科学中心不仅为参与这个项目的学校提供了费雪技术 (Fisher-Technik) 机器人套件，而且还在每个参与班级的三次参观期间，对他们在建造机器人并对机器人进行编程方面给予了持续不断的支持。另外，他们还为这些班级工作的成果最终能够在"疯狂机器人周"期间成为展品提供了中介支持。

两个参与的班级

案例 1：河滨小学的班

马里教的五年级的这个班，一共有 16 名学生 (9 个男孩，7 个女孩)，年龄为 11 岁到 13 岁，其中有 3 个学生是第一代移民，1 个学生是第二代移民。她找了 4 个六年级的学生和一个高中的学生来帮忙，这

4 个六年级的学生之前一年上五年级时就是她教的，那个上高中的学生上小学时也是在她的班里学习的，而且这个学生需要参加一个服务—学习项目，这是他们学校的要求，因此也很乐意来为马里帮忙。马里所在的这所小学所在的地区是蒙特利尔最为贫困的地区之一，学校也在为学生学业的成功而苦苦挣扎。学校里关系紧张，高层工作人员流动性很大、更换频繁，教师身心疲惫、心灰意懒。很多学生会复读，或再次失败后转到别处。马里一般都是和自己的学生而不是同事一起吃午餐，因为她看不惯且接受不了他们对学生及教学的消极态度。马里积极参加各种项目，而且两年前还想方设法争取了一笔特别资助，在她们学校的屋顶上安装了一架望远镜。她的所有学生都参与了一个天文项目，有一位科学家与天文专家为他们提供了更进一步的中介支持，他们至少每周会花一个晚上的时间在学校的屋顶上观察星星。为了给自己的学生提供一些新东西，马里报名参加了这个机器人项目。她这样描述自己的班级："孩子们静不下来，焦躁不安，非常不成熟，没有多少自制力，掌握的学术概念很少，由于各种学习与行为问题而面临着很多挑战，有些学生还有违法记录。"在本研究开始时，马里已在河滨小学教了 8 年的书了，她一开始先是在幼儿园法语—沉浸项目中任教，然后在 1986 年拿到了学位，开始教小学。她很支持基于项目的学习以及以学习者为中心的学习。

案例 2：国会小学的班

凯文教的是六年级的班级，这个班有 25 名学生(13 个男孩，12 个女孩)，年龄为 10 岁到 12 岁，其中有 9 名学生是第二代移民，他们的父母都不是在加拿大出生的。凯文这样描述他的这群孩子："从他们行为表现的角度看，这群孩子非常难对付，有两个还在为学习困难而苦苦挣扎。"国会小学是符合这一特殊计划设定标准的学校，其学生家长的社会人口分布状况比较复杂，它所在的地区可以算得上是中产阶级水平的。凯文认为这种社会人口分布状况比较复杂的情形恰恰是一种长处，因为有些学生有非常雄厚的社会资本，能够为别的学生提供帮助，毕竟还有一些学生他们的家庭生活在贫困之中，正在为生存的问题而苦苦挣扎。有些家长非常热心，愿意参加学校的活动，因为他们和其他学生家长相比相对来说不用为经济与工作的问题发愁，这样一来就有助于营造一个激励人向上的学习环境。学校的教师都非常有活力，而且对项目驱动的学习非常关注。凯文已经在这所学校里工作了 11 年了，而其做教师的时间则有 14 个年头了。他非常喜欢基于项目的学习，非常努力地去探究与尝试把数学和科学与学生的日常生活及兴趣联系在一起。他梦想着班级的规模可以更小一些，这样就可以更好地顾及学生多样化的需求。学校还专门安排了一笔资金，聘用了一个可以提供咨询的人，这个人碰巧是机器人与技术方面的专家，也为这个项目的成功做出了非常大的贡献。在这所学校中，教师之间进行团队合作是非常普遍的现象，这让凯文能够在为他们的城市建造某些建筑时从一位教艺术的教师那里寻求帮助。

数据收集与分析

这段民族志录像(Derry, et al., 2010)里记录了合作伙伴关系所暗示的所有与实现这个项目有关的活动，包括在科学中心进行的四次会面，两个班级各自平均起来有 12 天的观察以及每一个现场一共 27 小时的视频数据。除了以上这些数据外，还有对参加这个项目的两位教师、科学中心参与本项目的四位工作人员中的三位以及每一个班级里面的四位学生(两男两女)进行的半结构化访谈作为补充。我们对这些视频数据与现场笔记进行了考察，以记录项目的演化，并由此得到了一批有关活动的日志。本着互动分析的精神(Jordan & Henderson，1995)，由研究人员组成的一个小组对这些视频日志进行了剖析，由此确定了那些能够揭示项目演化的谈话交流片段，并把它们摘录了出来。对这些摘录进行逐字转写后，研究人员从中选出一些把它们从法文翻译成英文，以适应本章的需要。除了这些摘录外，还有一些对城市进行规划的图片以及城市本身的图片作为补充，从而以可视化方式来记录它的演化。研究人员还对针对两位教师和三位科学中心教育工作者的访谈数据进行了分 155

析，看他们对项目的目标有什么认识，对各种能够为项目的实现提供中介支持的工具有什么看法，遇到了什么样的挑战。另外还要求他们对涌现的各种学习机会进行一个总结概括，这些学习机会都是他们非常重视的，而且认为这些机会都是这个项目提供的。

结　果

一开始，我对两个班级里项目的形成及其随着时间推移而发生的演化进行了描述。显然，投身于这样一个项目使这两个班都进入了一个他们之前从未见过的设计与技术的新世界（Resnick，Berg & Eisenberg，2000）。费雪技术机器人套件功能很强大，可以提供很多种可能，让学生对其基本的一块块积木进行具有创造性的操纵。然而，这些积木非常小，操纵方式和别的积木不太一样，因此不管是教师还是学生都能够熟练地操纵它们。这两个班之前都有玩乐高（Lego）科学套装（河滨小学）或乐高头脑风暴套装（国会小学）的经验。但是，这种先前的经验究竟在多大程度上能够为他们现在的项目提供帮助就不得而知了。每一个班都收到了五种不同类型的机器人，这五种机器人的运动方式各不相同，他们必须尽快都熟悉起来。以此为基础与指引，接下来的工作是规划每一种机器人在运动过程中必须要走的轨迹以及它们扮演的角色。下面这段交流表明，在交流过程中新出现的情形也可以促进他们与来自科学中心的那些专家之间的某些协商。

马里：这些机器人能移动每一个夹钳的侧面来把球放到两个不同的地方去吗？

教育工作者：这个夹钳可以前后移动，可以向左转向右转，因此，是的，它可以。

马里：哦，它们还可以向左转向右转，好，太了不起了。

教育工作者：它们可以往这儿走往那儿走。

马里：因为我算过了，否则，它们只能拿住一个球，而且只能是沿着同一边走动，如果它太复杂了的话，就不能把两个球来回传来传去，你知道的。

教育工作者：我想知道的是，夹钳要怎样才能把球传到这里来（指着斜坡），因为即使我们把它好好地放在斜坡的这个地方（朝着螺旋结构的方向移动），夹钳要是不够高，也没有办法让球在它上面移动。

马里：但是……

教育工作者：如果它不得不比斜坡低的话，就做不到这一点。

马里：哦，我明白了，我原来以为只要把它放在这里就行了，球自动就会滚动，因为它还是有点往那里倾斜，但你说的对，我们得把那个东西（指螺旋结构的一部分）移开。

马里和她在河滨小学的学生已经进行了规划，让其中一个机器人同 156
时传两个球，每只手里一个。但是，就像与来自科学中心的教育工作者
进行的对话所显示的那样，真正必须要重新考虑的不是怎么传两个球的
问题，而是机器人自身的设计及其运动的轨迹。在他们已经建造好了的
建筑物里，其中有一个太高了，因此需要进行调整，只有这样才能让机
器人把球放到正确的位置上。这段对话表明如何让机器人的运动轨迹与
建筑物实现良好的衔接在设计上具有很大的复杂性。

对机器人的运动轨迹以及城市与机器人之间的故事情节进行设计
是非常复杂的。在这两个学校里，像这样的规划都是以团队形式进行
的，要么就是经过了全班全体人员的讨论。有一个这样的讨论最早是
由马里率先启动的，讨论的话题是如何根据建筑物的实际部件来模拟
球运动的轨迹，他们一直在努力把对这个问题的讨论与他们的规划结
合在一起。

马里：（马里模拟着斜坡的倾斜程度，要用一块纸板把这个斜坡粘在楼房上，见图 9-1）我们不能把它放得太陡峭了，不然的话，球控制不住，会直接掉下去的，所以我们可能应该像这样子来放。然后，接下来球会落在地面上，那么接下来我们需要做什么呢？我们有什么办法让它离开那里呢？用机器人，这是你的，它叫什么名字？

学生：机器人二号，它可以动来动去。

马里：不管它能不能动，反正它在这边有一个探测器，这样我们就可以让它移动与转弯，但我们要说的是，由于球落在了地面上，因此我们可能应该弄一个小的侧壁放在这段倾斜的木头上，这样球在往下滚动的时候就不会掉落下来了，然后我们再放一个机器人在这个地方，这个机器人会把球往上推，但我们设定的高度不能超过 50 厘米，既然我们已经量过了这里的高度（第一个建筑物），所以现在我们不能弄得比 50 厘米还高。现在我们必须要决定接下来做什么，我们还需要哪些别的建筑物，我们想用什么样的机器人，下一步要干什么？

学生：这是一个小的建筑物，我们想把球放在这个建筑物里的地面上。

马里：是吗？

学生：我们可以把它做成车库，让机器人从里面出来，然后用一个探测范围更广的探测器把球捡起来，接着把它往上推。

马里：很好！（她回到布告板那里，在上面加了一些内容）好了，这个就是车库，我在上面写了一个"G"，那么接下来，需要的是一个盒子，这个盒子要是开口的，而且还要把一个机器人放在这里面，好主意！（图 9-3）

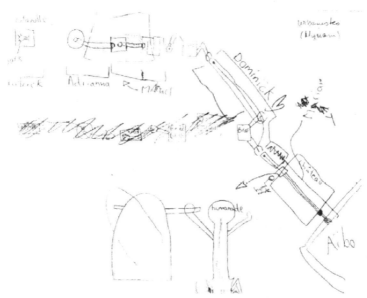

图 9-3　在确定球的运动轨迹

　　需要注意的是，对球的运动轨迹的确定也是以合作方式进行的，马　157
里对球的运动轨迹进行了模拟与追踪，学生们则为下一步要做的工作提供了想法。正是通过这样的一种头脑风暴过程，故事情节才随着时间的推移而不断展开，学生之前制订了详尽的计划，绘制了各种潜在的运动轨迹，现在这些工作都在这一过程中发挥了指引作用(图 9-3)。在设计过程中会遇到各种各样的挑战，在河滨小学还有一个这样的例子，学生们在遇到与球的运动轨迹相关的问题时，想对自己之前制订的计划进行修改与调整，这时候在这个学校里为项目提供支持的工作人员(助理)对他们的某些做法提出了反对意见：

158

　　　　学生：这儿我们应该要考虑一下，我们需要在这里放上点什么，这里可能需要放一面墙。

　　　　助理：什么样的墙？

　　　　学生：呃，就是"爱宝"能过去的墙。墙就放在这前面……

　　　　助理：哦，把墙放在我们的城市与"爱宝"之间，那它应该放在这儿。但我们觉得有个问题，手臂和曲棍球杆都在这个地方，那谁来推球呢？或者球自己就这样滚动起来了？

　　　　学生：没事，就是这样的，它就是自己滚动起来的。

　　　　助理：哦，但这个地方，我们之前并没有想过要放一个滑梯呀。

　　　　学生：什么？

　　　　助理：你没有在这里规划一个滑梯，在你们组里，你曾经说过要放一个网，就是放在这个地方的。

　　　　学生：什么？

　　　　助理：吊车把这个网吊起来，升高，然后把它给"爱宝"。这是个不错的主意。

　　　　学生：是不错，但现在，这个球，这个球，它不管怎么样，都得落到这个网里，这样就不得不配一个滑梯。在这个地方，放高一点，这样就可以给它一个大点的速度，然后它就会像这样滑下去。

　　　　助理：你之前并没有说要在这里安一个滑梯呀。你是说要把它用胶水粘在这个圆圈上。如果这样的话，当球从圆圈里出来时，它会刚好落进网里。这样一来，在圆圈的四周都要用胶水粘上滑梯，这非常重要，因为只有这样，球才能刚好落进网里。是不是这样？这是一个星期之前我们在规划球的运行轨迹时你做出的决定，还记不记得？

尽管团队先前已经制订了规划，而且这个规划现在也的确能够在他们建造为机器人提供支持的各种建筑物时提供指引，但在进行具体设计时，还是得有人提醒他们注意细节。这些学生已经忘记了网的事情，球必须得先落到这个网里，然后吊车机器人才开始工作，把这个网搬运起来，然后才能不断朝着横在城市与狗窝之间的那面墙前进，把球传给"爱宝"，然后"爱宝"要做的就是把球放到墙的另一边。由于建筑物存在着某种程度的倾斜，因此学生进一步提出了让球滑着落进网里这种想法，这样可以促进球的运动，但一开始的规划却不是这样的。助理人员坚持他们还是要按照当初的规划来进行，认为如果所有的小组都像他们一样，不断改变自己的规划，那一切都会乱套。

对机器人进行编程也是一个不断解决问题并做出相应调整的过程，而且还需要特别的耐心。接下来摘录的这段对话展现的就是小组成员如何进行微调的，在微调过程中，来自科学中心的教育工作者发挥了中介支持的作用。计算机屏幕通过投影在前面被投放了出来，小组成员大家一起来商量怎么解决遇到的问题，这样一来，每个人在这一过程中都可以体验编程的步骤以及其间做出的改变。

学生 1：等等。　　　　　　　　　　　　　　　　159

学生 2：就是这。

学生 3：这是功率。

学生 4：我们必须要改变它的功率（很多人同时开始讲话）。

教育工作者：（看着投影出来的屏幕上的编程页面）好，不错，就是这儿，非常好(指编程的语言与符号)。所以，我们必须要降低两个引擎中其中一个引擎的速度，因为我们说过，一个引擎一定要比另外一个引擎快些才行。所以，我们要改变其中一个引擎的速度，就是在这个盒子这里。既然我们已经说过要改变其中一个引擎的速度，现在就得这么做。

学生 5：我们应该把它放在二级上。

教育工作者：二级？好吧，那就二级。

学生 6：为什么不放在四级上？

教育工作者：无所谓，先说的是二级，那就放在二级上吧。

很多学生：放在四级上，放在四级上！

教育工作者：那就放在四级上(屏幕改变了)，那现在接下来呢？

学生 6：弄另外一个呀，它已经是八级了。

教育工作者：好吧，它已经是八级了。二级和八级，然后是一级和四级。(停了一下——学生们在思考，在尝试指出这样做能不能行。)

学生 6：啊哈，把运动的时间设成 10 秒，速度为二级。

教育工作者：好，那就 10 秒吧。这样我们就给它们 10 秒的时间。请记住，我们的目标是让机器人走 10 秒钟的时间。

在这里，我们可以发现，出现的问题让学生们意识到需要对机器人的速度进行调整，或者就像教育工作者转述的那样："我们必须要降低两个引擎中其中一个引擎的速度。"从这两个引擎之间的速度可以相差多少这一角度看，对速度的调整还是有一些灵活性及余地的，只要能够让机器人动起来并运动到这个建筑物的右边即可。至于应该如何调整，学生相互之间进行了协商，而工作人员只是按照学生协商的结果输入相应的编码而已。

接下来，就是学生与来自科学中心的教育工作者以及他们的教师一

解读科学中心与博物馆中的互动——走向社会文化视角

起准备展示，计划向社会公众描述他们的球运动的轨迹。下面这段对话来自河滨小学，这个例子表明了要想把他们的创作向社会公众讲清楚是一件多么具有挑战性的事：

> 教育工作者：好了，那你能对这个项目的各个不同阶段进行一下描述吗？
>
> 学生3：好的。首先，我们到了这里，到了这家博物馆，看到了机器人。你们向我们展示了机器人是如何工作的，展示了各种不同的机器人模型，另外还有其他各方面的内容。然后，我们在学校里拿到了机器人套件，数清楚了所有零部件后，便把它们在箱子里放好。我们有一个专门的建筑学小组，负责设计与建造需要的各种建筑物，有一个专门的城市规划小组，负责设计街区，有好几位工程师，他们负责建造机器人并对其进行编程，另外还有一个装饰小组，负责对城市进行美化。
>
> 教育工作者：好的。那么，接下来，你们是怎么做的呢？你们 160 选了哪种机器人？为什么选它？
>
> 学生2：嗯，我们选的是吊车，因为这栋房子像网格一样，它有一个楼梯，球在上面就可以往下滚动，落入一个具有夏威夷风格的车库里（他们在看着自己的设计呵呵笑）。然后，接下来就是机器人开动，把球拿到洞口那里，然后球就会顺着洞口进入一段管道，这时候那里有一个压力探测器，一旦探测到球，吊车就会把球往上吊，而且还可以调整方向，因此我们选择了吊车。
>
> 学生3：运动的机器人把球传给吊车，吊车把球丢进管道里，在传感器的帮助下，机器人会继续往前运动……

就像这段排练所表明的那样，学生面前没有城市的实物，要把球的运动轨迹解释清楚，并不是一件容易的事。摘录的这些话表明，在项目进行的过程中会出现很多挑战，参加这个项目的两个班级也会以不同的形式来推进这个项目。对于河滨小学来说，这些挑战都是开放性的，由于他们在学校里得不到技术方面的支持，所以往往都是把这些挑战进行某种程度的简单化处理。与此同时，来自科学中心的教育工作者在一定程度上缓解了他们在自己的学校里得不到技术专家支持的窘境，在他们几次来科学中心参观的过程中给他们提供了非常广泛的指导，从而保证了项目能够不断向前推进，并能够按期完成，如期交付展品。他们在建造与编程的过程中，还有一些瑕疵，这些瑕疵也是由科学中心的教育工作者们消除的。显然，就像一位科学中心的教育工作者所说的那样，这是"一场与时间的赛跑"。在国会小学，由于本地有拥有专长的人提供支持，这个项目变得更加复杂，球的运动轨迹也更加复杂。一位科学中心的教育工作者这样来概括他们在这个项目中遇到的各种挑战：

> 学生学到了很多东西，多得令人难以置信，他们经历的这个项目是在其他地方根本不可能经历到的。学生对这个项目的热情令人难以置信，教师们也是如此，他们真的都特别努力去尝试，而且非常渴望获得成功。他们所有人都额外加班加点来做这个项目，我能够肯定的是，这个项目有时候会遇到一些巨大的困难，有时候也不免会让人感到沮丧，但最终它很成功。这种类型的项目非常值得继续开展下去。

张力、挑战与涌现的学习机会

现在，我转向对这个项目的各种不同维度进行探讨，这促使该项目以不同方式在两个班级中随时间的推移而演化。我把每一个班级对这个项目的处理都看作一个复杂的活动系统，把焦点放在能够推动人们不断参与这个项目的那些目标与动力上。接下来，我对这些师生使用的一些工具以及经历的一些挑战进行了描述，正是这些工具及挑战以非常独特的方式标示了在这两个班级中合作伙伴关系是如何随着时间的推移而建立与发展的，以及项目是如何不断取得进步的。最后，我通过某些引喻，对在这两个班级中涌现的各种学习机会进行了讨论。

就像表 9.1 概括的那样，河滨小学的学生在这个项目中变得各有所长，他们不是变成了机器人编程与建造的专家，就是变成了城市设计的专家，这和他们具体承担的任务有关。相比之下，在国会小学则不是这样，所有学生同时参与这个项目各方面的工作，这导致了在他们这里出现的学习机会在某种程度上与在河滨小学出现的有所不同。国会小学的人谈的最多的是他们在小组合作中新学会的某些专长，而河滨小学的人谈的则是他们通过自己承担的任务掌握的某些特定的专长。然而，在这两个案例中，这些专长都转化成了他们高度的自尊心与自信心。它让学生们能够勇敢地走上前去，在科学中心向社会公众展示说明他们的作品，而不是像往常一样闭口不言，或敷衍了事，这让他们的教师感到非常惊讶，国会小学的凯文曾说过这样一段话：

表 9.1　对项目的诸多维度、矛盾及张力的概括

主题	河滨小学的马里	国会小学的凯文	科学中心
参与项目的目标与动力	"为了激发他们（学生）的动机，为了以某种特定的方式工作，由于它非常的具体实在，所以他们都乐于参与其中，而且愿意接着往下做，学生真的掌握了自己学习的主动权。"	"当你有一个像这个项目那么好的项目时，就可以把整个班级都调动起来，大家朝着一个共同的目标一起努力；所以，我们把学生都聚在一起，让他们可以相互帮助，这并不仅仅只是让他们在学业上有进步，而且还的确有助于营造优良的班级氛围。"	为青少年们提供资助，让这些机会不多的孩子能够参与到各种科学与技术项目中 拥有与蒙特利尔学校支持计划项目组合作的历史，这使其愿意冒风险与他们一起承担一个更加具有开放性的项目

主题	河滨小学的马里	国会小学的凯文	科学中心
采取的手段	试着让这些学生掌握一些专长，并应用这些专长，从而让项目不断向前推进，让一些学生扮演工程师的角色，让另外一些学生扮演城市设计师的角色，等等	提供咨询的人士拥有技术方面的专长；在完成项目的过程中有额外的空间可以把整个班级一分为二；教艺术的教师承担了一些对城市进行装饰的责任	必须得用费雪技术机器人套件，因为在费用上可以更低一些，但这个套件对小学层次的学生来说，不管是在组装机器人还是在对其编程上，都更为复杂；尽管工作人员有机器人方面的专长，但在组装与编程的过程中，还是出现了很多瑕疵
遇到的挑战	时间不够是最大的挑战，这使得很多工作都要在放学之后以及午餐时间来完成，干活的都是那些动机最强的学生，他们有能力也愿意做；缺乏拥有技术专长的专家的支持	教师坚持所有小组都必须参加这个项目每一个阶段的工作，这是个挑战，因为时间很紧；尝试着把某些数学概念应用到这个项目中，但却不甚成功，没有取得预期效果	除了去科学中心参观之外，科学中心的工作人员也到学校的课堂里，为这个项目提供了持续的支持；几乎没有时间去科学中心参观，在汇报结束后，绝大多数青少年做什么事情都是靠自己；究竟是把焦点放在娱乐上，还是放在教育上，一直存在争议
涌现的学习机会	那些为学业而苦苦挣扎的学生无论是自信心还是自尊心都有所增强；他们中有些人成为房屋建造的专家，而另外一些人则成为机器人技术方面的专家	自信心、自尊心和团队合作等方面都有进步。团队合作的确是一个严峻的挑战，但鉴于这个项目的性质，学生别无选择，不能各自为战，必须携手合作	向社会公众展示并讲解自己的作品这一点很重要：很多学生都感到很自豪，而且一直保持着较高的热情，尽管在这一过程中遇到了不少困难；工作人员非常珍视这种具有教育意义的外展项目，认为以后应该多开展这方面的活动

162　　　　很多人都对自己取得的成就感到非常高兴，他们非常自豪自己能够做到，而且还做得这么多，这肯定和他们的自尊心有关。但最

令我感到吃惊的，倒不是那些投入最积极的学生取得了多么大的进步，而是那些过去从来都不积极主动、遇到事情便往后躲的学生发生的变化，他们竟然也愿意去科学中心做汇报了。挺身而出的不是那些表现最好的学生，而是那些最感兴趣的学生。

参加项目的目标与动力

马里参加这个机器人项目，是因为知道自己的学生肯定会非常喜欢这个项目，当然她也并不讳言自己"对机器人技术的了解为零，我对它也没有兴趣，但学生并不知道这一点，他们还以为我很喜欢机器人"。她执教的学校很特殊，她的经验告诉自己"一开始的时候让孩子们感兴趣很重要，然后才能教他们法语、数学、科学等，但你首先必须得把这些东西和孩子们建立起联系，否则的话，将一事无成"。接下来，她继续说道："对于他们来说，学校就是纸、笔、工作表和书，而突然，我们做了一些不同的事情，这让他们明白现实生活中还有很多其他的东西。"马里参加各种项目的目的是"为了激发他们（学生）的动机，为了以某种特定的方式工作，由于它非常的具体实在，所以他们都乐于参与其中，而且愿意接着往下做，学生真的掌握了自己学习的主动权"。马里高度重视各种项目，把它们放在传统教学工作的前面，目的是为了让自己的学生变得更加投入，在学习上能够体会到成功。对于她来说，基于项目的学习可以有助于解决来自现实生活世界的各种问题，因此她会让自己的学生深度参与到对某些内容的学习中，他们能够与这些内容建立起联系，而且会非常重视对这些内容的学习，并全身心地投入对自己感兴趣的那些话题的交流、讨论与反思之中。尽管马里很相信基于项目的学习，但她的学生平常做的都是一些法语与数学方面的机械操练，各种工作表与每周测验是司空见惯的事情。因此，让他们投身于这样一个项目之中就成为一种手段，可以让他们从日常以学术为焦点的学习活动中解放出来，他们中有很多人都已经对这种形式的学习感到厌烦不已了。

一开始是给凯文提供咨询的教师让他注意到了这个项目，然后他便参与了进来。"在一个给定的空间里让机器人进行互动，我真的喜欢这个挑战。"就像他自己总结概括的那样，"（在我们学校）三年级学生就已经开始参加各种利用乐高套件的机械方面的项目了，但与机器人有关的项目是从四年级开始的，主要任务是利用乐高提供的零件组装机器人。这样的机会到了六年级时具有了更大的挑战性，即要求学生设计他们自己的机器人，并进行组装。"还有另外一些原因促使凯文有兴趣参与这个项目：

> 这是一个班里的大项目，当你有一个像这样的好项目时，它可以帮助你创造一种团队精神，每个人都携手努力，共同把项目推向前进。在法语课或数学课里，你见不到这种情况，在那些课里，总是有一些学生要比另外一些学生进步得更大。这个机器人方面的项目委实需要一种团队精神与集体努力。另外，这个项目还要求我们以不同方式对学生进行分组的。这不是按照学业水平的高低进行分组的，而是把所有人都聚在一起，让他们携手合作，相互帮助。这是一个很好的挑战，它可以帮助我们让学生的干劲更足，它给学生提供了各种非常独特的学习机会。

在从事这个项目时，在一般情况下，凯文可以定期从为其提供咨询的教师那里得到帮助，为其提供咨询的教师会把这个班一半的人带到另外一间教室里，为他们提供指导。凯文还可以从他们学校教艺术的教师那里得到帮助，教艺术的教师会让他五年级的学生帮助设计楼房，帮助对楼房进行艺术演绎，他们采用的是当地一位艺术家的艺术风格，这种艺术风格是这些学生在去当地一家艺术博物馆进行实地考察与参观的过程中学来的。因此，这个项目实际上成为在全校范围内进行合作的一个项目。这个项目要求的团队合作水平对很多学生来说都是一个挑战，很多人认为，"我们的确学会了如何合作，因为当项目进展不下去时，你除了相互商量之外，没有别的选择。"很多学生与自己的教师相互交流他

163

们究竟应该如何才能够学会作为一个团队展开合作以便让项目向前推进。凯文不能想象如果没有来自其他教师与学生的帮助这个项目如何才能搞定，因为时间太紧了，"课后我们要做很多工作，要不是这样的话，这个项目恐怕要用一个学年的时间才能完成，我觉得起码要八个月的样子。"而他们必须在三个月之内搞定。

由于时间很紧，因此马里只能利用午餐以及放学之后的时间和那些最有干劲的学生一起来完成这个项目，而且还是全班一起出动。她也找了四个六年级的学生来帮忙，这几个学生在上六年级之前就在她的班里，他们也可以从这个具有挑战性的项目中受益，而且还可以为别的学生提供指导。那个高中的学生也帮了很大的忙，在项目的最后阶段做了很多为机器人编程的工作，这些工作对于马里以及她的大部分学生来说都太难了。

来自科学中心的教育工作者的作用则主要体现在对项目进行构思上，他们通过为参与这个项目的学校提供材料方面的支持来帮助学生完成这个项目，另外还在必要的时候分享了自己在技术方面的经验。尽管自始至终教育方面的目标一直在推动这个项目不断向前推进，但由于这个项目是在一个专门的展览活动中实施的，因此它面临着双重挑战。从这一意义上来说，这个项目实际上肩负着双重职能——教育的及文化的，而后者需要科学中心配备很多各种不同的人员。因此，有时候对项目的管理会很难，而且还会面临一些风险，这是科学中心负责这个项目的教育工作者的看法。对科学中心来说，在教育与创收之间存在着明显矛盾。参加这个项目的三位博物馆教育工作者，有一位对这个项目遇到的各种矛盾冲突总结得就很好：

像这样的项目都会被认为是一种增加博物馆收入的手段，是个挣钱的机会，像这样的情况太常见了。但我更认为它应该发挥其在教育方面的作用，就像为一所学校或一家图书馆提供服务一样，追求的不应该是经济利益，我们不是要从学校那里挣钱，在博物馆肩

负的使命中，有一部分是教育，而且这方面还应该更加突出才行，

它应该成为一个更加具有制度化色彩的使命的一部分，少把焦点放在游玩与赚钱上，多关心教育及素质提升。我认为我们在这个项目中开创的各种合作关系应该成为我们的使命及关注焦点的一部分，而且还得让它占据更加重要的地位。

显然，在参与这个项目的各方之间存在着不同诉求，这在某种程度上削弱了他们建立起来的合作伙伴关系。例如，科学中心的教育工作者不可能到学校的课堂里去，甚至一次都不行，因为他们的时间都已经安排给其他项目了。单位的规章制度也不允许进行这样的合作，他们不能离开自己的单位到学校去。因此，有些工作人员只能通过电子邮件或电话来与课堂里的学生进行沟通，为他们提供大量所需的及时指导。显然，教育工作者是对这样的项目感兴趣的，而且愿意未来继续参加像这样的具有教育意义的项目，哪怕他们得自己挤出来时间。

采取的手段及遇到的挑战

马里告诉了她这个班的学生应该使用什么样的物品来对他们准备要建造的房屋进行装饰。接下来，她便给这些学生分配了不同角色：有的做工程师，有的负责做城市规划，有的做建筑师，有的则负责装修。只有工程师负责组装机器人并对其进行编程，其余的城市规划师、建筑师与装修人员则负责城市环境方面的工作。而在一月份的那段时间里，所有学生都在组装机器人，每个小组有二至四人，负责组装一个机器人。但这项工作耗费了太多时间，因此马里不得不换一种方式，对自己的班级进行分组，根据每一位同学的技能来给他们分配相应的任务。这样一来，就不是所有学生都有机会参与组装机器人并对其进行编程，或者是参与城市的创建了。相反地，每个同学在这个项目中承担的都是特定任务，扮演着特定的角色。就像一位同学总结的那样，"我做了一个楼梯，这是给其中的某一栋房子准备的，另外我还参与了一部分装饰的工作，以及一点点编程的工作。"另外一个同学则把自己描述成一位建筑师，

"我造了两栋房屋，一栋是植物园，另一栋是科学中心，然后我还在小组里参与了一些编程的工作。"这样来看，在项目一开始的时候，马里的打算和凯文是一样的。但为了按时完成项目，她被迫给学生分配特定的任务，这样他们就能够又快又好地做完。

对于凯文来说，时间也不是很充裕，但他通过在全校范围内为这个项目寻求帮助最终解决了这个难题。因此，他的学生在项目开展的过程中就能够始终都参与到这个项目的各个环节之中，如规划、建造、编程以及装修，等等。每一个小组（2 至 4 个学生）都必须组装一个机器人，建造一栋房屋。要建造房屋，他们必须先画好设计图，然后计算需要什么材料，这要用到数学方面的知识，因此有助于数学的教学，这些学生为了造房子而画的图纸以及开列的材料清单参见图 9-4。

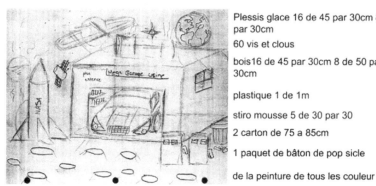

Plessis glace 16 de 45 par 30cm 8 de 50 par 30cm

60 vis et clous

bois16 de 45 par 30cm 8 de 50 par 30cm

plastique 1 de 1m

stiro mousse 5 de 30 par 30

2 carton de 75 a 85cm

1 paquet de bâton de pop sicle

de la peinture de tous les couleur

图 9-4　一个小组房屋的设计图及所需的材料清单

除了建造房屋之外，每个小组还负责组装一个机器人，而且还得 165
为机器人编程，只有这样，他们组装的机器人才能够在建造的景观中有目的地运动，并实现把球传到中央位置这一目标（图 9-5）。凯文在这个项目中向学生们介绍了一些六年级才学的几何方面的内容，并让他的学生把使用公制尺寸测量的结果换算成英寸①，以便确定究竟需要购买多少材料。

<hr>

① 1 英寸约为 0.025 米。

图 9-5　组装机器人并利用移动的机器人对设计进行测试

在科学中心的教育工作者眼里，时间紧也是最为严峻的一个挑战，除了时间之外，其余的挑战还包括材料以及资金支持等。对项目实施过程中后勤保障方面的问题估计严重不足。例如，把学生建好的城市以及组装好的机器人运到科学中心去就非常让人头疼，因为很多都属于非常容易摔坏的物件。为了降低交通成本，很多学校师生到科学中心来都是搭乘地铁，但这有一个严重问题，那就是要把学生建造的物件搬到科学中心，得来回好多次（光是搬运机器人就两次，一次是在二月份，到科学中心来请教组装方面的问题，一次是在三月份，到科学中心来请教编程方面的问题）。

166

项目要按时完成，这是最大的挑战。我们在与时间赛跑。在机器人的组装以及编程方面有很多问题，我们必须得解决，但时间实在是太紧张了，日程被排得满满当当的。

其他一些挑战产生的原因是因为参与这个项目的人对材料不熟悉。这个项目之所以使用费雪技术机器人套件，是因为这家公司已经答应以优惠的价格提供材料。但这有个问题，因为不管是科学中心的工作人员，还是学校的教师与学生，他们都不太擅长利用这么小的零件来进行设计与建造，就像领导这个项目的人在最后总结的那样：

项目结束了，现在我们回过头来看，最大的挑战是边做边改。这个项目是在进行的过程中逐渐成形的，是在我们不断前进的过程中成形的，这一路走来，惊奇不断，我们不得不持续地进行调整。

然而，有一件事情很重要，那就是蒙特利尔学校支持计划项目组为科学中心与学校课堂之间的互动提供了中介支持。按照来自科学中心的项目负责人的说法，没有蒙特利尔学校支持计划项目组提供的这种中介支持，项目很难完成。蒙特利尔学校支持计划项目组帮助解决了学校与科学中心之间的沟通难题，而且按照科学中心教育工作者们的看法，这个项目组还"为学校的教师与学生提供了一些专业方面的支持"。另外，项目组还调派校车，派发科学中心免费入场券，解决了学生们的家人到科学中心来的交通及门票问题。然而，尽管有这些方面的支持，但河滨小学为了让孩子的家长能够过来参加活动，还是费了不少劲。马里觉得科学中心对他们的态度有些太咄咄逼人了。她最后想把一件城市的展品等学年结束时放到自己的学校里，但却没有能够从科学中心借到所需的机器人，因为科学中心对相关的材料有着一些限制性的规定。

涌现的学习机会

显然，在参与这个项目的过程中，科学中心的教育工作者学到了很多，他们开始非常重视参与这种具有教育意义的项目，其中有一位教育工作者这样总结道：

在这个项目中，我们最大的收获就是教师、孩子、家长给我们提供了大量的评论意见，学生提的意见甚至和他们的教师及家长提的一样多，这种情况在以前是很难见到的。参加这个项目的学生给我们写信，告诉我们他们学到了些什么，这个项目对于其他人来说是一个多么好的项目。当然，它的确是个很不错的项目，让很多学生都能从中受益，而且有教师还告诉我们说，他们的学生是多么积极地在参与，以前从来都没有这样过，像有一个学生都准备要辍学了，还有一个学生是帮派成员，但他们真的都非常积极踊跃地参与这个项目，对这个项目着了迷。还有，就是在总结汇报期间，我看到如此多的学生都感到非常骄傲和自豪，很多家长也是。

167   显然，这个项目的目的是为了让教师与学生有机会参与各种科学技术活动，并为他们提供相应的支持与帮助。但在这样做的过程中，科学中心还与参与这个项目的学生的家庭以及项目参与学校里的其他教师建立起了联系，他们在项目结束的时候都受到邀请，来参观展品（Bevan, et al.，2010）。这个项目提供了在观念上非常丰富而且吸引人的机会，让学生能够深度参与到科学与技术活动之中，这对教师们来说，仅靠他们自己是做不来的，因为他们没有相应的资源与专业的技术。很多事情都与"有没有场地"（p.54）有关系，科学中心里有机器人，而且还可以提供很多资源，正是这些原因，才让项目取得了成功。有位科学中心的教育工作者这样总结道：

> 首先，学生有机会用到这些材料，这在其他地方是不可能的。他们可以用这些材料来做实验。这的确是个大项目。建造一座城市非常重要，而且也让人觉得很有干劲。他们可以通过作品来表现自己，让自己变得富有创造性。他们以团队的形式一起做事，尽管项目很复杂，但随着时间的推移，他们能够看到自己通过与他人携手成功建造起来了一些与众不同的东西。而且，到了最后进行总结汇报时，学生都非常紧张，感觉压力很大，但还是调整好了自己，当然这种紧张与压力也具有积极正面的作用，也是一种很好的学习体验。

另外一位教育工作者则重点强调了这个项目是如何帮助学生以创造性的方式深度参与到科学活动之中的，而这正是这个项目的关键所在。"没有创造性的话，不管是建造城市，还是对城市进行装饰，都是做不好的。"以科学中心的眼光来看，这个项目与众不同的地方就是其最后阶段的公开汇报：

> 学生要是没有机会把自己的成果向社会公众做公开展示，这个项目可能就不会像现在这么成功。这并不仅仅只是把他们在课堂里做出来的东西展示出来，更重要的是在科学中心这个地方向社会公众公开展示……由于当时正值春假，有很多家庭来科学中心参观。因此学生对项目进行公开汇报的听众不仅包括他们的教师、家长及同伴，这些人多少都还是欣赏他们的，而且还包括别的来这里参观的人。我想那个星期大概有 27 000 人来这里参观。对学生来说，这是个独一无二的机会，让他们可以与众人分享自己的成果。（图9-6）

图9-6　青少年画的展品的价值

那场公开汇报为这个项目提供了一个非常有意思的结尾，让这个项目具有了"公共的目的"（Cervone，2010）。就像马里指出的那样，"这让我的学生们觉得自己就像是专业人士一样！"从这一意义上来说，涌现的学习机会和这个项目的性质有着非常大的关系，这个项目是分散在好几个不同的教育空间场所里进行的，而且是由各种不同的议程推动的，在

168

每一个地方都会遇到不同的挑战。在项目实施的过程中，还有一些特殊的手段为其提供了中介支持，而这在课堂里一般情况下是见不到的，就像马里强调的那样：

> ……[我的学生]有机会在展览期间与"爱宝"一起玩，这非常不同寻常，你知道，通常情况下，某些东西要是非常贵重且容易损坏的话，是不会让孩子们去碰的，因为怕他们把这些东西搞坏了，这本没什么不对。但在这个地方，教育工作者把"爱宝"交到了他们的手里，而且知道他们不会把它搞坏。他告诉他们好好玩，然后就走开了，这太有意思了，一直到现在他们都还念念不忘。每个人都想玩"爱宝"，而且都能玩到！……

马里非常强烈地感受到，这个项目帮助她的学生提升了自己的自尊心。"他们不是把自己视为这块土地上的受害者，而是懂得了自己在这块土地上也能做很多事，也是很能干的。"从这一意义上来说，尽管从项目随时间演化的视角看，两所学校之间有很多不同，但这两所学校的教师都认为这个项目为学生提供了各种非常多样的学习机会，提升了他们的自尊心，帮助他们掌握了生活的技能，如团队合作及坚持不懈等，他们对此给出了非常高的评价。马里讲了一个叫锡德里克的孩子的故事，这是一个因过于好动、坐不住而苦苦挣扎的孩子，他从来没有为一件任务老老实实地待足过两分钟：

> ……他在什么事情上都是三分钟热度，很容易放弃，但是在这个项目上，他付出了非常巨大的努力，一直坚持不懈地动手组装机器人，而且在这一过程中还非常有耐心，他成了我在这方面要依靠的一个专家，当别的学生在组装机器人上遇到了困难时，我就让他们去找他，想一想这会对他有什么样的影响吧。

马里后来就把这个项目用来作为激励锡德里克完成别的工作的一种手段。她要求锡德里克把自己写的法语里面错误的地方改正过来，如果他能做到，就可以让他做一会儿这个机器人项目。到项目结束时，锡德里克甚至主动提出要在科学中心向社会公众做公开汇报。相比之下，凯文则指出，这个项目帮他的学生掌握了团队合作的技能，"他们必须得携手合作，才能把事情搞定。"就像有一天我们观察到的那样，凯文班级里的学生会相互鼓励，相互帮助，来完成任务，不管是建造房屋，还是对这些房屋进行粉刷，都是如此。有个学生在粉刷的时候非常骄傲地宣布："我已经成为毕加索啦!"这表明这个项目为学生的深度参与提供了非常多的机会与形式。这些学生还可以追求自己的兴趣，就像有一个学生所说的那样："我主要是负责组装会动的机器人手臂，然后完了还做了很多粉刷的工作。"而另外一个学生则说："有个机器人我已经组装完成了大部分，但接着我要找别人来帮忙，我不能自始至终都是自己一个人来完成这件事，然后就有些女孩子过来了，她们为机器人安上了电线，我们能够确保所有零部件安装的位置都没有错。"从这一点来说，团队合作显然是凯文这个班的项目中非常重要的一部分，因为他坚持让所有同学都必须参与这个项目所有方面的工作，而在马里的班，学生在这个项目中的参与结构则不同，这种不同的参与结构帮助有些学生在与学校学习有关的某些方面成了专家，并让他们变得非常有能力，而这对于他们来说是第一次。这表明，在这两个班级中，项目实施的方式不同，可以产生各种不同类型的学习机会，而活动理论有助于我们搞清楚这个项目的各组成部分究竟是如何为学生的学习与发展提供了各种新机会的。

结　论

　　两次去科学中心参观，在学校里还做了大量工作……我从来没有想到这个项目会有这么多的工作。如果之前知道的话，我不能肯定自己对这个项目的参与还能达到现在这个水平，我可能早就放弃不干了，我还有其他的项目呢。

就像河滨小学的马里总结的那样，在这个项目中，所有合作方均对推进过程中出现的各种挑战估计不足，然而又正是像这样的一些挑战为所有人提供了大量的学习机会。它告诉我们，要把学校、科学中心或博物馆团结在一起，共同推进这种具有教育意义的项目，促进学生有意义的学习，是一件多么复杂的事情。尽管在这种类型的项目中，机器人是一个不错的例子，而且科学中心还可以在项目中发挥重要的中介作用，因为它可以给那些条件差的社群中的学校学生提供项目所需的材料以及各种专门知识，但如何让这样的一个项目能够向前推进并且不会半途而废更值得引起我们的关注。在这个例子里，也是如此。这个机器人方面的项目连续维持了四年，但最后还是因为成本太高、困难太大而不得不终止，其中有些原因我在本章中也隐晦地提到过。很多对学校—博物馆合作伙伴关系的研究也仅仅只是对学校与诸如科学中心、博物馆或动物园之类的拥有丰富科学资源的文化机构之间存在的合作进行记录，而没有去考察这种合作形式是如何随着时间的推移建立与发展进而成形的（Bevan et al.，2010）。我把这些合作伙伴关系作为活动系统来对待，试图以此来描画这个项目的演进与发展，而且揭示了合作各方在项目进展过程中遇到的那些挑战是如何催生了各种各样的学习机会的。

研究表明，参与各方之间的各种合作往往只是促进了相互之间的资源交换，而不是事实上的合作，在这个案例中也是如此。也就是说，我们可以认为，在上面描述的这个案例中，科学中心职能的发挥采取的是一种自上而下的方式，与蒙特利尔学校支持计划项目组合作制订活动计划，然后把它作为一项服务提供给对机器人技术感兴趣的学校。在项目实施的过程中，教师、学生与博物馆三方究竟建立起了一种什么形式的合作关系呢？如果教师有机会把这种合作关系不断推向更高水平的话，这个项目最终的结果会有所不同吗？鉴于本项目各方共主的情形，这会

　解读科学中心与博物馆中的互动——走向社会文化视角

让合作关系随着时间的推移变得更加具有可持续性吗？尽管在教育责任与盈利需要二者之间存在的张力对于绝大多数科学中心来说都是真切存在的，但科学中心究竟应该如何才能够更加积极主动地提供像我们在这里所描述的那样的具有较高参与水平的长期项目？就像已经表明的那样，这个项目的目的和项目参与各方以及他们在这个项目上拥有的资源与时间在现实中是有些冲突的。 170

　　针对学校以及他们借力非正式科学机构的方式，有人可能还会提出另外一些问题。学校得掌握什么样的资源才能够促进他们与科学中心之间的这种合作？在我们呈现的这个研究中，蒙特利尔学校支持计划项目组以各种非常重要的方式为这种合作提供了中介支持。学校里来自社区且掌握资源的工作人员有时候也能够发挥这样的作用，帮助他们解决一些简单的后勤保障方面的问题，比如安排去博物馆的交通，或为他们向博物馆支付一些本项目的成本费用。然而，在另外一个层面上，有人可能会提出，教师和博物馆是不是需要为深度参与到像这样的合作性及开放性项目中而准备的更为充分一点。在本章呈现的这个案例中，博物馆非常严格的自上而下的工作机制显然不利于项目的实施，这个项目在形式上不得不根据参与项目的学校与学生的实际情况不断进行调整与改变。博物馆不应该对这样的合作更有兴趣一些，把那些条件不好的家庭请到他们的单位来参观吗？在本章的这个项目中，所有学生的家长都拿到了去科学中心参观的免费门票，而且还可以在公开汇报的当天搭乘孩子学校提供的交通工具到科学中心去。但是，对于博物馆来说，使人备感苦恼的是，科学中心的各种文化障碍根深蒂固，而且到博物馆去的河滨小学学生家长也不像国会小学的那么多。马里后来试图依靠自己的力量来打破这种障碍，她邀请学生家长到学校来，因为学生建造的城市以及组装的机器人都在这里，但令人遗憾的是，行政管理方面的后勤保障不足，没有使这种创新举措得以实现。马里无法得到科学中心的批准，未能将机器人最后一次运到她的学校去，从而使其精心设想的这次活动没有成功。显然，要想建立一种真正意义上的合作关系是多么不容易，因为界定学校与博物馆二者之间关系的现行体制不能提供有效支持。然而，使用活动理论来对这些冲突与矛盾进行考察，可以获得很多有意义的发现，让我们明白未来应该怎么做才能超越这些障碍，为学生的学习提供真正意义上的支持，而人们往往把这些问题抛到了脑后。最重要的一点是，我们进行的分析表明：有必要对学校与博物馆之间的合作伙伴关系进行更加细致入微的探讨。博物馆必须改变自己仅仅只是提供服务的形象，而学校也必须改变自己只是从博物馆那里得好处、占便宜的形象。像本章中描述的这样的项目要想走向成功，合作各方必须拥有共同的目标，而且要真正齐心协力。如果能做到这一点，这些项目就能成为真正意义上的学习手段与机会，促进所有参与人不断成长，而且还有助于打破各种制度上的羁绊，而正是这些羁绊时至今日仍然频频妨害着期望的教育目的的实现。

笔者在此感谢阿利森·贡萨尔维斯（Allison Gonsalves）和吉姆·基谢尔（Jim Kisiel），感谢两位在本文成稿期间提出的宝贵意见与建议。

参考文献

Bevan, B. with Dillon, J., Hein, G. E., Macdonald, M., Michalchik, V., Miller, D., Root, D., Rudder, L., Xanthoudaki, M. & Yoon, S. (2010). *Making Science Matter: Collaborations Between Informal Science Education Organizations and Schools*. A CAISE Inquiry Group Report. Washington, D. C.: Center for Advancement of Informal Science Education (CAISE).

Cervone, B. (2010). Powerful learning with public purpose. *New Directions for Youth Development*, 127, 37-50.

Chambers, J. M., Carbonaro, M. & Rex, M. (2007). Scaffolding knowledge construction through robotic technology: A middle school case study. *Electronic Journal for the Integration of Technology in Education*, 6, 55-70.

Daniels, H., Cole, M. & Wertsch, J. V. (Eds.) (2007). *The Cambridge Companion to Vygotsky*. New York: Cambridge University Press.

Daniels, H. (2001). *Vygotsky and pedagogy*. New York: Routledge Falmer Press.

171

Derry, J. S., Pea, R. D.; Barron, B. ; Engle, R. A.; Erickson, F., Goldman, R., Hall, R., Koschmann, T., Lemke, J. L., Sherin, M. G. & Sherin, B. L., (2010). Conducting Video Research in the Learning Sciences: Guidance on Selection, Analysis, Technology, and Ethics. *Journal of the Learning Sciences*, 19(1),3-53.

Engeström, Y, Engeström, R. & Suntio, A. (2002). Can a school community learn to master its own future? An activity-theoretical study of expansive learning among middle school teachers. In G. Wells & G. Claxton (Eds.), *Learning for life in the 21st century*, (pp. 211-224). New York: Blackwell.

Engeström, Y. (1987). *Learning by expanding: An activity-theoretical approach to developmental research*. Helsinki, Finland: Orienta-Konsultit.

Engeström, Y., Miettinen, R. & Punamäki, R.-L. (Eds.) (1999). *Perspectives on activity theory*. Cambridge, England: Cambridge University Press.

Jordan, B. & Henderson, A. (1995). Interaction analysis: Foundations and practice. *The Journal of the Learning Sciences*, 4(1), 39-103.

Leont'ev, A. N. (1981). The problem of activity in psychology. In J. V. Wertsch (Eds.), *The concept of activity in soviet psychology* (pp. 37-71). Armonk, NY: Sharpe.

Leont'ev, A. N. (1978). Activity, consciousness and personality. Englewood Cliffs, NJ: Prentice Hall.

Martin, L. M. W. (2007). An emerging research framework for studying free-choice learning and schools. In J. H. Falk, Dierking, L. D. & S. Foutz (Eds.), *In principle, in practice: Museum as learning institution* (pp. 247-259). Lanham, MD: Alta Mira Press.

Petre, M., & Price, B. (2004). Using robotics to motivate "back door" learning. *Education and Information Technologies*, 9(2), 147-158.

Rahm, J. (2006). A look at meaning making in science through School-Scientist-Museum Partnerships. *The Canadian Journal of Science, Mathematics and Technology Education (Special Issue on Informal Science Education)*, 6 (1), 47-66.

Rahm, J. & Hébert, M. (2008). "It made us learn so much more about science!" How innovative partnership projects among schools, museums, and scientists can make science museums accessible to poor inner-city youth. A. Meunier & A. Landry(Eds.), *Research in Museum Education: Actions and Perspectives* (pp. 117-141). Québec: Multimondes.

Resnick, M., Berg, R. & Eisenberg, M. (2000). Beyond black boxes:

Bringing transparency and aesthetics back to scientific investigation. *The Journal of the Learning Sciences*, 9(1), 7-30.

Rusk, N., Resnick, M., Berg, R. & Pezalla-Granlund, M. (2008). New pathways in to robotics: Strategies for broadening participation. *Journal of Science Education and Technology*, February.

第十章

为学生参观结束后从互动展品中学习
提供支架

珍妮弗·德威特[①]

导　论

　　参观结束后获得的经验也可以支持学生在学校组织的博物馆与科学　173
中心的实地参观考察中进行学习,以前的研究强调了这一点的重要性
(Anderson,1999;Anderson, et al. , 2000;Lucas,2000)。然而,教师
通常需要大量支持,才能够恰当地跟进并强化诸如此类的参观活动
(Anderson, Kisiel & Storksdieck, 2006; DeWitt & Storksdieck,
2008)。本章的目的是探讨数字媒体作为一种手段在这方面具有的潜力,
教师可以使用数字媒体手段为学生提供支架,让他们在参观结束后而不
是在参观过程中从与可以动手操作的展品的互动中学习。在考虑这个问
题的时候,笔者采用了一种学习的社会文化视角,特别是使用了文化—
历史活动理论,文化—历史活动理论重点强调要把社会性互动及对话作
为意义建构的一种手段(参见 Mercer,1996;Wells,1999;Wells &
Claxton,2002)。这种视角源自维果茨基(Vygotsky,1978)的工作,维

[①]　Jennifer DeWitt, King's College London, United Kingdom, 珍妮弗·德威特,(伦敦国王
学院,英国)

果茨基认为学习是个体之间借助于各种有中介支持的互动而发生的，而且各种人工制品或工具手段在这样一种有中介支持的活动中发挥着关键作用。按照维果茨基的观点，这些工具手段既可以是物质层面的，诸如锤头、铅笔，抑或是一段视频录像（尽管学习者本人可能并没有明确意识到这些东西是工具手段），也可以是心理层面的，诸如标志、符号、书面文字等，而且维果茨基还把语言作为一种最为重要的中介工具。就像我们在下面将要详尽阐述的那样，工具不但在意义建构过程中发挥着有机且内在的作用——诸如当一架望远镜被作为工具时，就能够让学生对一片树叶进行近距离观察，而且还可能抵近到细胞这一层次与水平上——而且个体还可以用它们来为他人的学习提供支架。

那么，接下来，社会文化视角中的一个关键概念就是搭建支架，正是在支架的搭建中，更富有经验的他人（诸如一位教师）才能够为学习或活动提供支持，并在之后的时间里慢慢撤出来。尽管在其他的认识论传统中也会使用支架搭建这个概念——诸如建构主义——但这一概念在社会文化理论中却占有极为重要的地位，因为它重点强调的是：学习是通过个体之间的互动发生的，这种互动是支架的一个内在的组成部分。在原初的意义上，支架被界定为一个过程，这个过程"能够让一个儿童或生手解决一个问题，完成一项任务，或实现一个目标，而且这些都是在没有帮助的情况下做不到的"（Wood，Bruner & Ross，1976，p. 90）。此后，研究人员对支架的定义进行了丰富与扩展（Ash，2002；Granott，2005；Mercer & Fisher，1997；Sherin，Reiser & Edelson，2004）。尽管这种扩展受到了批评，但还是要承认，支架的方式可以有很多种，它是一个远比当初界定的过程要丰富的情形（Pea，2004）。与马伊和阿什等人的立场一致（Mai，Ash，et al.，待发表），笔者也认为支架的搭建是一个具有迭代性、流动性及混乱性的过程，但它有一个具体的目标，诸如促进学生对一个概念或理论的理解（Maybin，Mercer，& Stierer，1992）。同时，笔者还着重强调：为了搭建支架，生手或学习者先前的认识也必须要考虑在内，这样一来就需要采取某种手段让他们这些先前

174

的认识浮出水面(Bell，2004)。

这些有关于支架的观念和维果茨基(Vygotsky，1978)提出的"最近发展区"这一概念有着密切联系(Maybin，Mercer & Stierer，1992；Myhill & Warren，2005)。最近发展区被界定为"实际发展水平与潜在发展水平之间的差距，实际发展水平是由在没有外部支持的情况下展开的问题解决活动决定的，而潜在发展水平则是由在成人指导下或与更有水平的同事进行合作的情况下展开的问题解决活动决定的"(Vygotsky，1978，p. 86)，而支架则可以被认为是在最近发展区之内推动问题解决的一种方式(Wells，1999)。但是，在最近发展区内搭建支架并非没有什么问题与挑战，因为对于任何个体而言，最近发展区都是不断变化的，而且是一个由协商来决定的区间(Ash，2004；Brown，Ellery，& Campione，1998；Granott，2005)。事实上，甚至可以认为，最近发展区包含着多重与发展有关的构造，在这些构造中，有一些体现了受历史影响的发展规范，而另外一些则指向与这些规范有关的儿童发展(Chaiklin，2003)。另外，当有由个体组成的团队参与其中时，如像一个班的学生均参与其中时，在这样一个区间(或这些区间)里搭建支架来促进问题解决面临着一系列严峻挑战，而且这些挑战还相互交织在一起，从而变得更为复杂。

格拉诺特(Granott，2005)提出了"当前发展区"(zone of current development，ZCD)的概念，作为一种解决这些困难的可能方法。当前发展区与最近发展区有关系，但它是由学生或被支架的对象身上各种可观察的活动的幅度决定的，其中也包括他们进行的会话。然而，不管采用哪种最近发展区的定义，或使用何种方法来搭建支架，有一点很明显，那就是会话，或者是谈话，在最近发展区及支架的概念中占据中心的位置。我们既可以用会话来鉴别或确定学习者的最近发展区(或当前发展区)在什么地方，也可以在他们的最近发展区内为学习搭建支架，并帮助学习者达到新的认识水平。

尽管对最近发展区的各种解读都非常复杂而且相互之间缺乏一致

性，这可能会给我们的经验研究带来困难，但笔者还是认为最近发展区是一个非常有用的架构，它可以帮助我们思考。更为特别的是，笔者利用文化—历史活动理论作为基本架构，对各种具有中介功能的工具手段进行探索，像谈话和数字媒体这样的中介手段可以用来构建认识或促进学生对活动的深度参与(Engestrom，1999；Wertsch，1998)。例如，当学生描述某事时——诸如他们与可以亲身体验的展品进行互动的经历——他们实际上是在表述自己的认识，而他们在这样做的时候，实际上会让自己的想法得到进一步的发展与重塑(Mercer & Fisher，1997；Mercer，Littleton & Wegerif，2009)。另外，对想法进行的这些表述或发言还为他们自己的认识水平提供了某些洞见，教师或他人可以利用这一点来为他们的学习提供支架。

在本章中，无论是会话还是数字媒体，笔者都把它作为工具手段，认为它们有潜力为学习提供中介支持及支架。支架的搭建可以发生在任何环境下——可以在课堂，可以在家，可以在工作场所，也可以在各种非正式的学习环境下，实际上，之前的研究已经表明：在课堂环境下(如 Lapadat，2000；Mercer，et al.，2004)，以及在非正式环境下(如Ash，2002，2004)，在为科学学习提供支架的过程中，交谈都发挥着重要作用。例如，在阿什(Ash，2002)的著述中，就发现在参观科学中心的过程中，支架贯穿了家庭成员间会话与互动的全过程。

之前有一些研究人员还提出，为学生在参观科技馆的过程中与展品之间的互动提供中介支持很重要，因为这可以帮助他们尽可能地从这些经验中学有所得(Bell，et al.，2009)。然而，尽管中介很重要，但绝大多数学校组织的实地参观考察活动的现实是，时间很有限，而且很多学生在参观过程中能够获得的来自当地工作人员的支持也都非常有限，这意味着很多学生与展品之间的互动没有能够得到来自那些知识更加渊博的人——诸如教师或工作人员等——的中介支持或支架支撑。社会文化视角非常重视对话(及其他手段)的作用，认为它在为学习提供支架的过程中很重要，另外工作人员在为观众与展品之间的互动提供中介支持时

解读科学中心与博物馆中的互动——走向社会文化视角

面临着诸多实践层面上的限制，所有这些因素加在一起，让笔者怀疑：在对科学中心的参观结束后，学生在最近发展区内和可与之互动的展品进行的互动是不是还能发生。更具体地讲，笔者探讨了数字媒体——学生与科学中心的展品进行互动的视频或照片——是否以及如何能够被用来为他们在参观结束返回学校后可能发生的认识的进一步发展提供支持。显然，是否有可能为参观后的学习提供中介和参观过程中是否有足够的中介支持并没有特定的关系。事实上，如果能够在参观过程中以及参观结束后为观众的学习提供支架，他们在概念上的理解水平可能会得到最佳支持。然而，很多学校组织的实地参观考察活动常常是中介支持都非常有限，这使得对参观结束后提供支架会给我们带来什么样的结果这一问题进行探讨变得更加迫切。

研究方法

本章的数据最初是在以前一项有关于学校实地参观考察活动的研究中收集的，在这里笔者对这些数据进行了重新考察与分析（DeWitt & Osborne，2010）。在那项研究中，各种静态照片和视频录像记录了学生在参观英国一家互动科学中心的过程中与一系列展品进行互动的过程，这些学生来自五所不同的学校。他们都属于小学高年级（年龄为 9 至 12 岁），由这些学生组成的几个班级是一个非常方便的样本，因为他们本来就已经计划去参观科学中心了。这五所学校均为公立学校，且均位于小的城市、小的城镇及近郊区域。所有学生的家长都同意孩子参加这项研究（他们是每一个班级中的大部分人）。

去这家科学中心的实地参观考察往往都是有特定主题的（如力学），在参观过程中，学生和教师沿着"小路"参观各种与主题相关的展品，以对特定的主题进行探索。因此，我们在认为绝大多数学生都会去尝试的那些展品附近架起了摄像机，把他们与展品的互动录了下来。参观结束后，笔者在学校对这些学生进行了访谈，在访谈过程中使用了一些视频片段与照片，以促进讨论。对学生的访谈都是以二至三人组成的小组这一形式进行的，访谈的时间选在他们参观结束之后的一至两周（其中的两所学校）或者是他们参观结束之后的十至十二周，即暑假结束后（其余的三所学校）。每个小组里的这二至三人都一起对这些展品进行过探索，在视频片段或照片里，他们也是一起出现的。因此，他们对自己在科学中心里的各种行动或互动做出的评论都被数字媒体捕捉了下来。访谈一共进行了六十三次，总共访谈了 129 名学生，每一次访谈都涉及他们与一件以上的展品进行的互动。一般来说，在访谈过程中，我们是把这些静态照片与视频录像搭配起来展示给受访学生的。

以视频的形式把观众与科学中心（或水族馆）里的展品进行互动的情形录下来，并使用这些视频来激起观众的反思，这种方法在之前的研究中也被成功地使用过，它可以帮助我们获得一些有关于家庭群组中观众意义建构的洞见（Ash，2004；Stevens & Hall，1997）。与之类似的激起回忆的技术方法在对参观科学中心（Falcao & Gilbert，2005）、游乐园（Anderson & Nashon，2007）及艺术博物馆（Stevens & Martell，2003）的学校群组的研究中也被用到过。以这些研究以及另外一些使用照片来促进回想的研究（Tolfield，Coll，Vyle & Bolstad，2003；Stevenson，1991）为基础，我们在之前的那项研究中制定了各种访谈的规则，以从认知及情感两个方面对学生与展品之间的互动以及他们对整个参观过程的体验进行探讨。（我们使用的刺激物既有照片，也有视频，这是因为我们当时认为刺激物的类型可能会影响到他们对自己的参观经历进行表述的方式。）这些访谈持续的时间为 15 分钟到 45 分钟，而且都被以迭代的方式进行了转写与编码，用来编码的代码产生于采集到的数据之中（Lincoln & Guba，1985）。然而，尽管编码图式植根于数据，但它还是有特定目的的，那就是探索学生究竟是如何对自己与展品之间的互动进行解读或进行意义建构的。那项研究的发现可参见相关文献（DeWitt，Osborne，et al.，2010）。

然而，当笔者对这些数据进行分析时，却感觉到除了当初的研究焦点之外，还有一些问题值得关注。特别是笔者有这样一种感觉，那就是在参观过程中，他们的行动都被视频或照片捕捉下来了，对这些行动进行观察与讨论可以提供各种机会，为学生对某些特定的科学概念——比如说对那些由展品再现的科学概念——的认识提供支架，或促进他们对这些概念的进一步理解。① 也就是说，尽管笔者已经使用这些视频作为一种研究手段，进一步推进了对这些情形的理解，但笔者还是意识到这些视频与照片本身可能也可以作为一种潜在的中介工具，来促进学生自己的认识。学生自己做出的陈述是被数字媒体引发的，这些陈述可能提供了一些有关于他们与某些特定概念有关的最近发展区的线索，这一点看起来似乎也不无可能。因此，笔者又把这些转写的东西拿出来，以一种不同的视角进行考察，试图确定"教学上的最佳时机"［这与麦希尔(Myhill)和沃伦(Warren)等人提出的"关键时刻"有些类似］，或者说确定在哪些点上学生可能的最近发展区表现得最为明显，这样一来，教师就能充分利用这一有利时机，为他们对一个概念的理解提供支架。换句话说，笔者在寻找的是这样一些时刻，即学生看起来似乎"恰好"为对新材料的学习做好了准备，在这个时候，中介可能是最有用的(Ash, 2004, p. 865)。在视频或照片中，当学生的陈述表明他们在某些特定科学概念上先前具有的知识与现在的认识经由展品联系在了一起，或者是经由展品得到了再现时，那么这个时候便是我要找的那些时刻。重要的是，尽管诸如此类的陈述的出现就其自身来说并不是很充分——但当支架的手段即数字媒体出现时，正是这些陈述与其结合在一起，共同创造了"教学上的最佳时机"。

为了把这种新的方法应用于对数据的分析上，笔者对转写的材料进行了认真仔细的重读，看能不能找到"教学上的最佳时机"这样的例子，

---

① 实际上，像这样的事例对笔者来说印象极为深刻，而且在很大程度上正是它们促使笔者对业已被自己和奥斯本(2010)讨论过的研究数据再次进行探索。

并思考了这样一个问题：学生在陈述中表露出来的何种类型的洞见才能够提供有关于他们最近发展区的信息，教师如何才能够在学生自我表述的基础上为学生的认识提供支架。由于引发能够提供有关学生最近发展区的洞见的陈述并不是这些访谈的目的所在（而且在访谈中也没有提有关这方面的问题），因此笔者并不期望在每一次访谈中都能够找得到这些"教学上的最佳时机"的例子，也不谋求对这些数据进行任何类型的定量汇总。笔者也不能断定像这样的时机一定就会出现在数字媒体呈现的资料中，而只是提供自己获得的一些发现，以此作为可能被引发的各种类型的陈述的例子。

对这一数据集最初进行的分析（DeWitt & Osborne，2010）表明：数字媒体可以被用来促进学生对展品展现的内容再度进行深入的思考。更具体地讲，学生做出的大部分陈述（不管是看着视频还是看着静态照片做出的，也不管何种类型的展品）都包含有对展品具有的可观察特征进行的描述，包含有对自己做出的各种身体动作进行的描述，而且特别的是，都包含有对他们观察到的现象进行的描述（如它一上一下的）。然而，另外一些陈述则表明学生在认知层面上对展品内容的深度参与达到了一个更高水平，比如他们可以对展品的物理属性进行一般化推广，而且还能做出各种因果解释，等等。还有，这些数据还反映出学生试图对自己对科学概念的理解进行梳理，从而对他们观察到的东西做出解释。

以这些研究发现为基础，我们可以提出这样一个问题，那就是：鼓励学生对原来在与展品互动过程中遇到的现象重新进行加工是否可以提供一些有关于其最近发展区的洞见，并为促进其更进一步的理解带来各种机会？下面一节对转写数据的分析采取的是一种比当初进行的分析更加具有质性色彩的方法。它包含了一些有关于搭建支架的机会的例子，并提出了搭建支架可能的途径，通过这些途径，就可以抓住"教学上的最佳时机"，从而为学习提供支架。请记住：所谓"教学上的最佳时机"，是课堂活动过程中的一个点，这个点提供了一个极为有利的机会，让教师可以促进学生把自己的认识不断向前推进。也就是说，"教学上的最佳时机"包含了大量元素在内，比如能够体现学生当前发展水平的迹象与证据，教师能够使用的工具手段，等等，这些元素相互结合在一起，才能够为支架的搭建创造出一个最佳时机。

搭建支架的时机

下文中这些插图都是有关于"教学上的最佳时机"或支架搭建的机会的例子，它们都是从访谈记录中找到的。诸如此类的例子在这六十三次访谈中的绝大多数访谈中至少出现过一次，有时候还会出现两次或三次。下面选取的这些例子是为了给读者提供一种有关于这些情形的幅度与范围的初步感觉，它们涉及六件不同的展品以及一系列科学概念。

为对滑轮的认识提供支架

在下面的这段摘录中，戴维和约翰正观看一段视频录像，这段视频录像记录的是他们在一件叫作"用力拉哟!"的展品前的情形，在这段视频里，他们使用绳索穿过不同数目的滑轮(一至三个)，以此来拉起同样重量的麻袋。(有关于此展品的更多细节请见附录。)

> 戴维：它们都是六千克。
>
> 约翰：但它们并不一样。感觉起来好像都不一样重。
>
> 访谈者：好，你们认为它们都是六千克，但感觉起来却好像不一样重。戴维，你站在那儿往上看的时候，看的是什么?
>
> 戴维：我想，当时我在看说明。
>
> 访谈者：你还记得说明的内容吗?
>
> 戴维：不记得了。
>
> 访谈者：好吧，没关系。约翰，你有什么要说的?
>
> 约翰：嗯，当你试着往上拉这些麻袋时，有些麻袋可以被拉得更高，比那个要更高些。
>
> 访谈者：你指的是哪几个?

约翰：这几个，你可以拉一下试试。

访谈者：这几个圆滚滚的玩意儿？

约翰：是，没错……当升到顶的时候就会停下来。这时候就说明你已经把它拉到最高处了。而中间这个，我也不知道为什么，就是觉得它好像更重一些。

戴维：但总有一个你可以搞定的（表示可以轻易拉上去）。

上面这段互动中的陈述在相当程度上属于直来直去的观察（比如麻袋是六千克重，当麻袋被拉到顶的时候就会停下来）。这段摘录还揭示了他们对展品形成的经验，即他们感觉这些麻包好像质量并不一样。然而，并没有任何迹象表明，在对话中，他们对滑轮有任何认识。

这两个男孩与媒体（视频片段）及访谈人员之间的互动突出强调了这样一点，即在科学中心的参观结束后，在课堂里有很多种可能的方法来使用媒体。更具体地讲，这段摘录反映了这两个十岁的男孩是如何被推动着对自己已于科学中心探索过了的现象再次进行深度思考的。它还告诉了我们一些针对这一现象的有关于他们最近发展区的信息，教师是可以利用这些信息的。也就是说，他们看起来好像已经注意到这六个麻袋每个都是六千克（质量都是印在麻袋上面的），但在把它们往上拉的时候，却觉得每一个质量都不一样，而且他们还发现，在这件展品的上部有一些"圆滚滚的东西"。另外，一方面麻袋上印着质量是六千克（这意味着它们都一样重）；另一方面他们在把麻袋往上拉的时候又的确感觉到它们的质量各不相同，有的轻些，有的重些。他们对这二者之间的矛盾似乎有些摸不着头脑，可是却没有能够把各种元素联系在一起，进而对滑轮的功能有所认识。

这些不同的元素相互之间缺乏联结，这可以被认为是一个为学习提供支架的机会，可以帮助他们认识滑轮的功能，他们已经注意到的那些东西提供了相关的线索，让我们知道什么水平的指导或讨论才是恰当与有效的，才能够促进他们的认识。例如，教师可以在学生的最近发展区内采取措施，以他们的观察为基础，并把这些观察联系在一起，为他们对滑轮的认识提供支架。这个过程可以先从下面这一步开始，即首先明确这些麻袋的质量的确是一样的，但要把它们往上拉，需要的是不同大小的力。在这项研究中，还有很多别的小组，教师对其余这些小组的处理措施和对这个小组的是不一样的，由于这些小组均坚持认为这些麻袋的质量不一样，因此教师就不能再明确地说这些麻袋的质量都是六千克了。事实上，有一个学生甚至说尽管这些麻袋上面都写着"六千克"，但实际上这可能是"骗人的"，他坚持认为这些麻袋的质量各不相同。

让我们回到当前的这个例子，教师要想继续，可以让这两个男孩的注意力集中在"上部圆滚滚的那些玩意儿"上，告诉他们这是滑轮，并指出在每一根绳子上部都绕有不同数目的滑轮。（在另外一些案例中，当学生真正使用"滑轮"或"滑轮系统"这样的术语时，教师就可以对这些术语真正的意思进行澄清与说明。）接下来，教师可以把这些与滑轮的功能联系起来，告诉学生让绳子绕过不同数目的滑轮可以让我们把物体往上拉的时候更容易或更困难，这样一来，学生就会对自己已经观察到的现象进行思考（有些麻袋往上拉的时候比其他麻袋更容易一些，哪怕它们的质量一样）。因此，在这里，媒体可以有很多种方式来发挥作为工具手段的作用，它可以作为一种促进学生对现象进行深度思考的工具，这样一来，就可以让学生的认识水平得到提升，它还可以作为一种教师用来为学生的学习提供支架的工具，让学生更进一步地了解机械的优势以及滑轮的功能。

拓展对摩擦的认识

先前的研究表明，一次性的体验，如学校组织的实地参观考察之类的活动，更适用于对现行认识进行巩固与拓展，而不是对新的概念进行学习（Beiers & McRobbie，1992；Bell，et al.，2009）。下面这个例子就向我们展现了学生对摩擦的认识是如何得以强化与拓展的。（图 10-1）

图 10-1 "库高"展品

180   下面这段摘录来自学生对与一件名叫"库高"的展品进行互动的体验的讨论，摘录的这段话发生在讨论行将结束时。"库高"这件展品把一个由半吨重花岗岩做成的球放在了水池上，这样就可以（相当）轻易让球转动起来。在观看了一段自己在"库高"这件展品前的活动录像后，两个十岁的女孩就开始对她们的经历进行讨论，可以轻而易举地推动这个球，这让她们感到非常惊讶。

    露西：嗯，这个东西好像有点重，你看这个球，它下面还有水，好像一个喷泉呢。但你可以推这个球，它会像地球一样转起来。

    访谈者：嗯，是啊。

    基拉：我要说的和她差不多。

    访谈者：如果有朋友来的话，你想让他们学到些什么？

    露西：在有水的情况下，推动它要容易一些……

    基拉：是的。如果没水的话，会更困难。

    访谈者：那么，你觉得它向我们说明了一个什么道理？

露西：水可以让物体更容易被推动。

这段摘录的话开始于她们对这件展品相当直接的观察，以及二人在
那个地方看到的东西及开展的活动。然而，这两个女孩并没有止于此，
她们还更进一步，对藏在背后的水的属性进行了描述，即它"可以让物
体更容易被推动"。像这样的一个结论其实是她们对自己观察到的球能
转动起来这种现象做出的一种因果解释。

与前面摘录中的两位男孩类似，这两位女孩也对她们在科学中心里
经历到的现象进行了再次探索，而且还分享了她们对这么大的一个花岗
岩石球如何就能被轻易推动进行的观察。她们认为，球之所以能被轻易
推动，是因为有水，要是没有水的存在，想推动球是非常困难的。从某
种程度上来说，这是两位女孩最初的一个推测，因为她们在与展品互动
时，一直都是有水的。换句话说，她们是在假设水是能够轻易推动球的
原因。对水的功能的这种认识——它可以让物体更容易被推动——揭示
了她们的最近发展区。通过在她们的最近发展区内采取措施，教师可以
为二人对摩擦的认识提供支架，帮助她们把摩擦的概念拓展到与"库高"
展品互动时遇到的这种（对她们来说可能是）新鲜情形上。

尽管这两位女孩并没有使用"摩擦"这个词，但几乎可以确定无疑的
是她们的确遇到过这个概念，因为它在小学科学课程里出现过。在谈到
视频的时候，教师可以要求这两位女孩对自己接触"库高"这件展品时的
感觉进行描述，这有可能会引出其他学生提供的那些类型的描述（"平
滑"或"滑溜"）。这样一来，教师就可以把她们在"库高"这件展品上获得
的经验与其他一些表面摩擦力更小的例子联系在一起（例如，物体在冰
上滑动要比在砾石上滑动容易得多）。然后，教师就可以再次引入"摩
擦"这个科学术语，并帮助这两位女孩把这个科学术语应用到她们从展
品上获得的经验中去，这样她们就会明白，是因为有水的存在，才让表
面变得平滑，而正是因为表面很平滑，所以重物在上面才容易移动。我
们认为，建立诸如此类的联结将有助于这两位女孩对摩擦的认识，可以

把摩擦拓展应用于对新事例的解释。通过这种方式，数字媒体可以再次通过两种途径得到应用——一种是引出对某一现象的描述及解释，让学生的认识更加清楚明白，另外一种是作为一种工具，强化与拓展对摩擦这一概念的理解。

构建词汇

学生对某些展品的描述体现了他们对展品试图表现的概念或现象的一般认识，但他们缺乏特定的科学术语来表述它。在下面的这段摘录中，三个男孩在解释他们于一段视频片段中在做的事情。这段视频片段记录的是他们与一件叫作"泡泡赛跑"的展品进行的互动，在这段视频里，三个男孩对气泡从装有不同液体（包括水、机油以及泡泡水）的试管中跑出来的情形进行了观察。（图 10-2）

图 10-2　泡泡赛跑

　　　　访谈者：你在那儿指着的是什么？［指学生在视频片段中做出的各种动作。］

多米尼克：嗯，我指着的是一个跑得快的，一个跑得慢的，一个是机油，一个是泡泡水。

马克：泡泡水跑得快些。

其他人：不对，机油跑得快些！

多米尼克：泡泡水跑得的确慢些！

马克：是的。

多米尼克：机油很稀薄，所以气泡往上跑的快些。

访谈者：那么，你觉得这个圆盘想向我们展示些什么？

多米尼克：嗯，哪个跑得快。

亨利：哪种液体最黏稠，哪种液体最稀薄。

访谈者：好。那这和泡泡有什么关系呢？

马克：呃，如果它真的很黏稠，泡泡就会跑。

多米尼克：跑得非常慢。

马克：是，在黏稠的液体中，它会变慢。如果液体真像水这么 183
稀，它就会跑得快些。

　　在上面这个例子中，学生们看起来似乎使用了他们对不同液体的黏稠度（或"黏稠"与"稀薄"）的观察来为展品中气泡从试管里跑出来的速度建立因果解释。也就是说，这些学生似乎抓住了黏稠度这个概念，但他们并没有使用黏稠度这个术语，在观察过这件展品的学生中，也没有一个人在访谈中提到过这个术语，这说明他们对这个术语还不熟悉。学生在对这个现象的解释中利用了另外一些词，包括"黏黏的""黏糊糊"，等等。在这种情形下，教师似乎就可以使用像这样的一些媒体作为手段来引出学生的解释，这将揭示他们对黏稠度这一科学概念非常基本但却非常可靠的认识。在这个时候，教师就可以引入"黏稠度"这一科学术语，并帮助学生把它与他们观察到的现象联系在一起。另外，教师还可以把这个术语与其他一些概念（包括其他展品重点关注的一些概念），诸如摩擦等，联系起来，从而为他们对这一科学原理的认识提供支架。因此，在这里，我们可以看到，学生在视频片段中给出的这些解释相互结合在一起，给教师创造了机会，即使不为他们的学习提供"支架"，最起码也可以为他们引入一个新的术语，并把这个术语与他们现在的认识联系在一起。在这么做的过程中，学生就有机会掌握知识（一个术语及其含义）并在未来把它应用于各种新的情形或事例之中。

在另外一些案例中，学生能够正确地把科学术语应用于他们在参观展品的过程中观察到的现象上。下面这段会话和一件叫作"轨道"的展品有关，这件展品的目的是展现来自两个黑洞的引力效应是如何影响另外一个物体的运行轨道的。（图10-3）

加文：我觉得它往下去的唯一原因就是它要太慢了的话就没有动量再回来了，就只能一直往下去了。

访谈者：嗯。如果你有朋友来参观这件展品，你希望告诉他们些什么？

伊恩：我会告诉他们，让他们明白，动量远比大多数人想的都更厉害些，因为它可以让一个物体跑得老高，也可以让一个物体跑得老远，比你想的都要高、要远。

访谈者：好。查利，你怎么认为？

查利：我的看法可能和伊恩一样，但你可能会发现引力把球吸到中间去了，然后动量压过了引力，球就又跑回来了。

图10-3 "轨道"展品

解读科学中心与博物馆中的互动——走向社会文化视角

在上面这个案例中，这些学生用的是科学术语，并在进行因果解释的过程中正确使用了它们。他们的陈述体现了对动量与引力的认识，尽管他们忽视了设计这件展品的人想让他们注意的东西。这说明，工作人员可能需要对这件展品重新进行审视，要么根据观众对目前这件展品实际上做出的解读来进行相应的修改，要么就是对这件展品重新进行设计，以使其能够更好地体现设计人员想表达的有关黑洞的概念。不过，尽管如此，这些男生做出的解读也突出了这样一点，那就是观众也可以通过某种方式来推进自己对一个概念的认识（通过把这个概念应用于新的情形之中），哪怕这个概念事实上并不是展品的开发人员想要表现的那个概念。另外，还需要注意的是，在这个案例中，学生对展品的讨论是在没有数字媒体对其进行再现的情况下进行的（这是由于技术方面的瑕疵），但他们还是能够非常清楚地记起来这件展品，这表明他们与展品的互动的确是一段难忘的经历，而教师则可以利用这一点来强化学生对动量与引力的认识。也就是说，在这个案例中，学生在意义建构的过程中，使用的是他们对这个展品形成的心理图景，在这种情况下，教师就有可能想办法来引出学生与这些心理图景相似的心理图像。有一个合理的设想，即通过一段有关展品的视频片段就可以促成该任务的完成，这也让教师能够指出球的运动究竟是以何种方式体现了动量及引力对其产生影响的。而在这么做的过程中，数字媒体可以帮助我们创造出更多"教学上的最佳时机"。

掌握力与压力

和轨道这件展品一样，还有其他一些展品也试图展示某些非常复杂的科学概念，这些概念对于小学水平的学生而言可能太超前了。然而，即使是在这些案例中，学生也可以从他们与展品互动的体验中学到一些东西，这通常都是一些在他们的认识水平上及与展品进行互动的经验的基础上通过提供支架能够学会的概念。例如，在"氢气火箭"这件展品里，有一个可以摇动的曲柄，摇动这个曲柄就可以发电，把水分解为氢气及氧气。按下一个按钮，就可以把这些氢气与氧气进行混合，并点燃混合气体，然后一个软木塞子就可以"嘭"的一声射出来。尽管这一现象背后的原理对于十至十一岁的学生来说通常太难了，但可以用这件展品来促进他们对力与压力的认识。在下面这段简短的摘录中，两位女生试图相互交流她们从这件展品中学到的东西。

> 访谈者：那你从这个活动中学到什么了没有？
>
> 汉纳：学到了呀，水可以被作为汽水一样来用。用水的力量可以把物体往上推。
>
> 卡特里娜：把氢气火箭往上推。

在这里需要注意的是，尽管在对这一现象的解释中涉及把两种气体混合在一起并点燃，但无论是在展品上还是在这两位女生观看的视频中，都可以清楚地看到液体的存在，而这两位女生似乎把这种液体当成是水。这段简短的摘录表明，两位女生对"力"这个术语很熟，而且理解它的含义，另外她们还能够领会到水是可以与力联系在一起的。还有，她们似乎抓住了这样一点，即爆炸可以产生力（就像汽水一样），尽管我们并不清楚这两位女生的认识是否是被限制在对这一术语的"日常"使用这一水平之上的。虽然如此，这两位女生把水描述成一种"力"，认为这种力可以推动（或推高）火箭，她们把这种现象与"汽水"进行了比较，这就让我们能够看到她们的最近发展区究竟在什么地方。在这个特别的案例中，教师可以使用汽水这一比拟，来进一步促进她们对力的认识，甚至还可以让她们把这个术语科学地应用到更多情形中去。例如，教师可以问她们，在让汽水起泡的过程中，气体（或"空气"）发挥了什么样的作用，并鼓励她们考虑这样一个问题，即用什么办法摇晃汽水才能够让汽与水相互混合在一起。接下来，教师就可以指出或提醒她们，这样做会让压力逐步增大，当打开瓶盖时，压力就会释放出来，液体就会从饮料瓶里喷涌而出。最后，教师可以把这个经验——这对于很多十一岁的儿童来说可能是比较熟悉的——与她们在"氢气火箭"这件展品身上获得的经验联系在一起，告诉她们这件展品名字中的

"氢气"也是一种气体。这样一来，就可以帮助学生把她们对力及压力的认识联系起来，并把其扩展至新的情形之中，让她们认识到，不但水有压力，而且不同气体混合之后，也会产生压力。事实上，教师甚至还可以更进一步，对发射升空之后的火箭进行讨论。

除了上面摘录的这段对话提供了搭建支架的机会（或上面的那个例子中所讲的"教学上的最佳时机"）之外，其他学生在与"氢气火箭"这件展品互动的过程中对这一现象的认识也得到了推进，表明这些学生的最近发展区所处的水平比汉纳和卡特里娜更高一些。

里安农：没错，它像是酸，水溶性酸，就像这样。你往里面加 186
的压力越大，就会有越多的泡泡跑出来，充满了整个火箭。然后，你数5、4、3、2、1，它就会腾空而起，而你就会看到所有的泡泡都会往下沉。

上面的这段陈述反映出里安农好像注意到了比汉纳与卡特里娜更多的东西（从她们其余的记录材料中也可以很明显地看到这一点）。她对泡泡做的评论还表明，她已经把自己在与"氢气火箭"展品互动时观察到的气体（或泡泡中的空气）联系在了一起。另外，尽管她并不是非常清楚那些液体到底是什么，但看来她好像已经意识到它并不仅仅是水了。

在稍后的访谈中，发生了下面这段对话，这进一步表明了她达到的理解水平。

里安农：你往里面加的压力越大，它就升得越高。你往里面加的压力越小，它就升得越低。它可能只会升一两英尺①的样子。
访谈者：那你觉得怎样才能往里面加更大的压力呢？
里安农：多摇那个曲柄呀。

---

① 1英尺约为0.3米。

上面这段对话更加增进了我们对里安农对这件展品认识水平的了解，它表明里安农已经把她在这件展品上展开的各种行动——摇动曲柄——与增大压力联系在了一起，她已经意识到通过改变压力的大小，可以影响火箭射出的距离。在这两个例子中，她似乎对压力有了认识，能够对自己观察到的现象做出因果推理。这两段对话还给教师提供了指南，使其清楚学生的认识究竟处于何种水平。另外，有一段视频很清楚地展现了泡泡，教师可以利用这段视频，在学生的最近发展区内为其认识提供支架。与在之前的例子（汉纳和卡特里娜的例子）中描述的类似，只要以学生对压力不断增大以及对不同气体进行混合的认识为基础，教师就可以有很多办法来应对这种情形。然而，在这个案例中，教师可能还可以利用视频片段以及学生对火箭升空时气泡往下去这一现象的观察来引入"牛顿第三运动定律"（当两个物体相互作用时，彼此施加于对方的力，大小相等，方向相反），并提供相应的例子，比如这件展品气体膨胀让火箭升空，在游泳池里推动自己前进，等等。通过这种方式，学生的陈述与视频片段就可以相互结合在一起，从而创造出一个"教学上的最佳时机"或搭建支架的机会，使学生对力以及压力的认识得到进一步拓展。

　　因此，尽管"氢气火箭"这件展品中体现的概念比其他展品中体现的那些概念要更复杂一些（特别是关于不同气体相互混合以及这种混合是如何与爆炸、压力及力联系在一起的），但上面举的这些例子还是展现了哪怕是在这样一种情形中，数字媒体仍然可以被用来作为一种工具手段，促进学生对现象再次进行深度思考，并引发他们对现象的解释。另外，进一步地讲，这些刺激物还可以被用来作为工具，为学生在最近发展区内的认识提供支架并促进其发展。

187

伯努利风机——离最近发展区太远？

　　伯努利风机（Bernoulli Blower）是科学中心里一件非常流行的展品，它的目的是展示升力的原理，在伯努利风机里，有一个沙滩排球，这个沙滩排球的上方和下方都有一股气流，这样就会让球悬停在半空中。由于球上方的气流速度要快于球下方的气流速度，上方气流与下方气流速度不同导致球上方的气压低于球下方的气压，这种压力差便会产生升力。这种现象与把飞机保持在空中是一样的。然而，对升力的理解需要有一些预备概念做基础，但学生并没有掌握这些预备概念，因此他们的陈述往往只是表明自己在对这件展品的认识上有混淆。

> 尼克：我们在球的下面试了试，想把它往下放……要是把它往上放的话，它就会一直停在上方，要是把它放在下面，它就会停在下面，然后就会爆起来。这就是我们正在试图去发现的，这就是我正打算做的事情之一。

学生发表的很多意见实际上都是把焦点放在怎样去操作这件展品上，或者是采取何种必要的行动让它"工作"起来，而不是把它与科学原理建立起联系：

> 理查德：我拿着它［球］放在它［气流］下面，然后再放在它上面，然后再放在中间，结果我发现放在上面可以让它保持上升。

的确有少部分学生发现了是运动的空气让球保持上升的，但他们的解释尽管具有因果关系的性质，可是却也显露出离理解这件展品想向他们展示的原理还有相当长的一段距离。

> 杰克：我以为空气会……会像这样转弯。它喷出来之后会绕着球转，就这样一直绕着球转，就把球保持在半空中了。

尽管在很多科学中心都可以见到伯努利风机，但学生对他们观察到的现象（悬浮的球）做出的解释却表明其在概念的层面上并没有相应的认识，而这对于促进他们对升力的理解来说恰恰是必需的。换句话说，升力这个概念不在学生的最近发展区内，尽管有很多工具手段可用，支架搭建并非不可能，但无疑非常困难。很多学生并没有意识到和球下方的空气相比，球上方的空气流动速度更快，这进一步加剧了为理解升力搭建支架的难度。在这种情况下，尽管数字媒体肯定可以被用来促进学生对现象再次进行深入的思考，但可能在为学生对升力的理解提供支架方面不会太有效果。这并不是说类似的工具手段不能被用在年龄较大（或那些对物理学拥有更高水平的认识）的学生身上，但是对于眼下的这些学生来说，教师最能够做到的就是把他们的观察与二力平衡的概念联系在一起（如让他们明白好像总有一个力在与引力相反的方向上起着作188 用），或者有可能的话，让他们像科学家一样进行探索，尝试各种可能，在这一过程中自己建立起相应的联系。换句话说，上面举的这些例子表明仅有数字媒体并不能创造出搭建支架的机会——学生当前对概念的认识水平（这一点可以通过他们的谈话体现出来）也需要得到人们足够的重视，只有这样才能在最近发展区内搭建起支架，促进认识的进一步发展。

讨 论

就像之前的一些研究人员突出强调的那样，在学校组织的实地参观过程中提供中介支持（参见 Bell，et al.，2009），在参观结束后开展相应的后续活动（参见 Anderson，et al.，2000），对于实现这一过程中学习的最优化来说都是非常关键的。然而，不管是在参观期间提供中介支持，还是在参观结束后开展后续活动，都存在着很多困难与障碍，包括参观期间的资源有限（如工作人员的配备），教师对实地参观的地点不熟悉，对在这样的活动中如何为学习提供支持也不清楚，另外在课堂教学的时间里还有课程教学任务以及其他的各种压力，教师对如何有效地开展后续活动所知不多，也没有时间准备，等等，不一而足。尽管如此，本章举的这些例子还表明，这些困难与障碍还是有办法来解决与克服的，比如，我们可以给教师提供各种工具手段，帮助他们为学生在参观结束后继续从中学习提供中介支持。显然，诸如此类的资源不能解决所有问题，克服所有障碍，但上面举的那些例子还是为我们指出了一个有价值的前进方向，沿着这个方向，是可以解决某些问题，克服某些障碍的，进而可以为学生在参观过程中提供中介支持，在参观结束后开展相应的后续活动。例如，有时候在科学中心用心观察到的现象可能和教师此时在这个学年里恰好要讲的课程内容没什么关系，从而没有办法联系在一起。但参观期间有录像机把他们的这段活动录制下来了，当教师在课程教学中进行到与之相关的部分时，就可以使用这些视频片段了。事实上，有学生参加了本项研究的教师都表现出了浓厚兴趣，希望把类似的资源应用于自己的课堂教学之中。

一般来说，本章中举的这些例子表明：数字媒体是可以被作为一种工具手段的，通过为学生对科学概念的认识提供支架，促进其实地参观的经验不断发展，推动其与科学中心展品的互动不断进步。更具体地讲，它们证明像这样的一些媒体还是有潜力引发学生对实地考察活动做出陈述的，这样我们就可以发现有关于其最近发展区的蛛丝马迹。这样一来，他们陈述的方式与数字媒体结合在一起，便可以创造出搭建支架的机会，或创造出"教学上的有利时机"。另外，先前进行的研究发现本研究中利用的这些展品每一件都可以引发学生展开类型相似的讨论，包括以自己对科学概念的认识为基础做出各种陈述等（De Witt & Osborne，2010）。因此，各种不同的展品似乎都有潜力为学生的学习提供中介支持，都可以被用来为促进他们科学认识的发展搭建支架。

然而，这并不是无条件的，其间还存在着很多限制。例如，尽管我们可以认为使用数字媒体可以促进学生对自己的认识进行更加富有深度的阐述，但如果没有诸如此类的刺激物的存在，是做不到这一点的，而现在手里的数据也无法支持我们对这一论断进行验证。另外，教师是否能够或是否愿意像本章在这里所描述的那样来使用数字媒体，这还有待

189

于进一步观察。但是，教师（以及科学中心）对诸如此类的资源是非常感兴趣的，而我们也需要为教师在参观结束后开展各种后续活动提供支持。相关数据的确表明，数字媒体能够在实地参观结束后开展的后续活动中为教师提供帮助，能够搭建支架，促进学生对科学概念的认识的进一步发展。

尽管上面存在的这些限制让我们在对本研究获得的发现进行解读时要非常小心谨慎，但它们同时也为未来进一步的研究与探索指出了有价值的方向。如果教师真正拥有了诸如此类的资源，会发生些什么？他们愿意用吗？如果他们愿意用的话，怎么用？需要何种类型的支持才能够让教师用得更加有效？如果我们能够搞清楚这些问题的话，那无疑是非常有帮助的。它有助于我们明确在创建诸如此类的资源并把它们应用于学校之中时，需要哪些技术或后勤方面的支持。更有意思的可能是参观科学中心以及开展的后续活动会引发各种谈话与互动，而未来在课堂中进行的研究则可以推进这一领域对这些不同类型的谈话与互动的理解与认识。最后，像这样的研究还可以让学生像过电影一样把他们进行的各种互动过一遍，这有助于深化他们对自己在科学中心环境下所获体验的本质的认识，也有助于进一步了解他们是如何对展品进行解读的。

像本章描述的那些研究对于在科学中心工作的人来说也非常有用。例如，如果我们能够找到证据来证明学生对展品展示的现象的认识水平（或缺乏认识），那么这就可以帮助那些负责与社会公众进行互动的科学中心的工作人员为前来参观的人提供更加细致入微且恰到好处的支持。学生常常搞不懂某些展品究竟要展示什么，这说明（在可能的情况下）在参观过程中为观众提供中介支持是非常重要的。那些负责设计与开发展品的人也可以从中获得某些洞见，对展品进行修改与完善。例如，很多学生都没有注意到滑轮才是理解"用力拉哟！"这件展品的关键所在。各种视频片段及照片帮助研究者找到了出现这一问题的可能原因——木制的滑轮没有上色，在视觉上与展品的顶部及展品背后的一面镜子墙混在了一起，不容易看到。因此，给这些滑轮涂上对比鲜明的颜色，就可以增加学生注意到它们的可能性，而这是学生理解滑轮在这件展品展示的现象中所发挥的功能的前提。

　　本章提供了一幅图景，展现了如何使用数字媒体来为学生理解科学中心展品展现的现象提供支架，从而拓展参观所具有的学习潜力。然而，除了本研究已经明确的那些限制之外，另外还要加以小心。而且社会文化理论以及在这一传统中进行的研究对支架的重要性进行了重点强调，认为支架是在最近发展区内为学习与发展提供支持的一种有效方式（Vygotsky，1978；Wells，1999），而且教师对作为一种课堂教学策略的支架很熟悉（Edwards & Mercer，1987），但支架的搭建——以及更为一般的提供中介支持——仍然是非常具有挑战性的，因为教师往往会错失搭建支架以促进更进一步的发展的机会（Bliss，Askey & Macrae，1996）。早前举的那些例子尽管令人感到鼓舞，但也体现出教师还需要更进一步地理解学生做出的陈述，只有这样才能在他们的最近发展区内创造出各种互动，而这并不是一件简简单单、直来直去的工作。未来的 研究涉及课堂环境下的教师，因此需要明确在何种程度上、在什么条件下，数字媒体作为一种支架的潜力才能被释放出来，搞清楚这一点极为关键。

190

参考文献

Anderson，D.（1999）. *The development of science concepts emergent from science museum and postvisit activity experiences：Students' construction of know-ledge.* Unpublished Ph. D.，Queensland University of Technology，Brisbane，Australia.

Anderson，D.，Kisiel，J. & Storksdieck，M.（2006）. Understanding teachers' perspectives on field trips：Discovering common ground in three countries. *Curator*，49(3)，365-386.

Anderson，D.，Lucas，K. B.，Ginns，I. S. & Dierking，L. D.（2000）. Development of knowledge about electricity and magnetism during a visit to a science museum and related post-visit activities. *Journal of Research in Science Teaching*，27(4)，485-495.

Anderson, D. & Nashon, S. (2007). Predators of knowledge construction: Interpreting students' metacognition in an amusement park physics program. *Science Education*, 91(2), 298-320.

Ash, D. (2002). Negotiations of thematic conversations about biology. In G. Leinhardt, K. Crowley & K. Knutson (Eds.), *Learning conversations in museums* (pp. 357- 400). Mahwah, NJ: Lawrence Erlbaum Associates.

Ash, D. (2004). How do families use questions at dioramas?: Implications for exhibit design. *Curator*, 47(1), 84-100.

Beiers, R. J. & McRobbie, C. J. (1992). Learning in interactive science centres. *Research in Science Education*, 22, 38-44.

Bell, P. (2004). The school science laboratory: Considerations of learning, technology, and scientific practice. Paper prepared for the meeting High School Science Laboratories: Role and Vision. National Academy of Sciences, 12-13 July, 2004.

Bell, P., Lewenstein, B., Shouse, A. W. & Feder, M. A. (Eds.). (2009). *Learning science in informal environments: People, places, and pursuits*. Washington, D. C.: National Academies Press.

Bliss, J., Askew, M. & Cacrae, S. (1996). Effective teaching and learning: Scaffolding revisited. *Oxford Review of Education*, 22(1), 37-61.

Brown, A., Ellery, S. & Campione, J. C. (1998). Creating zones of proximal development electronically. In J. G. Greeno & S. V. Goldman (Eds.), *Thinking practices in mathematics and science learning*, (pp. 341-368). Mahwah, NJ: Lawrence Erlbaum Associates.

Chaiklin, S. (2003). The zone of proximal development in Vygotsky's analysis of learning and instruction. In A. Kozulin, B. Gindis, V. S. Ageyev & S. M. Miller (Eds.), *Vygotsky's Educational Theory in Cultural Context*, (pp. 39-64). Cambridge: Cambridge University Press.

DeWitt, J. & Osborne, J. (2010). Recollections of exhibits: Stimulated recall interviews with primary school children about science centre exhibits. *International Journal of Science Education*, 32(10), 1365-1388.

DeWitt, J. & Storksdieck, M. (2008). A short review of school field trips: Key findings from the past and implications for the future. *Visitor Studies*, 11(2), 181-197.

Edwards, D. & Mercer, N. (1987). *Common knowledge: The development of understanding in the classroom*. London: Routledge.

Engestrom, Y. (1999). Innovative learning in work teams: Analyzing cycles of knowledge creation in practice. In Y. Engestrom, R. Miettinen & R. L. Punamaki (Eds.), *Perspectives on activity theory* (pp. 377-404). Cambridge: Cambridge University Press.

Falcao, D. & Gilbert, J. (2005). The stimulated-recall method: A research tool applicable to learning at science museums. *Hist. Cienc. Saude-Manguinhos*, 12 (*Suppl.*), 93-115.

Granott, N. (2005). Scaffolding dynamically toward change: Previous and new perspectives. *New Ideas in Psychology*, 23, 140-151.

Lapadat, J. C. (2000). Construction of science knowledge: Scaffolding conceptual change through discourse. *Journal of Classroom Interaction*, 35(2), 1-14.

Lincoln, Y. S. & Guba, E. G. (1985). *Naturalistic inquiry*. London: Sage Publications.

Lucas, K. B. (2000). One teacher's agenda for a class visit to an interactive science teacher. *Science Education*, 84, 524-544.

Mai, T. & Ash, D. (in press). Tracing our methodological steps: Making meaning of diverse families' hybrid "figuring out" practices at science museum exhibits. In D. Ash, J. Rahm & L. Melber (Eds.), *Methodologies for informal learning*. Rotterdam: Sense Publisher.

Maybin, J., Mercer, N. & Stierer, B. (1992). "Scaffolding" learning in the classroom. In K. Norman (Ed.), *Thinking voices: The work of the National Oracy Project* (pp. 186-195). London: Hodder & Stoughton.

Mercer, N. (1996). The quality of talk in children's collaborative activity in the classroom. *Learning and Instruction*, 6(4), 359-377.

Mercer, N., Dawes, L., Wegerif, R. & Sams, C. (2013). Reasoning as a scientist: Ways of helping children to use language to learn science. *British Educational Research Journal*, 30(3), 359-377.

Mercer, N. & Fisher, E. (1997). Scaffolding through talk. In R. Wegerif & P. Scrimshaw (Eds.), *Computers and talk in the primary classroom*, (pp. 196-210). Clevedon: Multilingual Matters.

Mercer, N., Littleton, K. & Wegerif, R. (2004). Methods for studying the processes of interaction and collaborative activity in computer-based educational activities. In K. Kumpulainen, C. E. Hmelo-Silver, & M. César (Eds.), *Investigating classroom interaction: Methodologies in action*. Rotterdam: Sense Publishers.

Myhill, D. & Warren, P. (2005). Scaffolds or straitjackets? Critical moments in classroom discourse. *Educational Review*, 57(1), 55-69.

Pea，R. D. （2004）. Commentary：The social and technological dimensions of scaffolding and related theoretical concepts for learning, education, and human activity. *Journal of the Learning Sciences*，13(3)，423-451.

Sherin，B. ，Reiser，B. J. & Edelson，D. （2004）. Scaffolding analysis：Extending the scaffolding metaphor to learning artifacts. *Journal of the Learning Sciences*，13(3)，387-421.

Stevens，R. & Hall，R. （1997）. Seeing Tornado：How video traces mediate visitor understandings of (natural?) phenomena in a science museum. *Science Education*，81(6)，735-747.

Stevens，R. & Martell，S. T. （2003）. Leaving a trace：Supporting museum visitor interaction and interpretation with digital media annotation systems. *Journal of Museum Education*，28(2)，521-531.

Stevenson，J. （1991）. The long-term impact of interactive exhibits. *International Journal of Science Education*，13(5)，521-531.

Tolfield，S. ，Coll，R. K. ，Vyle，B. & Bolstad，R. （2003）. Zoos as a source of free choice learning. *Research in Science and Technological Education*，21(1)，67-99.

Vygotsky，L. S. （1978）. *Mind in Society*. Cambridge，Massachusetts：Harvard University Press.

Wells，G. （1999）. *Dialogic inquiry：Toward a sociocultural practice and theory of education*. Cambridge：Cambridge University Press.

Wells，G. & Claxton，G. （Eds. ）. （2002）. *Learning for life in the 21st century*. Cambridge：Blackwell Publishers.

Wertsch，J. V. （1998）. *Mind as action*. Oxford：Oxford University Press.

Wood，D. ，Bruner，J. S. & Ross，G. （1976）. The role of tutoring in problem solving. *Journal of Child Psychology and Psychiatry*，17，89-100.

附录：展品描述

192　　"伯努利风机"：气流从一个金字塔状的基座中以仰角吹出。沙滩排球上方的空气流动，产生升力，使沙滩排球浮动或悬停于半空之中。（球一开始的时候必须得放在气流中，然后再释放，这样才能看到效果。）

　　"泡泡赛跑"：一个圆盘，直径大概有三英尺，上面有五支试管，每一支试管里面都装有不同颜色的液体。圆盘是装在墙上的，可以转动。

当转动圆盘的时候，气泡就会从试管的底部跑到上面来，而它们的速度取决于液体（水、机油、泡泡水等）的黏稠度。

"用力拉哟！"：三个质量相同（六千克）的麻袋用绳子拴着悬挂在铁架子上，每一根绳子在上部都绕有不同数量的滑轮（一个、两个或三个）。这些麻袋都是不透明的，每个麻袋都有一面印有"六千克"的字样。滑轮的数目不同，用绳子把每一个麻袋往上拉的时候难度也不一样，有的相对容易一些，有的则相对困难一些。这件展品的目的是展示不同数目的滑轮可以产生不一样的机械效率。

"氢气火箭"：观众摇动一个曲柄，可以让不同的气体在一个透明的容器中混合。结果是，一个小型爆炸（由不同气体混合产生，而且还伴有"砰"的一声）会让一只软木塞飞起来，完了之后这只软木塞还会回到原来的起点。

"库高"：一个巨大的花岗岩石球，有半吨重，放在水泥基座上，水泥基座里装满了水，这样（当用力推的时候）就可以使这个大球转动起来。

"轨道"：四个和高尔夫球大小相当的球可以沿着表面旋转或抛出。这件展品本身是椭圆形的，但表面是朝两个孔洞倾斜的。这可以让每一个球都沿着8字的形状运动，一直到最后转到一个孔洞那里并掉进去为止。

第十一章

模仿家庭参观：生态园里的小规模群组探索

塔利·塔尔[①]

导　论

193　　非正式科学机构，诸如博物馆、动物园、植物园等，以为个人、家庭及有组织的学校群组提供教育体验及娱乐而知名。在过去十年间，很多研究都是在博物馆里进行的，目的是为了从学习知识、练习推理以及家庭群组中个体之间开展对话等角度出发，来把握参观有什么特征，参观的动机是什么，以及它有什么影响（Bell，Lewenstein，Shouse & Feder，2009）。尽管家庭和学校去参观博物馆时，动机可能差不多，比如获得一些具有教育意义的体验，了解一些有关于科学及自然的新知识等，但二者之间也有明显不同。那些带着孩子来博物馆参观的父母和祖父母表达了他们想一家人一起度过一段有意义时光的愿望，他们想找机会一起聊聊天，彼此之间进行一下互动，想一起玩玩儿，一起学点东西（Ash & Wells，2006；Falk & Dierking，2000；Hein，1998；Leinhardt & Knutson，2004）。对家庭来博物馆参观进行研究的文献有很多，其中很大一部分都把焦点集中在家长与孩子之间的互动、他们与展品的深层互动，以及语言的使用等方面上（Dierking，Falk，Rennie，Anderson &

---

① Tali Tal，Technion University，Israel，塔利·塔尔，以色列理工学院，以色列.

Ellenbogen，2003；Falk，2007；Griffin，2007）。教师带着自己的学生来博物馆参观，通常都是为了提供一些课外的东西以丰富他们的学习，或者是为了对在课程中学到的东西进行强化。他们期望学生能够学到东西，并增强他们学习科学的动力（DeWitt & Osborne，2007；Griffin，2007；Rennie & McClafferty，1995；Schauble，et al.，2002；Tal & Steiner，2006）。这些教师也期望自己的学生能够玩得高兴，但他们关注的主要还是任务、活动及管理方面的问题。在研究文献中，我们可以找到大量证据来证明：在参观博物馆的过程中，有很多机会都被白白错过了，因为教师往往眼里只有那些必须要完成的任务，或者是只顾着进行各种解释说明。这样一来，他们就无法让学生顺着自己的兴趣与动机来，这样就偏离了博物馆参观这种经历本身具有的与众不同的特殊本质（Griffin，2004，2007；Tal & Morag，2007）。出于某种原因，有关于博物馆参观的研究文献往往都主要是在家庭参观这一框架下，或在涉及小规模学生群组的课外项目中，探讨一些社会文化方面的问题（Ash，2003；Rahm，2002）。在对学校组织的博物馆参观进行的研究中，很少有研究会提到实践社团、共享知识、语言使用以及会话模式这些东西，这主要是因为对那些植根于社会文化理念的项目进行追踪记录的机会非常有限。对家庭的参观活动进行追踪记录有很多长处，因此我们也想在对学校组织的参观活动进行研究的过程中采用这种模式，这有助于我们发现一些对班级参观非正式科学机构的活动进行提升与改进的新方法。贝尔等人（Bell，et al.，2009）把在家庭到非正式科学机构参观这一情境中发生的学习界定为"在由儿童及重要成人组成的跨代群组内联合展开的一种具有协同性质的努力"（p. 33），按照他们的说法，笔者在带着几个班级去参观一个生态园时，有意把班级的参观模仿成是家庭的参观。这个生态园是一个位于我们学校的植物园。在这个项目里，来参观生态园的一个班被分成了好几个小组，每一个小组都是一个家庭，这个家庭里有作为志愿者的家长，他们除了带着自己的孩子之外，还要"认领"另外一些孩子，一起组成一个"家庭单元"，共同对生态园进行探索。在本研究中，笔者除了借助一些与家庭到博物馆来参观有关的研究文献外，还对与情境化学习及情境化身份等有关的文献非常感兴趣（Hull & Greeno, 2006; Lave & Wenger, 1991）。更具体地讲，笔者感兴趣的是：在小规模群组中，学生是如何进行自我定位从而对环境进行自由探索，对自己制订的计划、看到的东西、选择的路径进行自由讨论的。另外，在本研究中，笔者还记录了家长在这些小规模群组中扮演的角色。

文献综述

笔者本人也研究过学校组织的对科学与自然博物馆及其他户外环境进行的参观活动。笔者发现在这些参观活动中，一个司空见惯的模式就是"课堂搬家式"的照本宣科，学生不是坐在博物馆的教室里，就是在摆放有展品的展区内，或是坐在户外环境的地上听讲。在这种情形下，教育工作人员不是鼓励学生进行探索，而是要教给他们科学概念，并向他们灌输一些"重要内容"。工作人员提的问题常常也都是一些华而不实的问题，目的是为了吸引学生的注意，对这些问题的回答也仅仅只是需要回忆知识而已。在提的这些问题中，很少有问题能促使学生进行深入思考，或者是能够鼓励他们分享来自现实生活的经历（Tal & Morag, 2007）。教师往往并不非常了解当天活动的一些细节，他们主要是扮演着纪律管理员的角色，让学生乖乖听话，而很少积极主动地参与到参观活动之中，他们对与参观活动相关的内容或教学法等也没有什么特别的考虑（DeWitt & Storksdieck, 2008; Griffin, 2007; Tal, Bamberger, & Morag, 2005; Tal & Morag, 2007; Tal & Steiner, 2006）。

20世纪90年代初，约翰·福尔克曾经提出了"自由选择型学习"（free-choice learning）的概念，这个概念主要是指博物馆环境有潜力为观众提供各种选择，让观众自己决定要看什么，花多少时间，按照什么顺序来进行，或采用何种方式在博物馆中进行探索与学习（Falk，1993；Falk & Dierking，2000）。尽管"自由选择"这个术语的使用主要针对的是观众个体或小规模的观众群组，但班伯格（Bamberger）和塔尔（Tal）感兴趣的是：在各种各样的博物馆环境中，这种选择究竟在多大程度上能够提供给学生，以及它是如何影响学习的。他们提出"有限选择"的概念，即给学生布置的任务，要么是限定了他们探索的空间但允许其自由选择探索的对象或探索的次序，要么就是把焦点集中在一个特定主题上，但允许他们围绕这一特定主题在博物馆内进行自由探索，和完全由学生进行自由选择或完全没有选择相比，这种有限的选择可以产生更加有意义的学习（Bamberger & Tal，2007）。在寻找学习证据的过程中，195 需要把博物馆参观产生的各种结果都考虑进来，比如是否学到了新知识，是否能够把在博物馆学到的东西与现实生活及学校的学习联系在一起等。另外，还应该考虑的是：学生之间是否发生了社会性互动，以及他们是不是期望参加更多这样的参观活动等（Bamberger & Tal，2008）。在各种有关于社会文化理念的研究文献中，是否有对知识进行交流以及把知识进行相互联系等也被认为应该属于博物馆参观导致的结果，并得到了广泛讨论（Rogoff，2003；Wertsch，1991）。所有这些，都与中介这一概念有着非常密切的联系。知识的交流更多地发生在学校组织的参观中，但这种交流是单向的，即只是从解说员到学生。哪怕是在提问时，对学生的期望也是回答尽量简短，这样解说员就可以继续把解释说明进行下去。真正意义上的讨论应该是大人与儿童处于互相平等或差不多的位置上，而这种讨论是非常少见的，因为一两个大人要管二十五至三十名学生。班伯格（Bamberger，2009）记录了学生是如何对实物进行探索的，以及他们是如何对这些实物背后的原理进行讨论与辩论的，结果发现：当他们在空间中的位置发生了改变之后，会出现大量的言语及非言语互动。她重点强调的是这些空间位置上的转换是如何促进了学生相互之间的对话的。阿什和韦尔斯（Ash & Wells，2006）对对话型探究进行了研究，揭示了个体在博物馆里是如何发挥中介作用的，以及他们是如何改变自己的角色的。另外，他们还展现了中介是如何借助于展品而得到加强与促进的。

本研究的基石是社会文化理论，它被广泛应用于对学校情境下的学习以及对其他各种校外环境中的学习研究中（Brown & Campione，1990；Rogoff，1990）。一般来说，对科学教育感兴趣的研究人员，特别是那些对到非正式科学机构参观究竟有什么价值感兴趣的研究人员都非常坚定地认为，社会性互动、对话、中介、共享的知识与体验等在学习中发挥着非常重要的作用。杰伊·莱姆基（Jay Lemke，2001）对社会文化视角在科学教育领域内究竟关注些什么进行了讨论，提出要搞清楚：

> "这样一些问题，即在科学教学与学习中，在对科学教学与学习进行研究的过程中，社会性互动究竟有什么用，不管是在课堂情境下，还是在研究实验室情境下。这就要求我们必须要给社会性互动的作用赋予切实而且足够的理论分量，就像维果茨基学派的传统那样（Vygotsky，1963；Leontiev，1978；Cole，1996），把社会性互动视为学习过程中处于中心地位的环节，认为它是学习中必不可少和不可或缺的，而不仅仅只是把它作为一个可有可无的点缀。"（Lemke，2001，p. 296）

莱姆基进一步指出，在任何环境中，只要有人在活动，社会性互动自然就会发生，因为我们都是在各种社会性机构中长大的，比如家庭、学校、教会，等等。他认为，在这些机构以及与之相关的社群中生活，让我们拥有了对语言、图式常规（pictorial conventions）、信仰体系、价值观念以及各种专门化的对话及实践进行意义建构的工具手段。具有社会文化属性的学习环境会鼓励学生相互分享自己的知识，亮明自己的观点，对各种价值观与思想观念展开辩论与质疑，并结合科学、文化环境及个人信念对这些价值观与思想观念进行考察（Ash，2006，2007）。像这样的对话既可以发生在课堂上，也可以发生在博物馆中。它们取决于在学的是什么东西（如具有社会性的科学议题），以及成人及任务为此提供了何种类型的中介支持。

在本章，我们将呈现这个班参观生态园的情况，这个班对生态园的 196
参观是按照社会文化理论的一些基本观念进行的。为了维持具有协同性质的小组合作，这个班的学生需要在没有结构化引导的情况下展开独立探索，这是一条基本原则。

生态园简介及参观遵循的若干原则

生态园位于校园之内，当初是作为一个研究设施建造起来的，但现在主要用于实现各种教育目的。各种不同年龄阶段的学生都可以来这里开展有指导的实地参观考察活动，科学教育系在很多课程教学中也会用到这个生态园，培养这些未来的教师掌握基于探究的学习，并为他们开展各种户外学习活动提供支持（Tal & Morag, 2009）。生态园里有一条天然形成的小溪，这个小溪在校园建设的过程中并没有遭到破坏，另外还有一块湿地、一片人工种植的松林、一块用来展示传统地中海农业的区域，以及少量实验田，那些研究环境与农业工程领域内各种问题的科学家会用到这些实验田。几年前，生态园里又增加了一个区域，用来展示生态建筑的基本原理与回收利用，生态建筑行业的专业人士也会来这个生态园参加各种工作坊。学生群组对这个生态园的参观是笔者所在大学提供的科学外展活动的一部分。尽管生态园的工作人员已经对探究性学习活动以及自我引导的参观游览有所了解，但在这些活动中，解说员主要使用的还是一种可以被称为"一边走，一边讲"的办法。学生待在一个小组里，解说员提供照本宣科式的活动，对在周遭能够看到的各种植物、栖息环境及实物对象进行解说。

和这种司空见惯的"一边走，一边讲"的做法不同，在本研究中，笔者为这个班级设计了一种"家庭般"的生态园参观活动。所谓家庭般的参观，即一位家长带着几个孩子，就像带着自己的孩子一样，一起对生态园进行探索。有两位教师参与过生态园里的一个教育项目，笔者要求他们让充当监护人的家长在带着这一帮孩子(由四至五人组成)参观的整个过程中都积极主动地发挥自己的作用。

在一开始，首先是笔者做一个简单的情况介绍，然后是每一个小组自由展开对生态园的探索，在这一过程中，他们可以利用生态园提供的通用手册以及各种季节性的小传单等材料。在生态园的教室里以及室外的野餐台上，还放有另外一些装备，诸如放大镜、温度计、湿度计、鱼缸、渔网以及袋子等，可以供这些小组使用。这些小组被告知，这些装备他们都可以用，但有一点很明确，那就是没有任何任务安排给他们。

对家长的要求就是要和小组待在一起，行动的时候要自然些，就好像是和自己的孩子待在一起一样，要倾听学生提出的各种要求，并尽量满足他们，在小组内部保持一种轻松愉悦的氛围。本次参观的主题被有意识地设置成劣构型的。尽管在情况介绍中，重点讲的是"生物多样性"这一理念，但这些小组对整个生态园的探索却是完全自由的，想到哪里就到哪里，想干什么就干什么，可以自由自在地去做"那些最有意思的事"。每一个小组都有自己的休息时间，地点可以选择生态园中央的草坪区，也可以选择小溪旁，还可以选择湿地那里，这完全由小组自己来决定。最后，在一小时的自由探索以及二十分钟的休息结束后，所有小组都要到位于生态园入口处的一个叫作"回收的轮胎"的剧场这里集合，进行收官谈话。每一个小组最多可以有五分钟的时间把自己小组的"探险"经历讲给别人听。(图 11-1)

197

图 11-1　生态园中的节水系统

研究的概述

在这个诠释性的研究中，笔者的目的是抽取出在生态园中发生的有意义学习的证据。另外，笔者还感兴趣的是各种不同的主体——学生、家长、教师——是如何描述自己的经历的，目的在于揭示理论原理与现实实践之间可能的各种联结。

收集的数据来自参观生态园的两个班，收集的方式主要有以下三种：第一，把每一个小组的会话都用视频的形式录制下来，发给每位家长一个数字视频录像机，让他们用这个设备把小组的各种会话中重要的部分捕捉下来；第二，由笔者在参观过程中对他们进行观察，笔者对每一个小组都进行了观察，对每个小组的观察时间大概十分钟，在观察期间，对他们的谈话进行记录。同时还要把孩子与家长各自所处的空间位置记录下来，另外还要记录的是家长为孩子们提供的中介支持属于什么类型的，是权威型的、调解型的，还是被动型的，以及学生在参观过程中的参与程度，等等；第三，进行半结构化访谈，一共访谈了六位家长、两位教师及十五名学生。在访谈过程中，笔者抽取出了一些陈述，这些陈述涉及学习、兴趣、参与程度、社会性互动、愉悦水平及期望等。

这些学生来自城里的两所公立学校。这些学校所在的社区从人口统计学上来看主要是中低收入阶层及中高收入阶层。每一个班都有一位班主任跟着。在教师队伍中，还有一位科学教师。其中一个班有二十八名学生，被分成六个组，另外一个班有三十一名学生，被分成七个组。前一个班给安排了五位家长，后一个班给安排了六位家长。在这十一位家长中，女士八人，男士三人。

198　　　　在分析过程中，笔者把草稿给两位教师及三位家长看了，在下面的一节里还引用了他们的一些话，另外笔者还征询了他们对数据诠释的反馈意见。其中有两人提出要对一些陈述进行精炼，笔者接受了他们的意见，并做了修正。

研究的发现

有意义学习

来自观察、视频录像以及访谈的证据均表明发生了有意义的学习。在所有小组里，学生看起来都充满了好奇心。他们自己选择在参观过程中应该走哪条路，自己决定在什么地方停下来看一看。在七个小组里，学生都在忙着找关于动物的证据，特别是关于野猪的，在城里的好些地方，野猪都构成了危害。这些学生觉得自己找到了野猪的脚印及它们刨出来的一些东西，都急着解释为什么自己认为这是一头野猪的活动。

丹尼：你看到了吗？我确定，这是它们刨出来的东西！这跟我在童子军俱乐部附近发现的是一样的。

研究人员：那你凭什么认为是一头野猪呢？这可是在校园的中间地带。

希拉：可有时候晚上它们甚至还会跑到交通要道附近去呢！这里起码还安静一些。

丹尼：我们知道，市里正准备在好几个地方杀掉它们。在这里它们就安全了吗？这里是个自然保护区吗？

妈妈：在这里我要是能遇到一只的话，那可真是太刺激啦！

丹尼：如果它生活在校园里，那应该叫作学生猪。

其他人：（笑）

妈妈：它们是成群的吗？

男孩：我曾听说过，它们是母亲和幼崽结成一群。

妈妈：那公的到哪里去了？

丹尼：我们（男的）不需要公的！

其他人：（笑）

另外一组发现了一只变色龙，便开始争论它会不会变色。

雅艾尔：我觉得它不会，最多也就是变一点点。

马奥尔：我认为它会。它不能变成红色或黄色，但可以变成棕色或灰色。

爸爸：这是因为背景颜色的原因吗？

阿纳：嘿，看它爬行的样子多有趣，哇噢（尖叫），赶快把它从 199 这拿开，我害怕！

研究人员：让我展示给你看（抓住变色龙，把它放在自己的毛衣上让它爬）。

爸爸：看，我认为它现在有点变绿了。

内塔：它是公的还是母的？

研究人员：谁知道？

内塔：（笑）我觉得母的更肥一些。

研究人员：内塔，过来看，公的尾巴基部非常厚实。你知道这是为什么吗？

同学们：（笑）

研究人员：它有两个生殖器，一边一个。

阿纳：你这儿有电脑吗？我想查查有关于变色与生殖器的事，太不可思议了。

在这里描述的两个小组中，学生都满腔热情。所有人都在不停地谈论，当笔者加入进来时，他们非常自愿地与笔者分享了自己的探索。

有一个小组由清一色的女生构成，这是唯一一个使用植物生长指南（它根据叶、茎及果实来确定物种）来对地中海灌丛植物进行鉴别的小组。为了使用这个指南，这些学生需要先掌握一些形态学术语以及相应的插图，比如针状叶、掌状叶、羽状复叶和回羽状复叶等，她们必须要能够认得出各种不同的叶片边缘形状，以及叶片在茎上的排列形状（比如是交替排列，还是相对排列）。这个小组花了半小时来鉴别各种不同的植物，然后这些女生就非常急切地想要报告自己在小溪那里发现的很多物种。

对视频录像进行的分析表明在参观过程中有很多会话发生，它们都是因为大家在去哪里或做什么的问题上有不同意见。在绝大多数情况下，出现这种局面时，家长都会帮助小组里的学生对事情的先后顺序达成一致意见。尽管这些学生谈论的话题非常广泛，包括各种电视节目以及他们最喜欢的艺术家等，但在很多会话中，他们谈论的主要还是在生态园里看到的东西，而且他们还会问家长及教师（他们也是发挥着家长的功能）很多问题。图 11-2 举出了几个详细的例子。

解读科学中心与博物馆中的互动——走向社会文化视角

- 这里的植被是天然的吗?
- 我不知道他们是怎么把空调排出来的水收集起来放到所有这些池塘里的。难道他们有几千台空调吗?
- 你觉得我们用这些网能捉住大型无脊椎动物吗?
- 这是甲壳虫还是臭虫?
- 你觉得这小溪里冬天会有水吗?
- 你相信所有这些水都是他们从屋顶上收集下来的吗?
- 这是叶脉还是灌木?
- 你觉得它们在这里是怎么呼吸的?(指两只在池塘里发现的等足类动物。)

图 11-2 学生提问的一些例子(视频记录)

学生在视频记录下来的对话中使用了一些术语,表 11.1 展示了几 200 个这方面的例子。这些术语被分为两类:一类是科学术语(内容与过程);另外一类是社会文化方面的术语,指的是这些学生在活动过程中彼此之间进行的互动。

表 11.1 学生使用的术语

科学术语		社会文化术语
物种	浑浊度	分享
栖息地	措施	合作
爬行动物	证据	顾及(彼此)
昆虫(很多例子)	数据	(彼此)交谈
大型无脊椎动物	水流	
叶形(很多例子)	探索	
湿度	堆肥	
查帕拉尔群落	生物多样性	

笔者个人的经验表明,在宣讲式的实地参观中,学生并没有使用过如此多的术语,这些术语只有在具有相关性的情境中才会被用到。在"家庭般"的参观中,学习是植根于具有高度相关性的物理环境之中的,

学生在这里可以真正地对环境进行探索并对彼此的想法及提出的问题进行反思。在下面的这幅图（图 11-3）中，四个男生正站在池塘旁边。其中一个男生正往水里看，手里还拿着网。在池塘里，放着一个鱼缸一样的东西，这个小组正在这里收集各种生物。

图 11-3　学生们在收集各种大型无脊椎动物

201　　尽管有人可能会怀疑另外三个男生是否深度参与到这个活动之中了，但当他们在小组中的角色转变之后，以及其中两人用过了渔网之后，这几个人马上就开始了交流。

　　所有受访的参与者都报告说自己真的学到了东西。对十五名学生的访谈问的是：他们学到了什么，参观过程中他们喜欢什么东西，以及他们有何改进的建议。绝大多数学生（12 人）至少可以说出自己学到的三件事情。在下面摘录的这些话中，有些就表明真正意义上的学习发生了。

　　　　罗恩：我们发现松木（人工种植的）与小溪的植被之间还是有些不同的。生物多样性在小溪这里表现得更明显一些。
　　　　塔米：上面的池塘与下面的池塘之间也有一些不一样的地方。

我们发现下面的池塘要大不少，这样就更加适合生物生存。我们认为那个池塘不会干涸，蝌蚪们也可以存活下去。

安娜德：在小溪这里，我们发现中间这块地方的物种与两边坡地上的物种不一样。我们使用参观手册对它们进行了鉴别。

教师及家长的角色与学习

学生报告的都是自己学到的具体的东西，而家长则不同，他们更加急切地想分享学习的经历。下面引的两段话非常具有代表性。其中一段是一位父亲的，另外一段是一位教师的。

父亲1：我带着自己的孩子参加过很多实地参观，但这次活动的组织和以前的都不同……我的意思是这次非常自由。一开始的时候，我曾认为不会有什么收获，但我错了。

研究人员：你能解释一下吗？

父亲1：他们真的对这个生态园进行了研究。我们参观了所有三个池塘，在其中的两个池塘那，他们还在找水里面有没有什么东西。戴夫发现了这个在水面上爬行的"上帝之虫"，他们对青蛙和蟾蜍之间的区别争论不休。在小溪这里，他们讨论的是只有冬天才有水的季节性小溪与一年四季水长流的小河之间有什么不同。我还可以告诉你更多他们是如何进行探索并享受这一过程的。

研究人员：好的，请讲。

父亲1：他们非常地高兴，因为能自己决定干什么及去哪儿。最后，我不得不停下一会，说服他们休息一会。然后，他们就开始讨论到哪儿休息。两位女生想去找其他朋友，因此就建议说到草坪那里休息。几位男生想找一个隐蔽一点的、别人看不到的地方休息。我附和了两位女生的提议。我觉得他们学会了如何倾听别人的想法，如何明智地花费自己的时间。这一天学到的东西可比在学校里多得多。

这位父亲明确提到了活动、会话、选择的自由以及他自己的愉悦感受。他甚至把这一天取得的成果与平常在学校里一天学到的东西进行了对比，以说明学生在参观生态园的过程中学到了更多东西。接下来的这段会话是与教师2进行的，她强调的是自己遇到的障碍，以及自己作为中介者发挥的作用。

教师2：当你一开始介绍说今天的活动是这样组织的时候，我多少有一点忧虑。我需要你说服我孩子们不会出什么事，这个参观不是在浪费时间。

研究人员：那你现在是怎么想的呢？

教师2：我很喜欢这样的参观。唯一遗憾的是，家长的人数不够，因此我自己不得不也去扮演家长的角色。我希望自己能把所有的小组都接触一下。

研究人员：你自己所在的那个小组怎么样？

教师2：那个小组真不错。他们非常可爱，个个都充满了好奇心。他们对生态园进行了探索，在我没有教他们的情况下，学到了如此多的东西。我没有给他们做任何解释说明，但我想说的是，学习的过程中，我们小组所有的人都是在一起的。有几个同学知道的东西非常多，我猜他们可能是在家里学的。我觉得自己只是躲在后面为小组提供导航。几位家长也非常了不起；他们也非常喜欢这次活动，而且还说如果我让他们再来的话，他们还会再来。

从这两段引述的话里面，我们可以看到这次的班级参观活动具有一种社会建构主义的色彩。在个体组成的小规模群组中，他们交谈、提问、共同决定做什么以及到哪里去，而大人在其中扮演的角色是经验更加丰富而且认真负责的导师，而不是说一不二的教师。

据笔者观察，有两个小组里大人扮演的是一个权威型的角色。这两个小组里的学生就不是特别喜欢，而且他们与家长之间合作的程度也非常有限。

> 本：他告诉我们应该干这，应该干那。他说我们应该专心听他讲，好像他很懂一样。我想下去到小溪那儿去，但他不让。一直到我们遇到了甲（教师），才让我们去，因为甲和她的小组也在那里。我并没有专心听他讲，而是一直在和我的朋友说话。我觉得对乙（女儿）有些不好意思。她也意识到了自己爸爸的行为有问题。

有一个小组里，一位妈妈非常消极被动，因此学生几乎忽略了她的存在。但是，他们还是像别的小组一样，一直在讨论，而且好像有两个领头的学生承担了中介者的角色，把会话一直推动了下去。这个小组与其他小组主要的区别是有另外两名学生一直沉默不语。不幸的是，这位妈妈并没有鼓励这两名学生去参与。在访谈的过程中，这位妈妈把自己的行为描述为"宽容"，她觉得自己采取的是一种以儿童为中心的立场。当笔者问她如何保持小组内部儿童之间在参与上的平衡时，这位母亲说那两名沉默不语的学生只不过是害羞而已。在这里，重要的是要注意到这样一点，即在参观开始之前，家长们并没有做什么专门的准备，因为笔者想模拟一次非常自然的家庭参观活动，因而不能有正式的教学法方面的准备。有研究文献表明：在参观博物馆的过程中，家长扮演的角色是不一样的；有的家长是躲在后面不管不问，认为自己的孩子通过体验各种可亲身操作的实物才能学得最好，而另外一些家长的一举一动则更像是一位中介者，就孩子们的各种见识进行讨论、提问及反思（Ash，2003；Bell, et al.，2009；Ellenbogen，2004）。因此，笔者认为，在参观过程中，家长并没有必要一定要表现出某种特定的行为。

在访谈过程中，教师被要求重点谈一谈自己以前参加一些实地参观活动的经历，不管是在博物馆，还是在户外。有两位教师重点强调了本次参观活动在组织过程中采取的独特的劣构型方法，认为这种方法产生了很多积极正面的成果。表11.2列出了教师们认为需要突出强调的成果清单，用的是他们自己的语言。这些成果被分为三类：学习方面的、社交方面的以及情感方面的。

表 11.2 教师眼里的成果

学习方面的	社交方面的	情感方面的
学到了很多有关于动植物的知识	进行了合作	愿意下次再来
学会了如何以科学的方式进行研究	能够倾听同伴的声音	懂得欣赏自然
对证据进行了检查	能够顾及别人	玩得开心
鉴别了各种不同的物种	有耐心	对美的东西交口称赞
对环境进行了探索	能互相学习	喜欢恬静，宁静致远
详细记录了各种不同的生物	很喜欢父母	喜欢户外活动
明白了物种间的关系及什么是食物链	父母很喜欢孩子	
搞清楚了生物多样性究竟是什么意思	能相互帮助	

204　　　　相较于以往对博物馆中的教师进行的研究（Cox-Petersen，Marsh，Kisiel & Melber，2003；Cox-Petersen & Pfaffinger，1998；Tal，et al.，2005；Tal & Steiner，2006），这两位教师对参观成果的描述表达得更清楚明确，他们能够列出很多成果，其中有很多成果通过传统形式的博物馆参观都是得不到的。表11.2列出的这些成果，无论是在幅度还是在广度上，都与参加过一项生态园行动研究项目的教师描述的那些成果具有相似性，在这个行动研究项目中，这些教师主要发挥的是作为自然导引员的职能（Tal & Morag，2009）。这意味着，那些参与过有意义户外学习的教师，那些必须得积极主动地参与到教育事业中去的教师，能够基于自己有意义的实践，对教育经验及其产出的成果进行更加明确的描述。

讨论与结论

　　总体而言，学校组织的小规模群组的参观是非常有前景的，因为它可以让大人在其中发挥中介支持的作用，让他们与学生可以有更多的接触与联系，这样就会促进很多对话的产生，从而让更多的个体深度参与进来，这是传统上以一个班为一个组展开的参观活动做不到的。在本章研究的这两个参观活动中，由于没有足够的家长充当监护人，因此教师不得不扮演起"家长"的角色。由此导致的结果是，这些教师就不能在不同小组之间来回穿梭，不能与全体学生进行互动。然而，在一个最理想的环境里，教师应该是能够与所有小组都进行正式接触与互动的，他们应该能够在每一个小组身上都花上一些时间，了解每一个小组的活动、学生的兴趣，并与他们分享自己的想法、体验及知识，当然不是以权威的形式，笔者作为研究人员采取的也不是这种形式。但无论如何，把这两个参观活动与别的地方报告的在生态园以及其他环境里观察到的传统的参观活动进行比较（Griffin，2007），有一点很明显，那就是在这种"家庭般"（由学校组织）的实地参观活动中，学生有自主选择地方、活动、时间及实物的自由。他们有很多机会对环境进行探索，既可以借助于科学装备，也可以不用这些科学装备，另外他们还有很多机会来讨论自己的发现，分享先前的知识，像聊家常那样一起展开科学探讨。最后还有一点需要注意的是，所有这些活动都是他们和成人一道进行的，这些成人有的是作为中介者，有的则是很喜欢这种活动并愿意贡献自己的经验。尽管这两个参观活动都是非结构化的，但对这两个活动的记录强化了福尔克和德尔金（Falk & Dierking，2000）提出的情境模型的系列原则。表 11.2 呈现的教师的看法展现了这种活动在物理、社交及个人层面上具有的一系列特征。我们可以举出很多学生在小组中进行会话的简短例子，另外还可以从对学生的访谈中找到一些例子，这些例子表明学生从物理环境中学到了很多，在参观生态园的过程中，他们通过好几种方式进行了合作，而且在交谈时还用到了自己先前的经验与知识。国家研究理事会（NRC，2002）曾经提出过七条学习原则，对照这些原则可以发现，我们记录的这两个参观活动就遵循了其中的某些原则，能够鉴别出来的就有：自我监控对于能力的获得很重要；学习过程中学习者深度参与的实践与活动塑造了学习的结果；由各种社会性因素支持的互动可以增强一个人学习及理解能力的发展。

205

笔者意识到这些实地参观活动的某些情形非常特殊。在一次实地参观中有五至六名家长参与是不多见的，在组织实地参观时，更多教师青睐的还是那些保险的传统形式。然而，如果学校的目标是在博物馆及其他一些校外环境中为学生提供有意义的学习体验，那么我们就需要多了解一些能够实现这一目标的方法，而这些方法遵循的都是各种文化发展的理论。我们可以让一个小组里面只有七至十名学生，每一个班里只有三位家长（这种情形是不常见的）。和一整个班相比，七至十人的群组规模可以提供更多的分享机会。我们可以对教师进行培训，让他们掌握并利用一些合适的方法。之前，我们也在这个生态园里进行过一项研究，我们对参与那个行动研究项目的教师进行了培训与指导，让他们掌握了在户外进行教学的方法(Tal & Morag, 2009)。通过对有关以家庭为单位的博物馆参观的文献进行考察，我们可以发现：在成人与儿童之间存在着一种具有双向性质的学习体验，而且还有切实的科学方面的交流活动发生，本研究也倡导学校组织的实地参观活动吸收和借鉴家庭参观的一些做法。这意味着，要把家庭参观中某些成功的组成部分借过来，用到学校组织的参观活动之中去，至少也要在某种程度上这么做。

参考文献

Ash，D. (2003). Dialogic inquiry in life science conversations of family groups in a museum. *Journal of Research in Science Teaching*，40(2)，138-162.

Ash，D. & Wells，G. (2006). Dialogic inquiry in classrooms and museums. In Z. Bekerman，N. C. Burbles & D. Silberman-Keller (Eds.)，*Learning in places*：*The informal education reader*，(pp. 35-54). New York：Peter Lang.

Bamberger，Y. (2009). Types of interactions in science museums class visits. In E. Luzzatto & G. DiMarco (Eds.)，*Collaborative learning*：*methodology*，*types of interactions and techniques*. NY：Nova Science Publishers.

Bamberger，Y. & Tal，T. (2007). Learning in a personal-context：Levels of choice in a free-choice learning environment in science and natural history museums. *Science Education*，91，75-95.

Bamberger, Y., & Tal, T. (2008). Multiple outcomes of class visits to natural history museums: the students' view. *Journal of Science Education and Technology*, 17, 264-274.

Bell, P., Lewenstein, B., Shouse, A. W. & Feder, M. A. (Eds.). (2009). *Learning science in informal environments*. Washington, D.C.: National Research Council.

Brown, A. L. & Campione, J. C. (1990). Communities of learning and thinking, or a context by any other name. *Developmental Perspectives on Teaching and Learning Thinking Skills*, 21, 108-126.

Cox-Petersen, A. M., Marsh, D. D., Kisiel, J. & Melber, L. M. (2003). Investigation of guided school tours, student learning, and science reform recommendations at a museum of natural history. *Journal of Research in Science Teaching*, 40, 200-218.

Cox-Petersen, A. M. & Pfaffinger, J. A. (1998). Teacher preparation and teacher-student interactions at a discovery center of natural history. *Journal of Elementary Science Education*, 10, 20-35.

DeWitt, J. & Osborne, J. (2007). Supporting teachers on science-focused school trips: Towards an integrated framework of theory and practice. *International Journal of Science Education*, 29, 685-710.

DeWitt, J. & Storksdieck, M. (2008). A short review of school field trips: Key findings from the past and implications for the future. *Visitor Studies*, 11, 181-197.

Dierking, L. D., Falk, J. H., Rennie, L., Anderson, D. & Ellenbogen, K. (2003). Policy statement of the "Informal Science Education" Ad Hoc committee. *Journal of Research in Science Teaching*, 40, 108-111.

Falk, J. H. (2007). Toward an improved understanding of learning from museums: Filmmaking as metaphor. In J. H. Falk, L. D. Dierking & S. Foutz (Eds.), *In principle, in practice: Museums as learning institutions* (pp. 3-16). Lanham: Altamira Press.

Falk, J. H., & Dierking, L. D. (2000). *Learning from museums: Visitor experiences and the making of meaning*. Walnut Creek, Calif.: AltaMira Press.

Griffin, J. (2004). Research on students and museums: looking more closely at the students in school groups. *Science Education*, 88, S59-S70.

Griffin, J. (2007). Students, teachers and museums: Toward an interwined learning circle. In J. H. Falk, L. D. Dierking & S. Foutz (Eds.), *In principle, in practice: Museums as learning institutions* (pp. 31-42). Lanham: Altamira Press.

Hein, G. E. (1998). *Learning in the museum*. London: Routledge.

Hull, G. & Greeno, G. (2006). Identity and agency in nonschool and school worlds. In Z. Bekerman, N. Burbules & D. Silberman-Keller (Eds.), *Learning in places*. New York: Peter Lang.

Lave, J. & Wenger, E. (1991). *Situated learning: Legitimate peripheral participation*. Cambridge, Mass: Cambridge University Press.

Leinhardt, G. & Knutson, K. (2004). *Listening in on museum conversations*. Walnut Creek: Altamira Press.

Lemke, J. L. (2001). Articulating communities: Sociocultural perspectives on science education. *Journal of Research in Science Teaching*, 38, 296-316.

NRC (2002). *Learning and understanding: Improving advance study of mathematics and science in the U. S. high schools*. Washington, DC: National Academy Press.

Rahm, J. (2002). Emergent learning opportunities in an inner-city youth gardening program. *Journal of Research in Science Teaching*, 39, 164-184.

Rennie, L. J., & McClafferty, T. P. (1995). Using visits to interactive science and technology centers, museums, aquaria, and zoos to promote learning in science. *Journal of Science Teacher Education*, 6, 175-185.

Rogoff, B. (1990). *Apprenticeship in thinking: Cognitive development in social context*. New York: Oxford University Press.

Rogoff, B. (2003). *The cultural nature of human development*. Oxford: Oxford University Press.

Schauble, L., Gleason, M., Lehrer, R., Bartlett, K., Petrosino, A., Allen, A., et al., (2002). Supporting science learning in museums. In G. Leinhardt, K. Crowley & K. Knutson (Eds.), *Learning conversations in museums* (pp. 425-452). Mahwah, NJ: Erlbaum.

Tal, T., Bamberger, Y. & Morag, O. (2005). Guided school visits to natural history museums in Israel: Teachers' roles. *Science Education*, 89, 920-935.

Tal, T. & Morag, O. (2007). School visits to natural history museums: Teaching or Enriching. *Journal of Research in Science Teaching*, 44, 747-769.

Tal, T. & Morag, O. (2009). Action research as a means for preparing to teach outdoors in an ecological garden. *Journal of Science Teacher Education*, 20, 245-262.

Tal, T. & Steiner, L. (2006). Patterns of teacher-museum staff relationships: School visits to the Educational Center of a science museum. *Canadian Journal of Science, Mathematics and Technology Education*, 6, 25-46.

Wertsch, J. (1991). *Voices of the mind: A sociocultural approach to mediated action*. Bambridge, MA: Harvard University Press.

索引[①]

B

编程　Programming，147-148，151，153，158-161，163-166

辩证　Dialectic，5，12，15-16，18，150

标识　Sign，5-8，12，16，24，27-28，64-65，132，173

博物馆　Museum，1-19，23-42，47-48，50，54-55，57-58，65，79-95，97，100-101，103，108-109，111，115-127，147-170，173，176，193-195，203-205

C

充满了奇思妙想的游戏　Fantasy play，131

创造性思维　Creative thinking，131，141，143

从事课堂教学的教师　Classroom teachers，98-100，107，115

D

抵制　Resistance，10-11

调用　Appropriation，8-10，15，55

对话　Dialogue，8，13-16，19，24-25，28-29，34，36，48-49，53，59，65，156，173，175，178，193，195，204

对话的　Dialogical，4，13,28

对话性　Dialogicality，13

对话主义　Dialogism，13

多模态　Multimodal，4

[①]　根据原书207～209页索引改编而成，改用中文音序重排。条目中页码系原书页码、本书页边码。——编辑注

Understanding Interactions at Science Centers and Museums：Approaching Sociocultural Perspectives
Original edition：(*c*) *Sense Publishers*（*Rotterdam*/*Boston*/*Taipei*）
北京市版权局著作权合同登记号：图字 01-2014-4464
本书中文简体翻译版授权由北京师范大学出版社独家出版。未经出版者书面许可，不得以任何
方式复制或发行本书的任何部分。

图书在版编目（CIP）数据

解读科学中心与博物馆中的互动：走向社会文化视角/
（瑞典）埃娃·戴维松，（瑞典）安德斯·雅各布松主编；
郑旭东，王婷译. —北京：北京师范大学出版社，2019.4
（科学博物馆学丛书/吴国盛主编）
ISBN 978-7-303-23543-8

Ⅰ.①解… Ⅱ.①埃… ②安… ③郑… ④王… Ⅲ.①博
物馆—社会教育—研究 Ⅳ.①G266

中国版本图书馆 CIP 数据核字（2018）第 041384 号

营 销 中 心 电 话 010-58805072 58807651
北师大出版社高等教育与学术著作分社 http://xueda.bnup.com

JIEDU KEXUE ZHONGXIN YU BOWUGUAN ZHONGDE
HUDONG
出版发行：北京师范大学出版社 www.bnup.com
　　　　　北京市海淀区新街口外大街 19 号
　　　　　邮政编码：100875
印　　刷：北京京师印务有限公司
经　　销：全国新华书店
开　　本：787 mm × 1092 mm　1/16
印　　张：20.5
字　　数：293 千字
版　　次：2019 年 4 月第 1 版
印　　次：2019 年 4 月第 1 次印刷
定　　价：86.00 元

策划编辑：尹卫霞　　　　责任编辑：王玲玲
美术编辑：王齐云　　　　装帧设计：王齐云
责任校对：李云虎　　　　责任印制：马　洁